服装设计效果图手绘表现实例教程

Fashion Design

肖维佳（VEGGA/ 小笨） 编著

内 容 简 介

本书主要以实例的形式讲解服装设计效果图手绘的表现方法和技巧，对服装设计效果图中的人体比例、结构、动态，服装面料质感，服装经典图案，服装常见款式都进行了全面的讲解。相信读者通过对本书的学习，不仅能够掌握服装设计手绘的表现方法，还能够为今后的服装设计之路打下坚实的基础。

本书可以作为大中专院校服装设计与工艺相关专业的教学用书，也适合服装设计师、时尚插画师、服装设计爱好者阅读使用。

图书在版编目（CIP）数据

服装设计效果图手绘表现实例教程 / 肖维佳编著 . --
北京 : 北京希望电子出版社 , 2019.7（2024.10 重印）
ISBN 978-7-83002-714-8

I. ①服 … II.①肖 … III. ①服装设计 － 绘画技法 －
教材 IV.① TS941.28

中国版本图书馆 CIP 数据核字 (2019) 第 140778 号

出版：北京希望电子出版社
地址：北京市海淀区中关村大街 22 号 中科大厦 A 座 10 层
邮编：100190
网址：www.bhp.com.cn
电话：010-82620818（总机）转发行部
010-82626237（邮购）
传真：010-62543892
经销：各地新华书店

封面：毛 豆
编辑：李小楠
校对：王丽锋
开本：889mm×1194mm 1/16
印张：16.75
字数：578 千字
印刷：北京博海升彩色印刷有限公司
版次：2024 年 10 月 1 版 5 次印刷

定价：89.90 元

Preface 序言

自我的第一本服装设计效果图手绘书《时装画手绘表现技法教程》于2016年上市以来，其销量一直在同类书中排名靠前，感谢大家多年来对我的支持。本书是我的第二本关于服装设计效果图手绘技法的教学书籍，全书以范例的形式进行讲解，以马克笔为主要绘画工具，书中范画用到的所有画材都标明了具体的品牌和尺寸，同时在步骤讲解中也标出了范画中马克笔的具体色号。为了方便读者后期的自主练习，本书在第一本书的基础上新增了服装人体比例的绘制步骤，并标注了具体的参考数值，同时还新增了部分特殊面料的表现技法，例如科技面料、PVC面料和闪光面料等，是一本值得入手的实用书。

写书是一件非常考验耐力的事，尤其是教程类的手绘书籍，感受可以用“痛并快乐着”来形容。在这里和大家分享一些我在写书过程中遇到的问题和感受。以本书为例，书中出现的所有内容都要在规定的时间内完成，包括文字和图片，而手绘图片需要通过扫描仪转换成电子版，然后在电脑软件中进行修图，这是一项非常耗时、耗力的事情。虽然写书的过程漫长而辛苦，但是结果却令人期待，那是一种无法用言语表达的充实、喜悦、满足和成就感。

这么多年我一直坚持画图，并以画好图作为我的理想。2013年一毕业，我就直接从上海来到了北京爱慕内衣有限公司成为了一名内衣设计师，5年的内衣设计师工作让我学到了很多东西，了解到要成为一名合格的服装设计师所要付出的辛劳。服装设计师的工作很烦琐，包括市场调研、设计企划、电脑绘图、面料选择、服装打版、设计转版和转接资料等多个环节，画图只是其中的一部分，而我在工作以外的时间里仍在坚持画图，因为我知道想要画好图就必须努力，所有的事情只有先付出才会有回报。我也是坚持画了多年才有了现在的一点点成就，如果你和我一样期待成功，就一定要付出更多的努力。书中的内容都是我多年的经验总结，每一张图都是精心绘制的，初学者可以跟着练习。

用一生的时间坚持做一件事是很难的，在成功的路上我们遇见的最大敌人往往不是外界的各种诱惑，而是我们自身的惰性。懒惰是每个人的通病，而外界的诱惑刚好成为借口，我有时也会为自己的不努力找这样或那样的借口，但终究会意识到逃避永远解决不了问题，只有继续坚持才能有所突破，因此，我仍在“做自己喜欢做的事，成为自己想要成为的人”的道路上努力着。

小　笨

2019年7月

目录

Stella Jean. Spring
Summer 2015 Ready-to-Wear.
VEGGA.
2018.10.16

Chapter 01

选择适合的服装设计效果图画材

本章主要介绍本书范画用到的全部画材，除马克笔以外还有很多辅助性画材，一定要认真阅读，不要错过任何细节，这样才有助于后期的自主练习。

马 克 笔

1.1.1 马克笔简介

马克笔分为硬头马克笔和软头马克笔，这两种马克笔斜头的外观和上色方法一致，不同之处在于另一头一个是硬头，一个是软头。相较而言，软头马克笔更受欢迎，因为它的笔尖更加灵活。

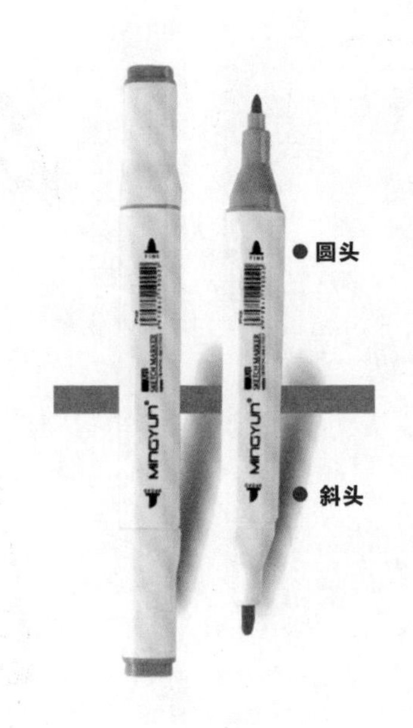

硬头马克笔

斜头宽 6mm 左右，适合绘制大面积的服装底色和填充画面背景颜色；圆头笔尖直径为 1mm 左右，适合进行小面积上色，以及对暗部和细节进行刻画。

硬头马克笔有很多品牌，例如韩国 TOUCH、国产 TOUCH、法卡勒、COPIC、斯塔等，可以根据自己的喜好和实际情况进行选择。

在笔杆两端接近笔盖的位置各有一个小图标，对应同一方向的笔头，这样不用打开笔盖就可以清晰辨认，节约时间，使用起来很方便。

硬头马克笔

软头马克笔

斜头同样宽 6mm 左右，上色方法与硬头相同；软头笔尖细而软且有压感，可以通过不同的力度画出不同粗细的线条，效果类似毛笔，可以弥补硬头的不足。

本书使用的是法卡勒三代 480 色软头马克笔，是目前市面上性价比较高、颜色最多的软头马克笔。另外，书中还会用到 COPIC 的皮肤色 R000 和 R01，颜色偏粉，适合画白皮肤。

软头马克笔

两种马克笔斜头的上色方法基本一致，软头需要多摸索和尝试，不同力度会产生不同的画面效果，可以从画一些简单的线条开始练起。

无论是硬头马克笔还是软头马克笔，画图时最常用的都是斜头这一面，因为这一面笔头宽、上色快，而且斜头呈现的画面效果非常多样，可以通过控制笔头与画面的接触面积展现不同的画面效果。

1.1.2 制作一张专属色卡

马克笔的每个颜色都有对应的色号，它相当于颜色的名字，为了方便查找和记忆，可以制作一张属于自己的色卡。之所以强调制作色卡，是因为马克笔在不同纸张上所呈现的颜色不同，电子打印颜色和实际颜色的色差很大，所以一定要在自己常用的纸张上制作色卡，色卡不一定要做得多好，主要是为了方便查看。另外说明一点，本书列举的是法卡勒 480 色色卡，并不是所有的颜色都会用到，只是提供参考，如果不知道具体应该准备哪些色号，可以根据后面章节中给出的具体色号进行选择。

色卡制作方法

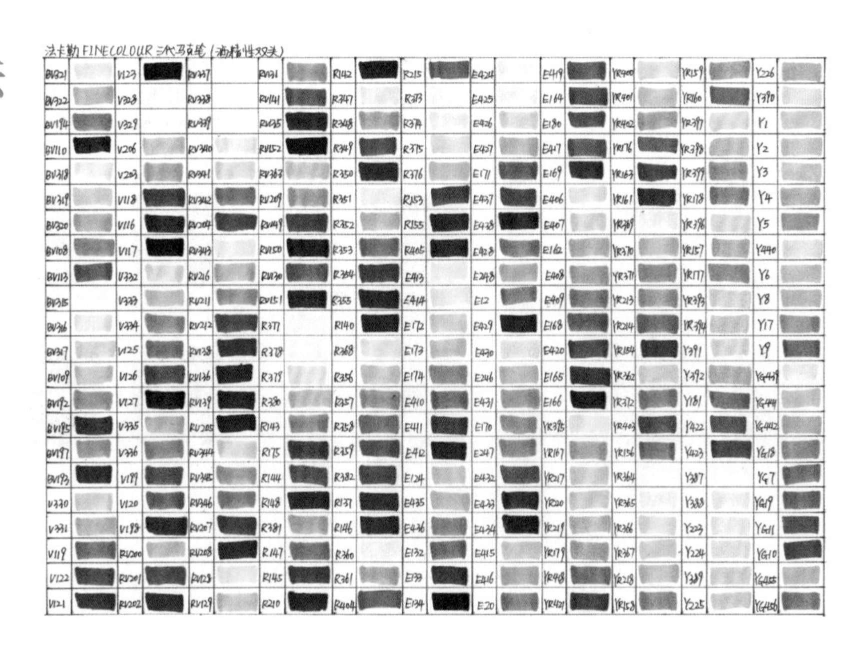

第 1 步： 确认纸张，需要在自己常用的纸张上制作色卡。

第 2 步： 确认马克笔的数量，然后在 A4 纸上进行合理分配。因为马克笔的斜头宽 6mm 左右，所以纵向画的格子要高于 6mm，横向填写色号的格子可以稍微小一些，填充马克笔颜色的格子可以根据实际的马克笔数量进行调整。

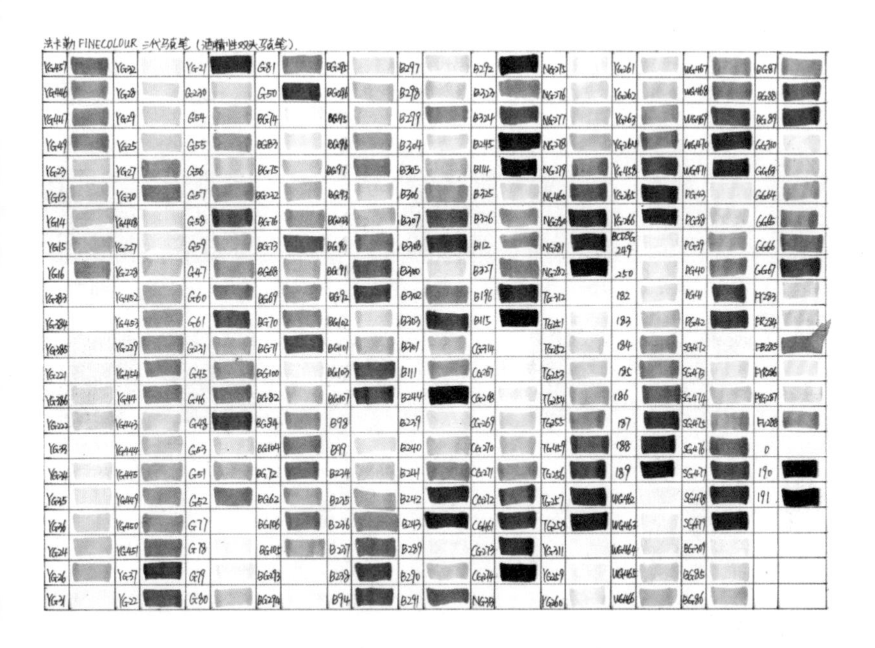

第 3 步： 画格子的过程中如果出现错误可以直接用涂改液进行遮盖和修改。格子画好后按照顺序填写色号，横向或者纵向都可以。

第 4 步： 在对应色号中填充马克笔颜色，颜色需一笔完成，不要反复描摹，最终完成整张色卡的制作。

小贴士 在制作 240 色以内的色卡时可以画在一张纸上，以方便查看对比。色卡可以按照色号的大小数字排列，例如 R354、R355、R356、R357、R358、R359；也可以按照同一个色系颜色由浅到深的顺序排列，例如 R380、R143、R175、R144、R148。

为了方便后面章节对应使用，笔者将手绘色卡在电脑中做了一份电子版，并进行了简单的色彩分组，主要分为红色系、黄色系、蓝色系和灰色系 4 个小组。

红色系：整体色调偏粉、偏红，过渡自然，从紫色调扩展到红色调。颜色主要包括BV（蓝紫色）、V（紫色）、RV（红紫色）和R（红色）。服装效果图中大部分的皮肤色都是使用这个色系，白色皮肤的常用色号为R374、R375、R380；黑色皮肤的常用色号为RV363、RV209、RV130。

BV321	BV317	V123	V125	RV337	RV138	RV131	R378	R142	R368	R215
BV322	BV109	V308	V126	RV338	RV136	RV141	R379	R347	R356	R373
BV194	BV192	V329	V127	RV339	RV139	RV135	R380	R348	R357	R374
BV110	BV195	V206	V335	RV340	RV205	RV152	R143	R349	R358	R375
BV318	BV197	V203	V336	RV341	RV344	RV363	R175	R350	R359	R376
BV319	BV193	V118	V199	RV342	RV345	RV209	R144	R351	R382	R153
BV320	V330	V116	V120	RV204	RV346	RV149	R148	R352	R137	R155
BV108	V331	V117	V198	RV343	RV207	RV150	R381	R353	R146	R405
BV113	V119	V332	RV200	RV216	RV208	RV130	R147	R354	R360	E413
BV315	V122	V333	RV201	RV211	RV128	RV151	R145	R355	R361	E414
BV316	V121	V334	RV202	RV212	RV129	R377	R210	R140	R404	E172

黄色系：主要由棕色系和黄色系组成，具体包括 E（褐色）、YR（橘黄色）和 Y（黄色）。E 开头的褐色系颜色柔和，主要用来填充头发颜色，常用色有 3 组：偏红一些的 E435、E436、E133、E134；偏绿一些的 E430、E246、E431；偏黄一些的 E407、E408、E409。另外，黄色皮肤的常用色号为 E413、E414、E172。

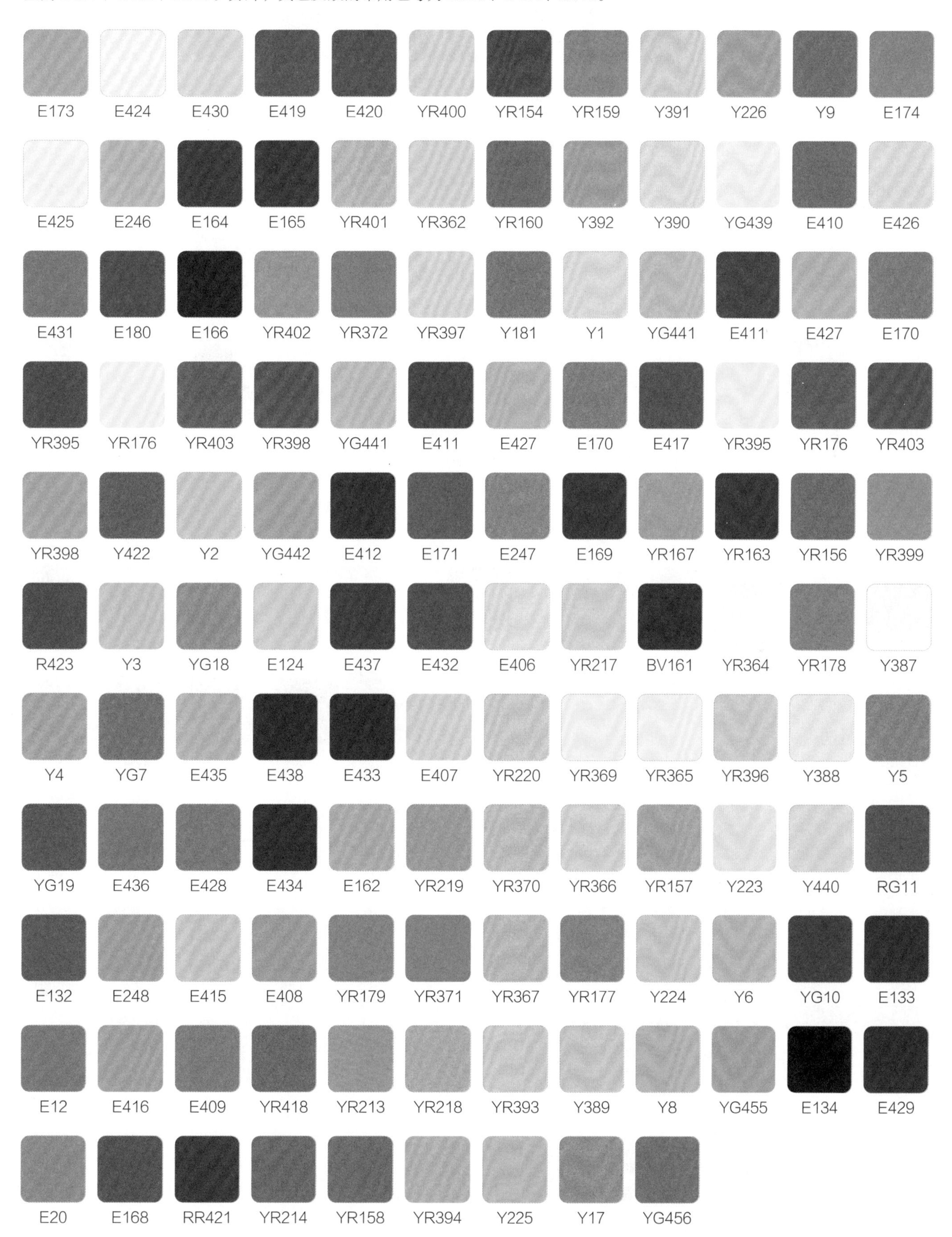

蓝色系：整个色系偏冷，从黄绿色一直渐变到蓝色，依次为 YG（黄绿色）、G（绿色）、BG（蓝绿色）和 B（蓝色）。黄绿色和绿色经常被用来画植物和花卉图案。

YG457	YG385	YG32	YG229	YG21	G231	G81	BG71	YG16	YG24	YG228
BG295	BG101	B297	YG446	YG221	YG28	YG454	G230	G45	G50	BG100
BG296	BG103	B298	YG447	YG386	YG29	YG44	G54	G46	BG74	BG82
BG95	BG107	B299	YG222	YG25	YG25	YG443	G55	G48	BG83	BG84
BG96	B98	B304	YG23	YG33	YG27	YG444	G56	G53	BG75	BG104
BG97	B99	B305	YG13	YG34	YG30	YG445	G57	G51	BG232	BG72
BG93	B234	B306	YG14	YG35	YG448	YG449	G58	G52	BG76	BG62
BG233	B235	B307	YG15	YG36	YG227	YG450	G59	G77	BG73	BG106
BG90	B236	B308	YG451	G47	G78	BG68	BG105	BG91	B237	B300
YG383	YG26	YG452	YG37	G60	G79	BG69	BG293	BG92	B238	B302
YG384	YG31	YG453	YG22	G61	G80	BG70	BG294	BG102	B94	B303

灰色系：法卡勒灰色系分得特别细致，一共有 CG（冷灰色）、NG（中灰色）、TG（碳灰色）、YG（黄灰色）、WG（暖灰色）、PG（紫灰色）、SG（银灰色）、BG（商用灰色）和 GG（绿灰色）9 组，其中最常用的是 CG（冷灰色）和 WG（暖灰色）。灰色系经常被用来绘制金属饰品、薄纱面料和皮革面料。

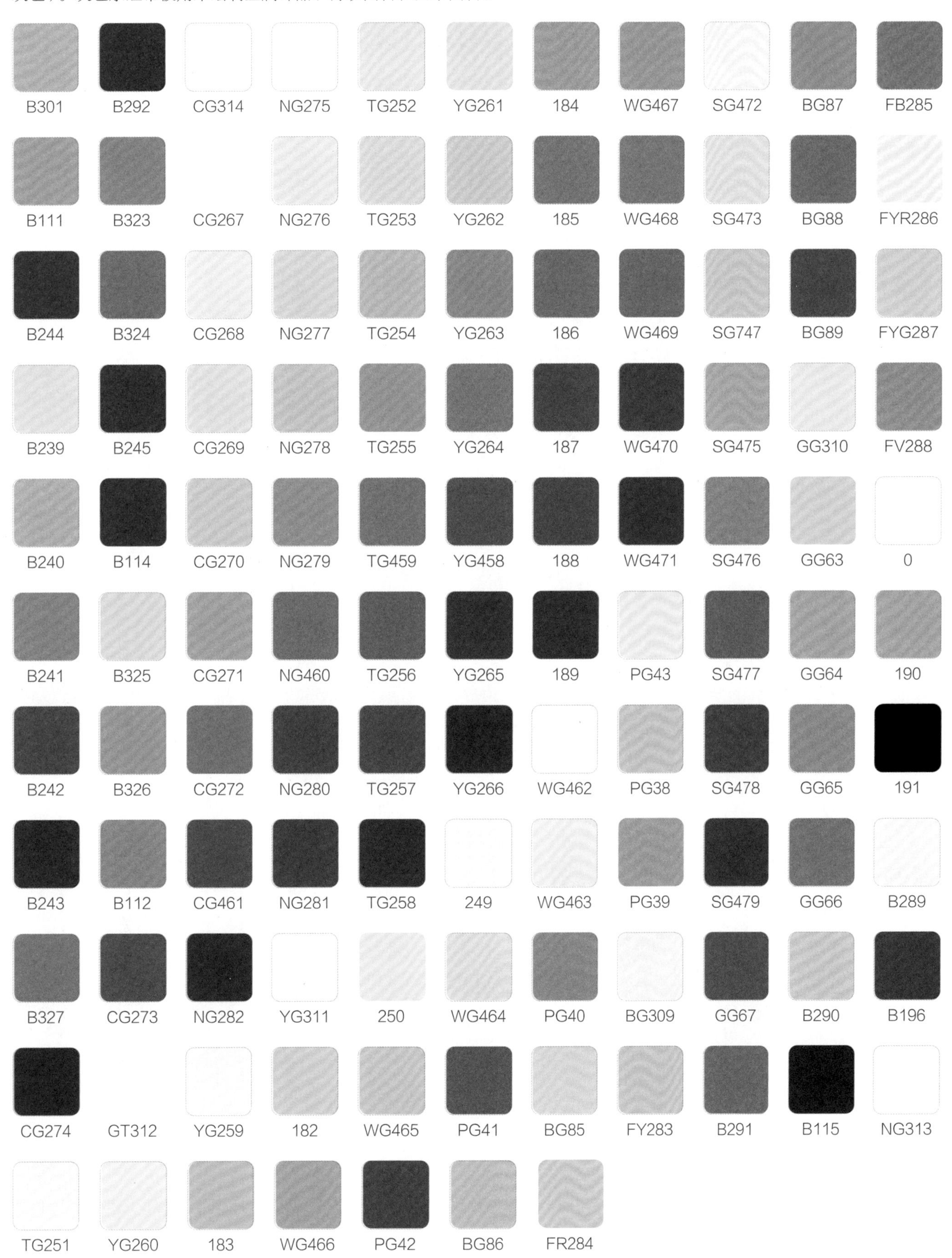

1.1.3 马克笔使用方法详解

本书范例使用的画笔以软头马克笔为主，这里先对马克笔的基础使用方法进行讲解，具体的上色方法则需要根据画面的实际情况灵活调整。

斜头的使用方法

基础线条练习

一组先从最简单的线条开始练习，分别由斜头的宽面、侧面、侧锋单线完成，呈现出3种不同宽度的线条，从上到下，线条由粗变细，画图时都是在起笔和落笔时停顿。

二组可以尝试在画的过程中停顿，停顿的位置明显变深，因为用马克笔反复涂抹同一个位置，颜色会越来越深。

三组和四组都是用不同宽度的笔头进行穿插练习，以完成不同的画面效果。

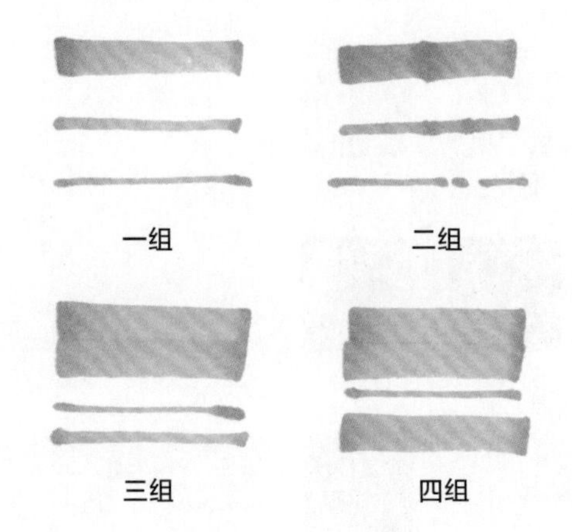

笔触线条练习

一组通过改变力度表现出不同的笔触效果，同样是用斜头的3个面绘制，这里起笔时稍微用力，让笔尖与纸张完全贴合，落笔时不用刻意停顿，直接顺过去即可。

二组反复练习宽头的笔触，后期画图会经常用到。

三组下笔时的力度主要集中在画笔的上边缘，放松画笔的下边缘，让线条整体往上走，中间第2根线条的效果最佳，可作为练习参考。

四组和三组刚好相反，下笔时的力度主要集中在画笔的下边缘，放松画笔的上边缘，同样是中间第2根线条的效果最佳，可作为练习参考。

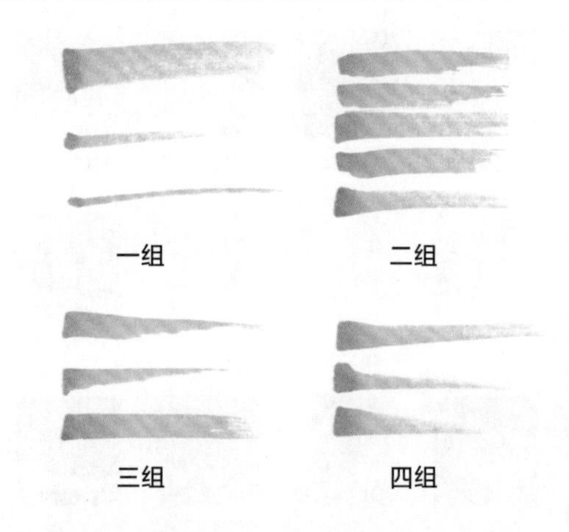

平涂色块练习

一组直接用马克笔的宽头进行平涂上色，下笔时尽量保证每笔紧挨在一起，中间不用刻意留出空隙。

二组是在原有平涂色块的基础上进行同一色号颜色的叠加练习，重叠位置的颜色变深，叠加时可以穿插不同粗细的线条。

三组是在原有平涂色块的基础上用同一色号的颜色叠加出的条纹效果，如果觉得颜色浅也可以用其他颜色替换。

四组是用同一颜色进行交叉格子练习，在原有色块的基础上画横向和竖向的交叉线条，线条粗细可根据需求进行调整。

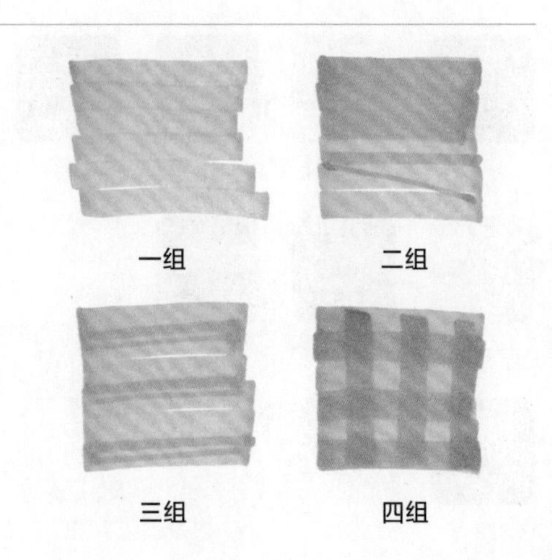

平涂渐变练习

一组先用马克笔均匀地涂一层底色，然后用同一支笔在画面的下半段重叠上色，这样的过渡最自然，图中的参考色号为E435。

二组的渐变色用了两个颜色，在原有 E435 底色的基础上用 E436 加深下半段的颜色，选择颜色时要保证两个颜色的色相一致。

三组选择了一个更深的颜色 E133，与 E435 形成了强烈的对比，画面看起来有些跳跃，所以画图时暗部颜色的选择也很重要。

四组是在三组的基础上进行的细节调整，在两个原本对比强烈的颜色中间添加一个中间色 E436，比 E435 颜色深，比 E133 颜色浅，可以起到很好的过渡作用。用 3 个颜色表现画面的明暗关系是一个很实用的方法。

软头的使用方法

软头直线练习

一组充分利用软头笔尖的特点，通过力度的变化，在纸张上画出不同粗细的线条，力度越小，线条越细。

二组是用同一力度进行同等粗细线条的练习，一定要放松手腕才能画出流畅的线条。

三组用软头进行大面积的上色练习，先从左向右进行同一方向的运笔练习，画面左侧的颜色比较饱满。

四组是用软头填充整个画面，上色时需要注意笔触方向，保证两个方向有规律地交替上色，把画面填满。

软头曲线练习

一组是尝试用软头进行曲线练习，要充分运用软头的特点进行多方面的尝试，在尝试的过程中寻求适合自己的画法。

二组左侧的线条稍微带一些曲线变化，拼接右侧的直线条，从而组合成现在的画面效果。

三组是利用软头粗细变化的原理进行穿插练习，以形成画面效果。

四组全部由曲线组成，每根线条相互穿插排列且线条之间都保持一定距离。

自由组合练习

一组主要是由点和线组成的条纹图案，在绘制条纹时不一定要把每一根线条都画得特别完整，可以尝试用这种方法在部分线条的中间进行停顿或者用点来表示，这样所呈现的画面效果会更加灵活。

二组加重下笔力度，虽然画法和一组相似，但呈现的画面效果却完全不同，可以尝试用这种方法画针织面料。

三组用软头简单画了一个横竖交叉网格，随性的线条看起来更灵活。

四组充分运用软头的特点，用点的长短表现不同的花朵效果。

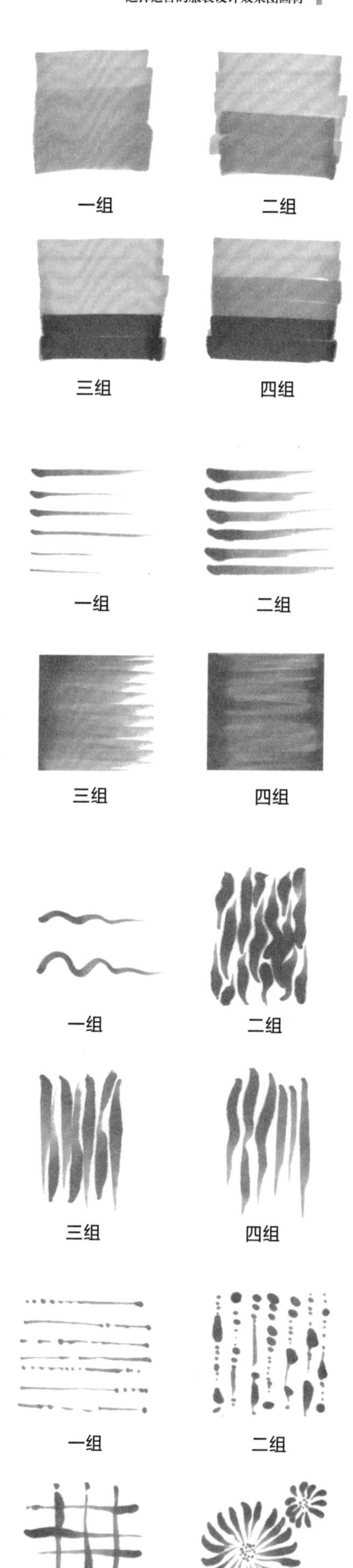

1.2 彩铅笔

1.2.1 彩铅笔简介

红色纸盒装辉柏嘉彩铅笔

彩铅笔在本书中仅仅作为辅助性画材使用，因为不会用来进行大面积的上色，所以不需要准备太多，书中范画所用彩铅笔均为辉柏嘉 60 色水溶红盒彩铅，常用色号为黑色 499、印度红 492、庞贝红 491、玫瑰红 427、大红 421、赭石 478 和熟褐 476。

红色纸盒装辉柏嘉彩铅笔属于入门级彩铅笔，价格便宜，颜色也比较多，适合初学者练习时使用。彩铅笔虽然看起来很小一支却很耐用，如果经常用彩铅笔画图，也可以进行单支补色。

辉柏嘉彩铅笔从级别上可以分为入门级、大师级和艺术家级，分别对应平时所说的红辉、蓝辉和绿辉，价位也从低到高。

1.2.2 转笔刀的使用

用彩铅笔画图时转笔刀是必不可少的，在画图过程中会经常用到，尤其是刻画细节的时候。因为在 A4 纸上画服装效果图时人物的头部非常小，只占了画面的 1/9，所以在刻画五官这种细节的时候需要借助彩铅笔或者针管笔这种笔尖特别细的笔。

小贴士 转笔刀没有品牌要求，只要用着方便即可，如果经常用彩铅笔绘画可以多备几个转笔刀，便于经常更换。

1.3 勾线笔

1.3.1 硬头勾线笔

COPIC 勾线笔

硬头勾线笔的优点是笔尖无压感，可以快速上手。想要画出工整、好看的线条，需要控制好手腕的力度，以保持线条的流畅。在画图时出现手抖、线条断断续续、勾错线等情况，主要是因为练习少、不熟练，只要多加练习完全可以改善。

COPIC 勾线笔

本书中大部分服装效果图的皮肤轮廓都是用 COPIC 0.05mm 棕色（brown）勾线笔完成的。这个品牌的勾线笔虽然价格偏贵，但颜色好用，而且一支笔可以勾几十张完整的效果图，值得推荐。

小贴士 绘制服装效果图时经常用棕色勾皮肤轮廓，其他颜色很少用到。如果想要尝试其他颜色效果，可以根据自己的喜好进行添加。

三菱勾线笔

三菱针管笔有 6 种不同的粗细可以选择，绘制服装效果图最常用的是 0.05mm 和 0.2mm 两种，0.05mm 主要用来刻画眼睛的细节，0.2mm 主要用来描画一些服装的轮廓。

小贴士 如果习惯用黑色软头毛笔刻画五官细节，也可以省略这两支硬头勾线笔。

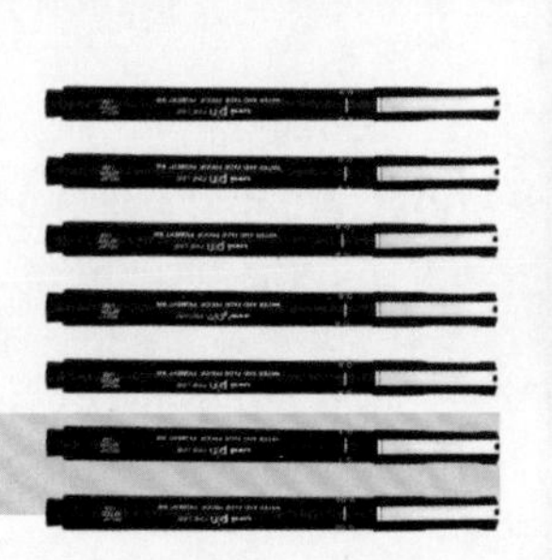
三菱勾线笔

慕娜美彩色勾线笔

彩色勾线笔的优点在于颜色丰富、可选择性多，画图时可以根据服装颜色的不同选择相对应的彩色勾线笔，这样画出来的效果图更接近于真实效果，画面柔和、自然。

小贴士 除了图片中展示的慕娜美彩色勾线笔以外，还有很多其他好用的彩色勾线笔，例如斯塔和樱花等。

慕娜美彩色勾线笔

1.3.2 软头勾线笔

金万年小楷笔

小楷笔的笔尖偏细，线条的粗细变化可以通过手腕力度的大小来控制，一般在起笔时用力，中间轻轻带过，落笔时可放松也可加重，视具体情况而定。黑色小楷笔的视觉张力强，主要被用来绘制厚重面料服装的轮廓和鞋子的轮廓。

金万年秀丽笔 大楷 中楷 小楷

吴竹黑色软头毛笔

吴竹软头毛笔主要分极细、细字、中字、大字和毛笔中字 5 种，画服装效果图时常用到的是毛笔中字，线条效果类似小楷，可以在小楷和它之间任选一支笔进行勾线。

吴竹黑色软头毛笔

吴竹彩色软头毛笔

这款笔一共有 90 色，和马克笔一样可套装购买也可单支购买，颜色多但价格偏贵。后面章节会有个别范例用到这种笔，画图时如果没有也可以用黑色的勾线笔代替。这种笔的优点是不晕染、不掉色，用马克笔画图可以先勾线、后上色。

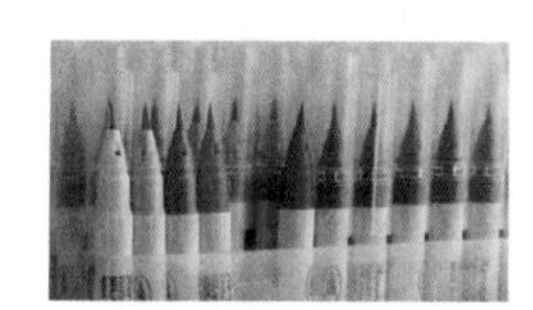

吴竹彩色软头毛笔

白金牌彩色软头毛笔

白金牌彩色软头毛笔常用的是咖啡色，咖啡色特别适合画棕色头发的轮廓，如果觉得吴竹彩色软头毛笔的价位偏高，也可以考虑用这套笔来代替，但缺点是只有 20 色。

白金牌彩色软头毛笔

1.4 高光笔

1.4.1 高光液

白色水彩颜料和白色水粉颜料都可以用来作为高光使用，瓶装颜料需自己单独配一支小号的水彩笔。白色颜料的优点在于颜料本身的覆盖性强，可以附着在任意颜色的表面，而且毛笔的笔触灵活，高光线条生动。

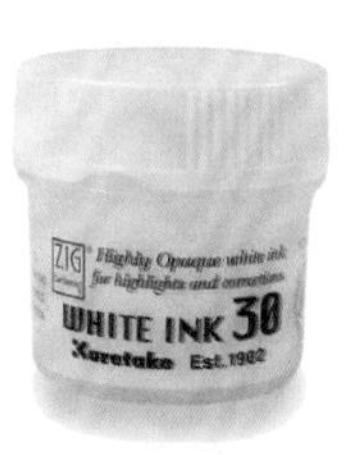

吴竹白色颜料

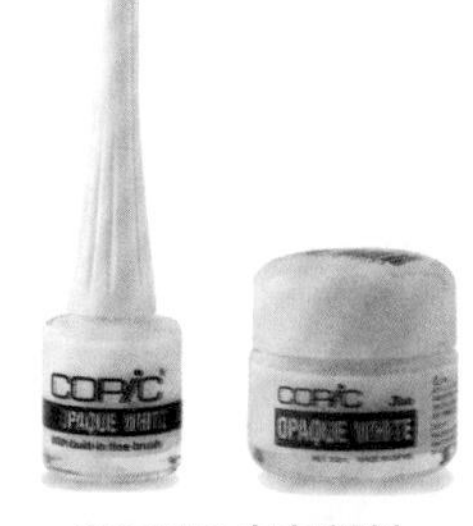

COPIC 白色颜料

小贴士 白色颜料的品牌不作限制，以上两种品牌仅供参考。本书中部分范画的高光是用 COPIC 白色颜料完成的，具体使用方法会在后面章节的步骤讲解中呈现。

1.4.2 高光笔

樱花高光笔

樱花高光笔

樱花高光笔有 0.5mm、0.8mm、1.0mm 之分，最常用的是 0.8mm，通常被用来绘制五官的高光和服装的高光，除此之外，还可以被用来画细节和装饰。

三菱涂改液

三菱涂改液是美术专用涂改液，因为出水流畅、覆盖性强，所以一直以来作为高光笔使用。

三菱涂改液

1.5 其他画材

1.5.1 自动铅笔

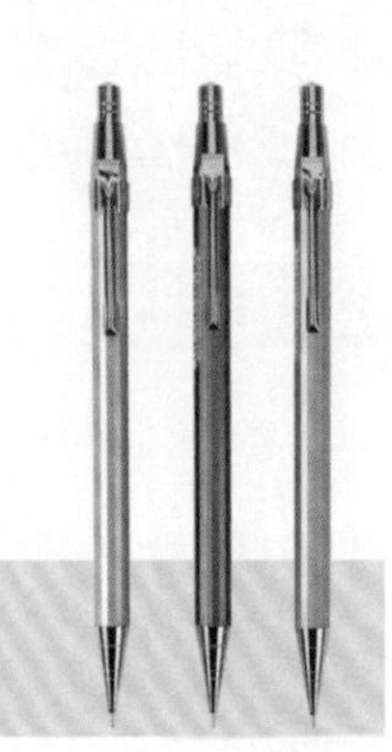
晨光 0.5mm 自动铅笔

自动铅笔的品牌有很多，选择时可以多体会它的手感和重量，笔头偏沉的笔握笔舒服，比较好用。

小贴士 自动铅笔有 0.3mm、0.5mm 和 0.7mm 之分，笔者习惯用 0.5mm 画图，线条自然流畅。如果觉得 0.5mm 偏粗，画不出细致的五官，可以选择更细的 0.3mm。

1.5.2 铅芯

推荐使用美术专用铅芯，上色效果好、可擦性强、不易断铅，绘制服装效果图常用的是 2B 铅芯。

小贴士 自动铅笔的铅芯有黑色和彩色之分，黑色最常见也最常用，彩色铅芯的画图效果类似彩铅笔，颜色偏浅，后面的章节会有示范。

三菱铅芯 2B

1.5.3 橡皮

画图是一个循序渐进的过程，需要反复擦拭和调整，控制好下笔的力度，以方便后期进行画面调整。如果绘制铅笔稿时下笔轻，可以用可塑橡皮进行擦拭；如果绘制铅笔稿时下笔重，可以用硬质橡皮进行擦拭。

小贴士 用可塑橡皮擦拭画面可以在画图的过程中一直保持整洁，不用担心画桌上到处都是橡皮屑。

樱花橡皮

1.5.4 画纸

用马克笔绘制服装效果图最好选用马克笔专用纸。练习时可以选择纸张厚重、表面光滑、价格实惠的小品牌马克笔专用纸，熟练后可选择康颂或者 COPIC 马克笔专用纸，这样的纸张属于半透明的硫酸纸，上色时墨水不易扩散也不易渗透。

COPIC 马克笔专用纸

1.5.5 直尺

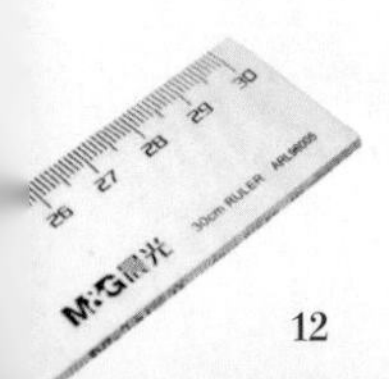

最开始练习服装效果图的时候需要准备一把 30cm 长的直尺，以便于在 A4 纸上找到相对应的人体比例位置，确认人体高度、头部大小、胸腔尺寸、胯部宽度、膝盖位置等。

Chapter 02

服装设计效果图人体表现与着装练习

想要画好服装设计效果图，需要进行大量的练习，在实践中不断地磨炼。大量的练习可以让手腕一直保持灵活的状态，在需要的时候快速地表达设计意图。除了大量的练习以外，还需要掌握相关的表现技巧，技巧可以加深绘画者对服装效果图的了解，以免出现一些重复性的错误。

2.1 掌握服装人体比例

2.1.1 服装正面人体比例详解

首先要区分正常人体和服装人体之间的比例关系，在服装设计效果图中一般以 1 个头长为基本单位，正常人体的比例是 7.5 个头长，服装人体的比例常用的是 9 个和 9.5 个头长。本书主要讲解的是服装人体的比例关系，对 9 头和 9.5 头的正面人体比例进行了详细的标注和说明，所有图片中出现的具体数字都是以 A4 纸为基础制作的人体比例参考数值，这样主要是为了方便练习，注意这些数值并不是绝对的。

画图之前需要先对服装人体有一定的了解，为了方便理解，将人体体块进行了简单的划分，主要包括头部、躯干和四肢。下面会对 9 头人体正面比例图进行详细的步骤讲解，9.5 头人体比例可以参考给出的图片进行练习。

9 头人体正面比例详解

1 头部 2.9cm
2
胸部
3
胯部
4
5
大腿
6
7
小腿
8
9 脚
重心线

头宽 1.8cm
0.4cm 发际线
耳朵
0.83cm 眉毛
1 头部 2.9cm
眼睛
0.83cm 鼻子
嘴唇闭合线
0.83cm 下巴
下唇线
1cm
肩线
肩宽 4cm
2
胸部
3
胯部
4
5
大腿
6
7
小腿
8
9 脚
重心线

1. 绘制基础辅助线。在 A4 纸上确认每个头的高度，图中每个头高为 2.9cm，每隔 2.9cm 画横向辅助线；再画一条与横向辅助线垂直且居中对齐的直线，这条线既是人体的中心线也是重心线；然后根据 9 头人体比例分配将对应部位标注在画面左侧，头部是 1 个头高，上半身是两个头高，胯部是 1 个头高，大腿是两个头高，膝盖到脚是 3 个头高。

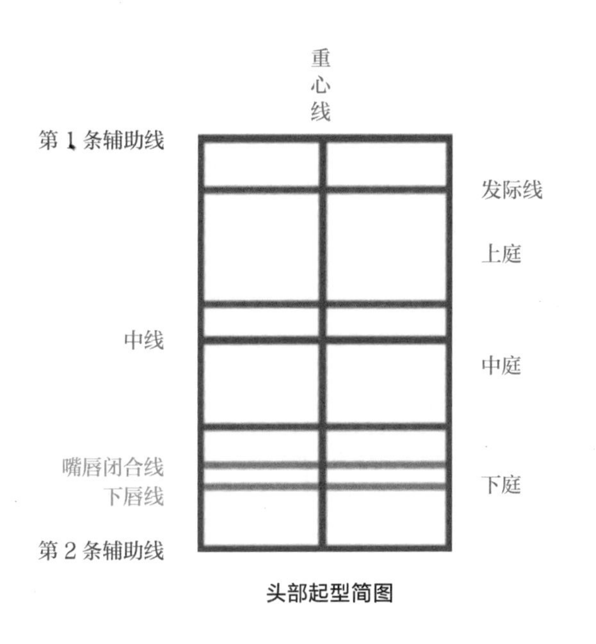

头部起型简图

2. 绘制头部和颈部。头部的上边缘和下边缘分别在第1条和第2条辅助线上，然后以重心线为参考，画出头部最左侧和最右侧的竖向辅助线，确定一个矩形，图中头宽1.8cm，不包括耳朵的宽度。在矩形的基础上画出头部轮廓，然后在第2个头高的1/3（约1cm）处画肩线，肩宽4cm，再画出颈部轮廓。

小贴士

①先在头部的正中间横向画一条中线，这是眼睛的参考位置。

②确认发际线的高度，图中的发际线高0.4cm，仅供参考，可以根据实际情况进行调整，但最好不要超过0.7cm。画图时因为头发本身具有一定的厚度，所以头发的上边缘会向上超出第1条辅助线0.2cm左右。

③将发际线以下、第2条辅助线以上的部分三等分，分别为上庭、中庭和下庭。在头高为2.9cm的情况下，每庭间距约为0.83cm。

④将下庭进行二等分，中线也是嘴唇的下唇边缘线，然后以中线为参考在向上0.12cm左右的位置找到嘴唇闭合线。

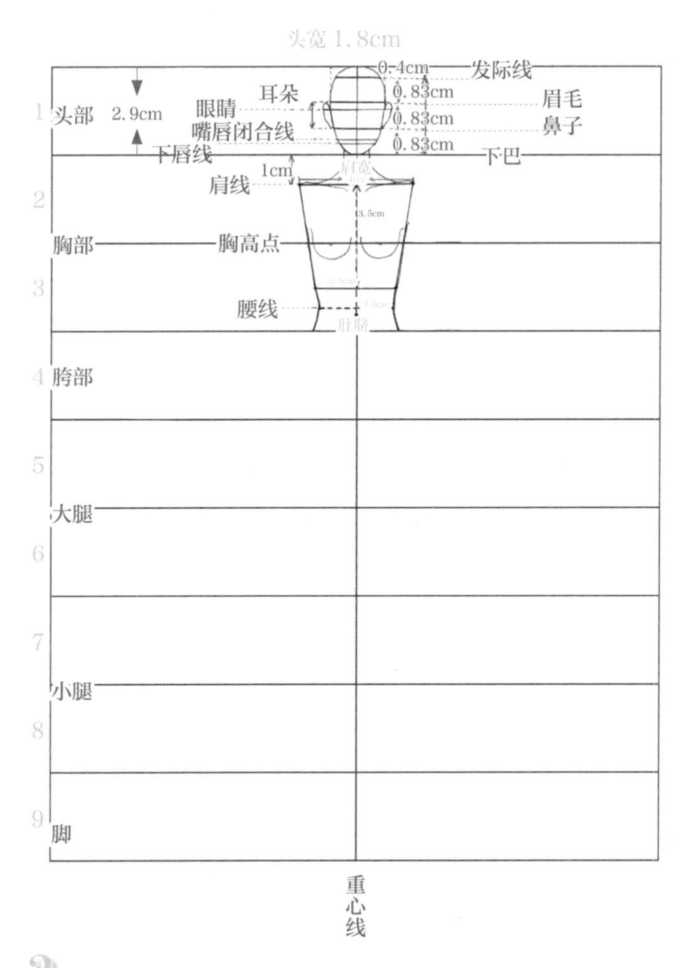

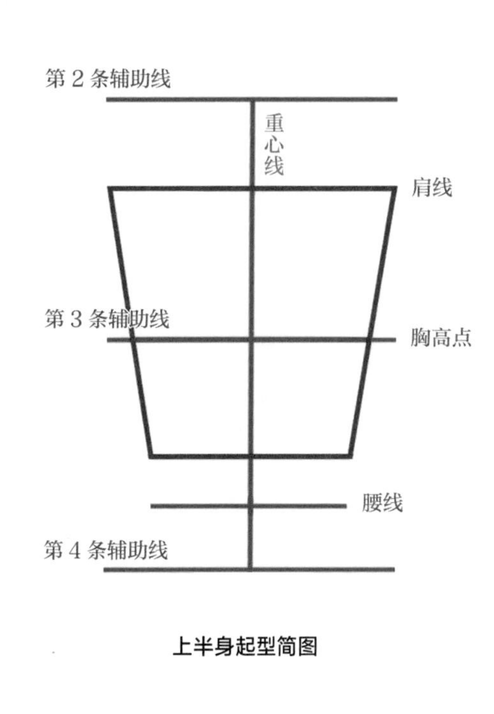

上半身起型简图

3. 绘制上半身。上半身主要由胸部和腰部组成，画图时应遵循从上往下的规律，先确定胸腔的高度，再确定腰线的位置。起型时可以先将结构简单化，胸腔用倒梯形来代替，腰部用一个倒梯形和一个正梯形两个体块来代替。

小贴士

①确认胸腔的高度，胸腔的下边缘线位于第3段比例的中间位置，胸腔高3.5cm左右，宽2.8cm左右。

②胸部位于胸腔的中间位置，胸高点刚好在第3条辅助线上，围绕胸高点画两个半球体，不用把整圈线条画满，主要画下半部分。

③腰线位于胸腔和胯部的中间，宽度为2.6cm左右。

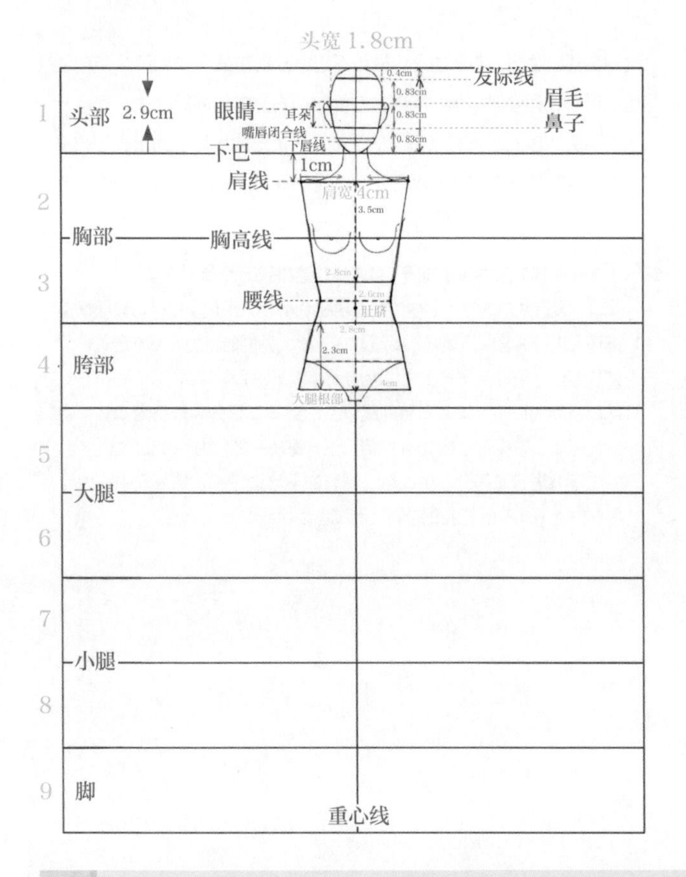

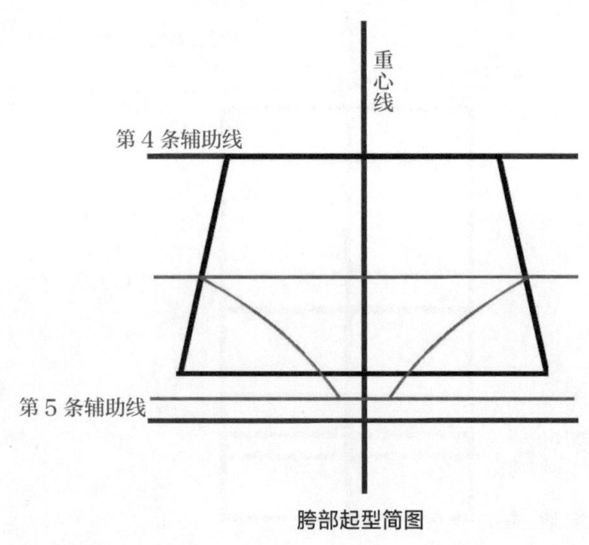

胯部起型简图

4. 绘制胯部。胯部的结构上窄下宽，可以简单概括成一个正梯形；纵向高度小于 1 个头高，约为 2.3cm，图中裆底部到第 5 条辅助线有 0.2cm 的距离，主要是为了拉长腿部的比例，让模特从视觉上看起来更高。这里直接将裆底部画在第 5 条辅助线上也是可以的，其他结构比例保持不变。

小贴士

①胯部上边缘在第 4 条辅助线上，下边缘距离第 5 条辅助线有 0.6cm 的距离，整个胯部高 2.3cm 左右。

②胯部上边缘的宽度和胸腔下边缘的宽度相同，都是 2.8cm 左右；胯部下边缘的宽度和肩膀的宽度相同，都是 4cm 左右。

③裆底部位于第 5 条辅助线向上 0.2cm 的位置，在胯部上边缘和裆底部线条的中间位置画一条横向直线，这条直线和胯部两侧有两个交叉点，然后将这两个交叉点分别和裆底部的两个端点进行连线，画出两条短弧线。

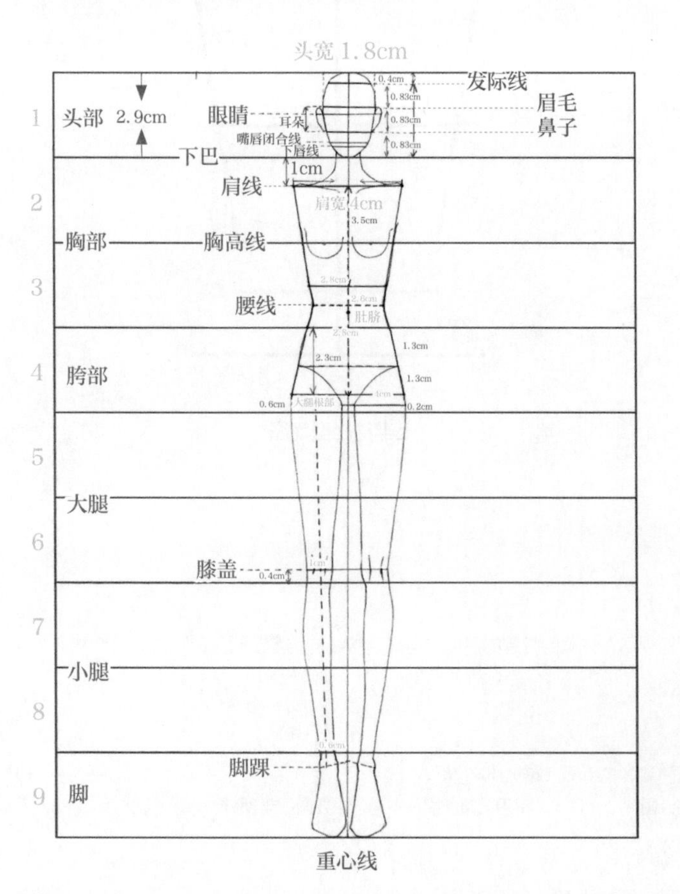

5. 绘制腿和脚。首先找到大腿根部的中点和脚踝的中点，然后将这两个点连成一条直线，这条直线是画大腿和小腿外侧轮廓的辅助线。大腿根部是腿最粗的位置，宽约 1.8cm；脚踝是腿最细的位置，宽约 0.6cm；膝盖的宽度在两者之间，约 1cm，膝盖的纵向位置是在第 7 条辅助线偏上 0.4cm 的位置。脚踝的纵向位置和鞋子的高度有关，鞋跟越高，脚踝位置越高，最高不会超过 1 个头高的距离。一般模特穿高跟鞋时脚踝位置在第 9 个头高的 1/4 处；如果是平底鞋，脚踝一般在第 9 个头高的 1/2 处。

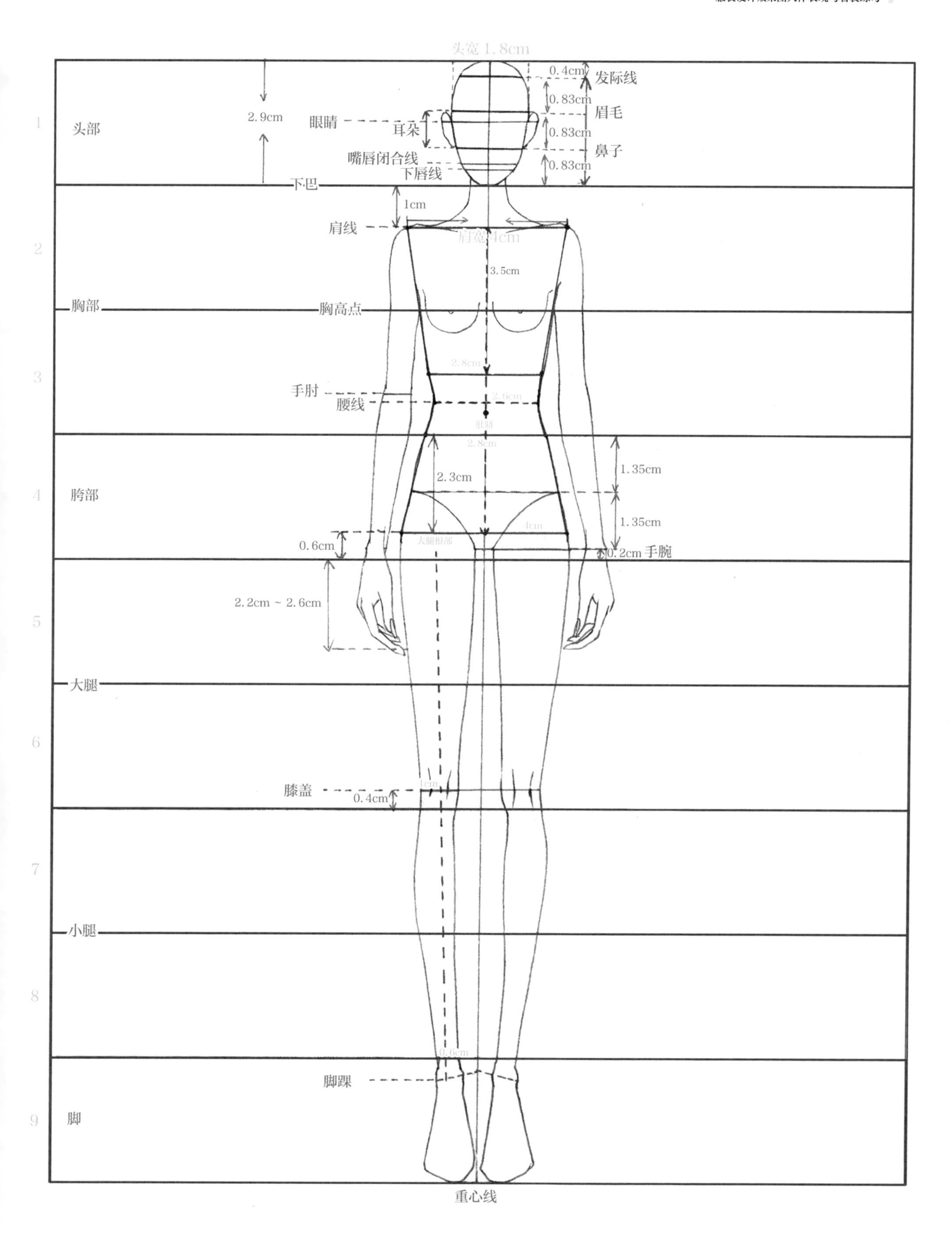

6. 绘制手臂和手部。人体正直站立时，手臂呈自然下垂状态，手肘位于腰线以上，手腕位于裆底部位置，手指自然弯曲，位于第 6 条辅助线以上。画手臂时需要注意几个地方，肩膀和手臂的连接位置、上臂和下臂的连接位置，以及下臂和手部的连接位置。

9.5 头人体正面比例详解

9.5 头人体正面比例的绘制步骤和 9 头人体正面比例一样，可以参考下图中的具体数值进行练习。

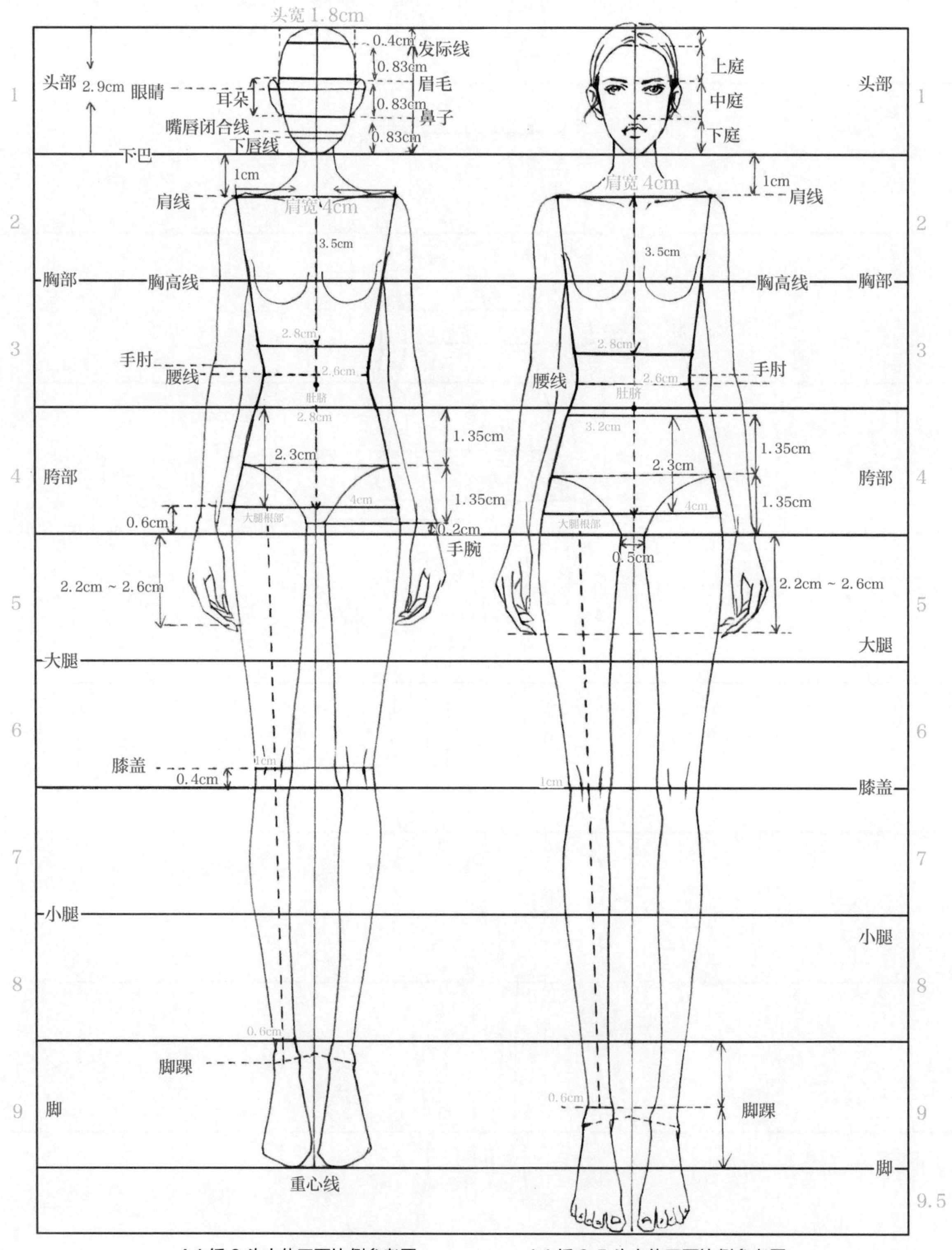

A4 纸 9 头人体正面比例参考图　　　A4 纸 9.5 头人体正面比例参考图

小贴士

①头高都是 2.9cm，9.5 头人体正面比例高出来的半个头高主要集中在大腿和小腿位置，上半身的比例可以保持不变。

②胯部宽度可以和肩膀宽度一样，也可以略微宽一些。

③裆底部刚好在第 5 条辅助线上，宽度为 0.5cm 左右（数值仅供参考）。

④ 9.5 头人体的手臂长度可以和 9 头人体的手臂长度一样，也可以略微加长，加长的部分主要在上臂和下臂，手部的比例保持不变，手臂的整体长度也不要超过第 6 条辅助线。

2.1.2 服装侧面和背面人体比例详解

虽然在服装设计效果图中主要呈现的是服装的正面效果，但也有一些服装是需要展示正面、侧面和背面 3 个面的服装穿着效果的，因此，不仅要掌握人体正面的比例和结构，同时也需要对服装人体侧面和背面的比例和结构有一定的了解，这样有助于服装的多方面呈现，可以更直观地展示出服装结构。这里主要介绍 9 头人体侧面和背面的比例和结构。

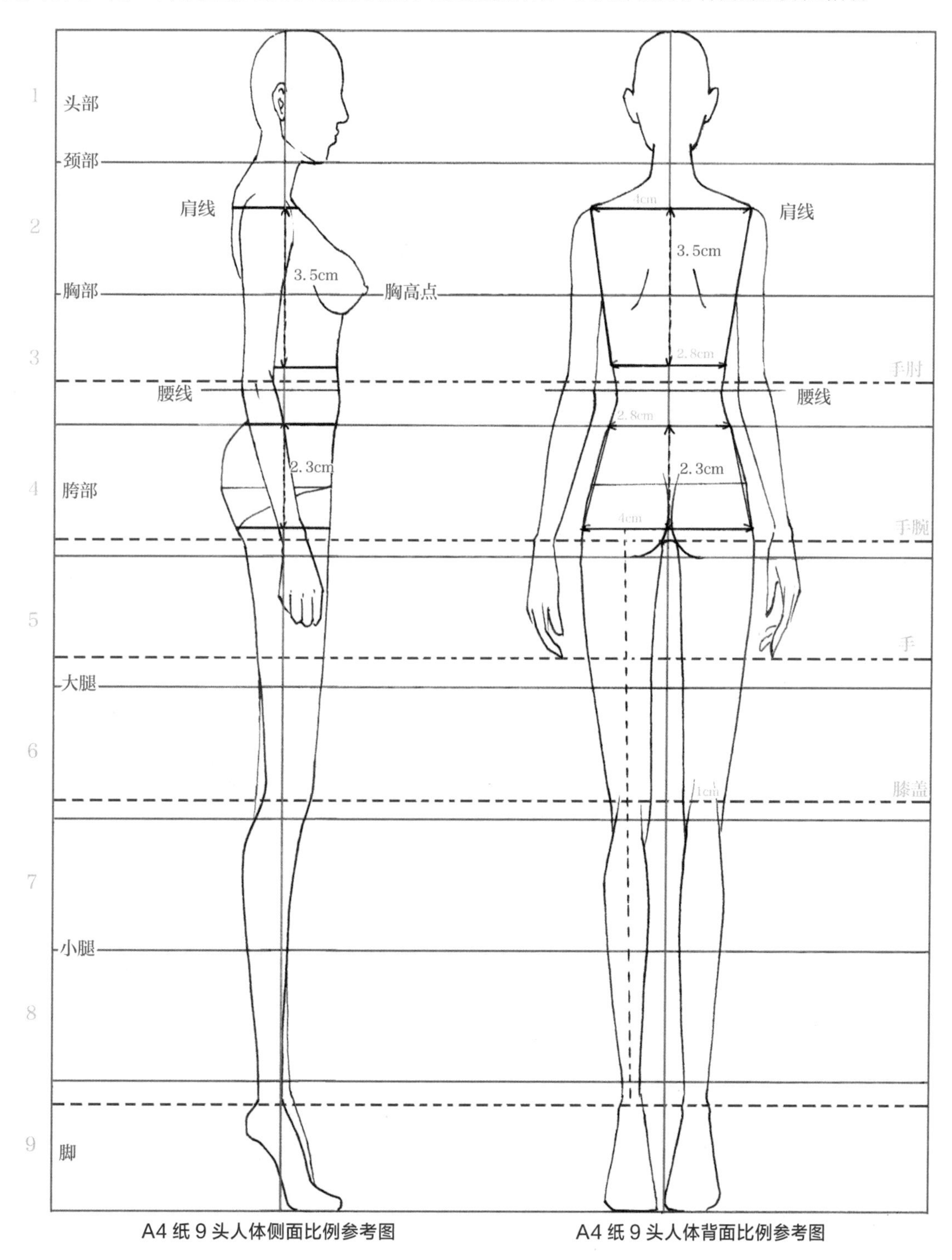

A4 纸 9 头人体侧面比例参考图　　A4 纸 9 头人体背面比例参考图

小贴士

①在侧面人体图中可以清楚地看到人体的凹凸变化，胸部和臀部都是女性最突出的地方。

②侧面人体的胸腔高度和胯部高度与正面保持一致，肩线、腰线、手肘、手腕、膝盖、脚踝等比例位置也保持不变。

③背面人体图的比例和正面保持一致。

④横向红色虚线的位置分别代表手肘、手腕、膝盖和脚踝的位置。

2.2 服装人体动态练习

2.2.1 服装人体动态原理详解

服装人体动态指的是人体在运动过程中的一种状态，身体结构会根据人体的不同动态发生改变，除了正直站立的姿势以外，人体的其他站立姿势都存在着不同的动态变化。设计师可以根据不同的需求选择不同的人体动态，因为一般都是展示服装的正面效果，所以掌握正面的站立姿势和正面的行走姿势非常重要。

站立动态的变化规律

画服装设计效果图的第 1 步都是确认人体的重心线，重心线是一条贯穿于人体重心、垂直于画面的直线，通过它可以清晰地判断出人体动态是否稳定。不论人体的动态怎样变化，人体的重心线都保持不变，而且正面站姿的重心线都会经过锁骨的中点。

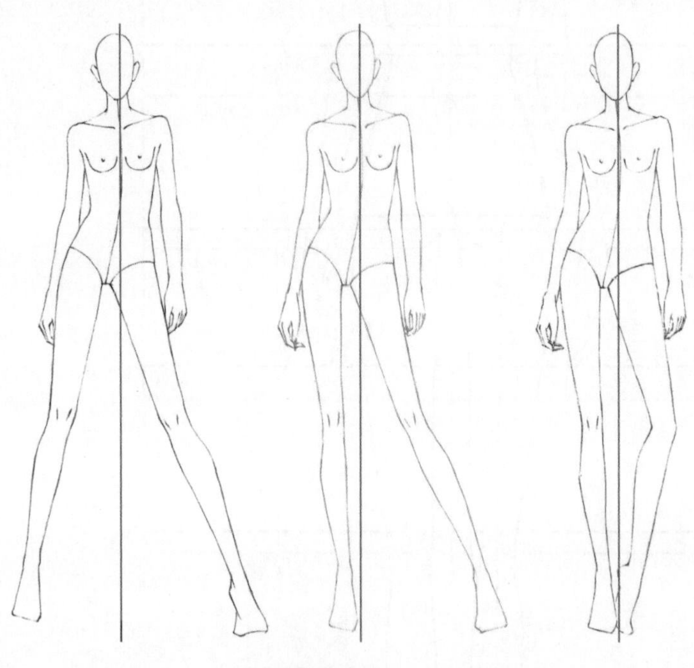

正面站立动态

小贴士

①3 个正面不同站姿的重心线相同，都经过锁骨的中点并垂直于地面。
②在正面站姿两条腿同时受力的情况下，重心线在两条腿的中间。
③两条腿受力情况的不同直接影响到重心线到两条腿之间的距离，受力越多的腿距离重心线越近，受力越小的腿距离重心线越远。
④在重心线位置和上半身动态不变的情况下，腿形可以发生多种变化，除了图中出现的 3 种不同站姿以外，也可以尝试多种站姿。

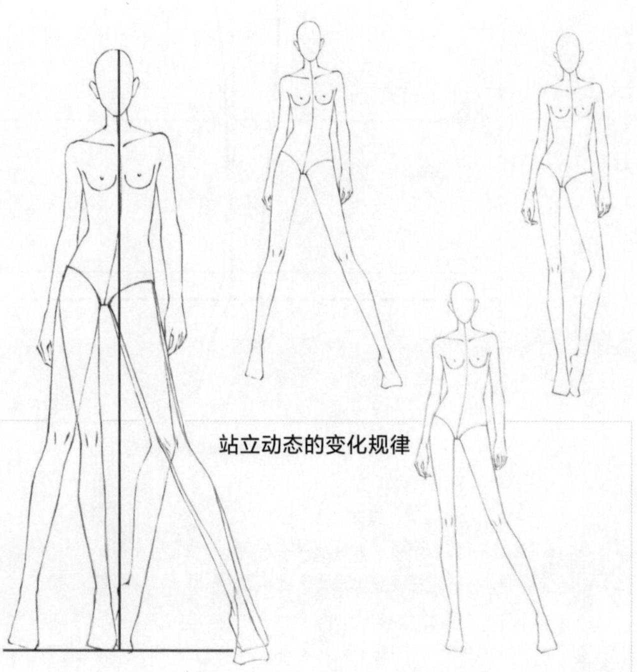

站立动态的变化规律

小贴士

①3 个站姿的上半身动态相同，造型不变，只是腿的姿势不同，左侧的合成图是右侧 3 个人体重叠在一起的效果。
②在确定人体动态稳定的前提下，可以尝试改变受力小的腿的姿势，红色人体和绿色人体在右腿姿势相同、左腿姿势不同的情况下依然可以保持人体重心的平稳。
③也可以尝试在不改变身体动态的情况下改变手臂的造型，例如两手叉腰的造型，或者一只手叉腰一只手抬起的造型。

行走动态的变化规律

人体在行走时身体结构会发生明显的变化，一般情况下动态线都是穿插于人体重心线的两侧，胸腔和胯部的倾斜角度呈相反状态，重心线经过锁骨中间和重心脚，手臂在身体两侧摆动，腿一前一后。行走的动态比站立的动态更加生动，是服装设计效果图最常用的动态。

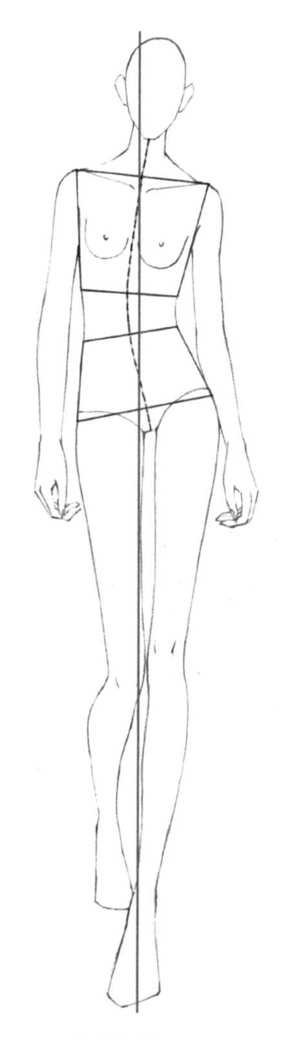

正面行走动态

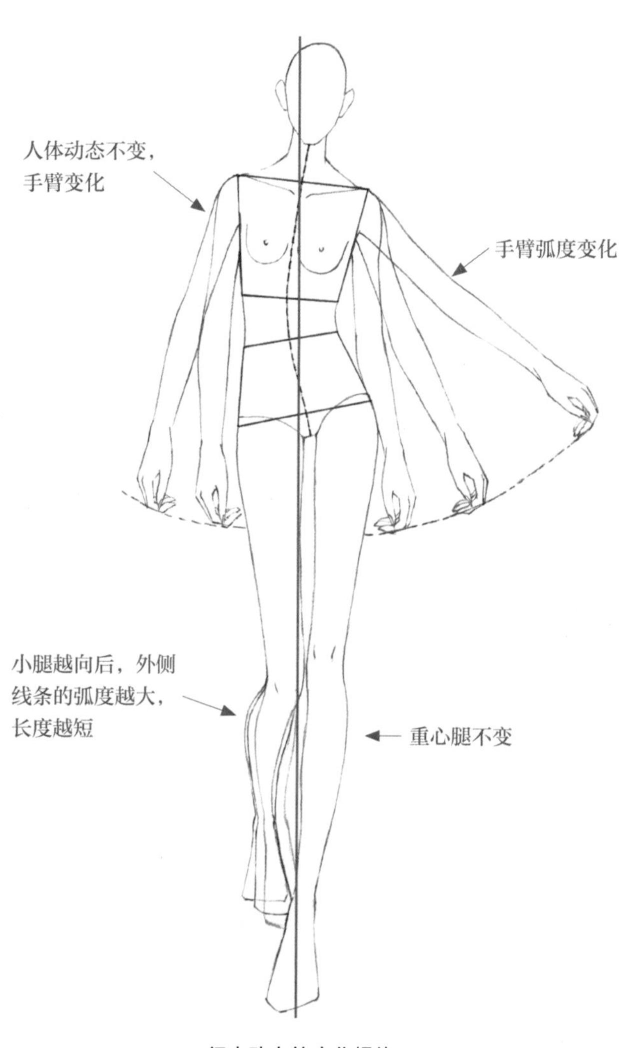

行走动态的变化规律

小贴士

①行走时重心线除了会经过锁骨的中点外，还会经过人体的重心腿和重心脚。
②动态线经过人体的颈部、胸部、腰部和胯部，是行走动态中人体躯干的中线，也是对称线，可以以这条线为参考对称画出左右两侧身体的结构。
③头部的倾斜方向一般和胸腔的倾斜方向一致，也存在垂直或者相反的方向，只是情况比较少见。
④手臂一前一后自然摆动，后面的手臂经常会被胯部遮挡住一部分，遮挡部分的线条不用画出来。
⑤自然摆动的手臂长度是由肩膀的高低决定的，画面中肩膀高的一边手臂位置偏上，肩膀低的一边手臂位置偏下。
⑥胯部向上的一边连接着人体的重心腿，重心腿一定比辅助腿长。
⑦膝盖的倾斜角度与胯部相同，重心腿的膝盖位置一定高于辅助腿的膝盖位置。

小贴士

①在人体动态不变和手臂一直是伸直状态的前提下，可以以肩点为圆心、手臂长度为半径随意调整手臂的位置，每一侧的手臂都可以在180° 的范围内随意改变，调整时需要注意手臂和肩膀的衔接位置。
②在重心腿不变的前提下，辅助腿可以进行多种变化。辅助腿的变化存在着一定规律，从透视的角度来看，辅助腿越靠后，小腿的长度越短，小腿的外侧轮廓弧度越大，辅助脚的高度也越靠上。

2.2.2 4 种常见的站立动态表现

人体动态多种多样，本书主要以站立动态和行走动态作为示范。服装设计效果图中常用的动态并不多，下面会列举一些基本的服装动态图及详细的步骤讲解，要想熟练掌握必须进行大量的练习。书中范例都是在 A4 尺寸的纸张上完成的，参考数值也是以 A4 纸为准，如果换成 A3 或者其他尺寸的纸张，需要将数值进行等比例换算。

站立动态就是用静止不动的方式表现出人体的不同姿势，包括站姿、坐姿、跪姿和卧姿。它的优势在于姿势多样、动态稳定，可以清晰地将服装效果展示出来。

正面站立动态一

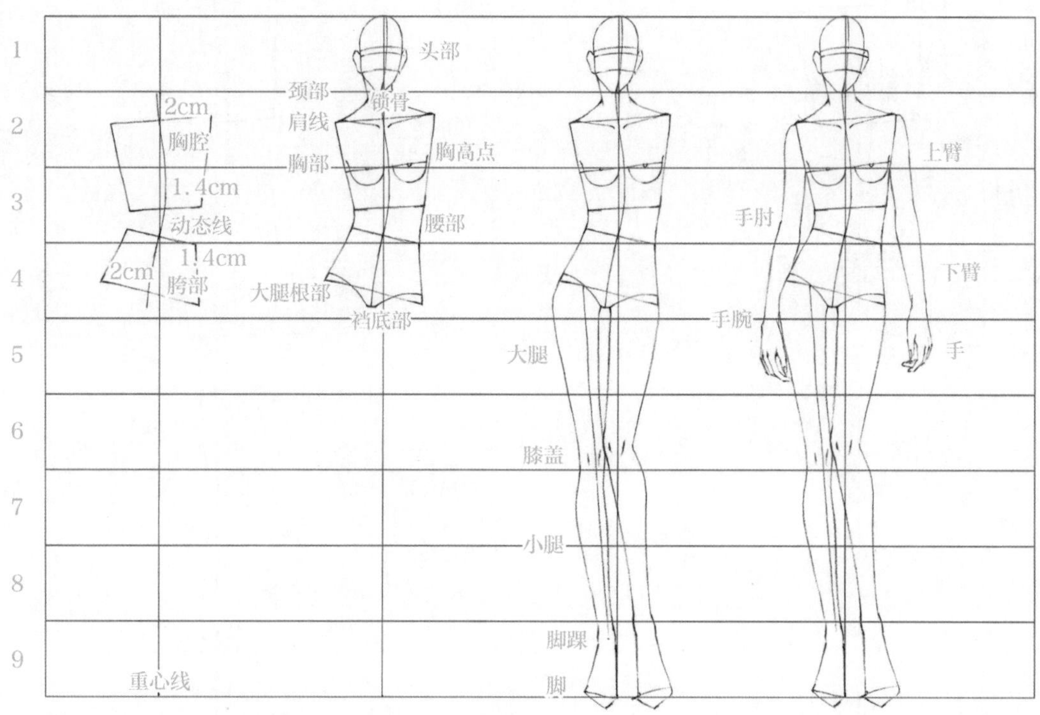

1 在开始练习服装人体动态图时，一定要先在纸上画出 9 头人体的横向比例格，然后在画面的正中间画一条竖向垂直于画面的重心线。重心线画好后，先找到肩线和重心线的交叉点，也就是锁骨的中点，位于第 2 段比例的 1/3 处（约 1cm 的地方），以该点为中心向画面的右上方画一条直线作为肩线，该点左右各为 2cm。下面确认动态线，动态线经过锁骨中点向画面的右下方延伸，延伸到腰部位置开始向相反的方向转折，穿插到重心线的左侧，画到第 5 条辅助线向上 0.5cm 的位置停止。动态线画好后，以动态线为中心分别画出胸腔的底边缘线、胯部的上边缘线，以及胯部的下边缘线，最后连接胸腔的侧面和胯部的侧面，完成第 1 步的绘制。其中，胸腔高 3.5cm，胯部高 2.3cm，胸腔的下边缘宽 2.8cm，胯部的上边缘宽 2.8cm，胯部的下边缘宽 4cm。

2 头部整体向画面右侧倾斜，先简单地画出头部的横向中线并标注出耳朵的位置，头宽 1.8cm，不包括耳朵的宽度；颈部两侧的线条可以先画成两条竖向的直线到肩膀，然后用直线连接颈部的中点和肩点，肩点位于肩线的两个端点上，再把线条修成弧线；锁骨线条偏直线，锁骨中点低于肩线；胸部位于胸腔的中间位置，倾斜角度和肩线一致，先画好胸高点，再围绕胸高点画出胸部的半球体结构；最后在动态线的末端画一条横向宽 0.5cm 的短直线，再画出大腿根部的弧线。

3 先确认脚踝的位置，位于画面第 9 段的 1/4 处，模特的左脚脚踝略微偏上；模特的右腿是站直的姿势，可以先将大腿根部的中点和脚踝的中点连接成一条直线，再参考这条直线画出大腿、小腿和脚的轮廓。

4 添加手臂，两条手臂自然下垂在身体两侧，没有任何造型，画的时候可以参考正面人体比例关系图，但是要注意手臂的长度。

小贴士

①胸腔和胯部两个体块呈相反状态。
②两条腿都受力的情况下，重心线在两腿之间。
③模特的左腿弯曲，画面中模特左腿的长度和右腿差不多；如果左腿伸直，长度一定会超过右腿。

正面站立动态二

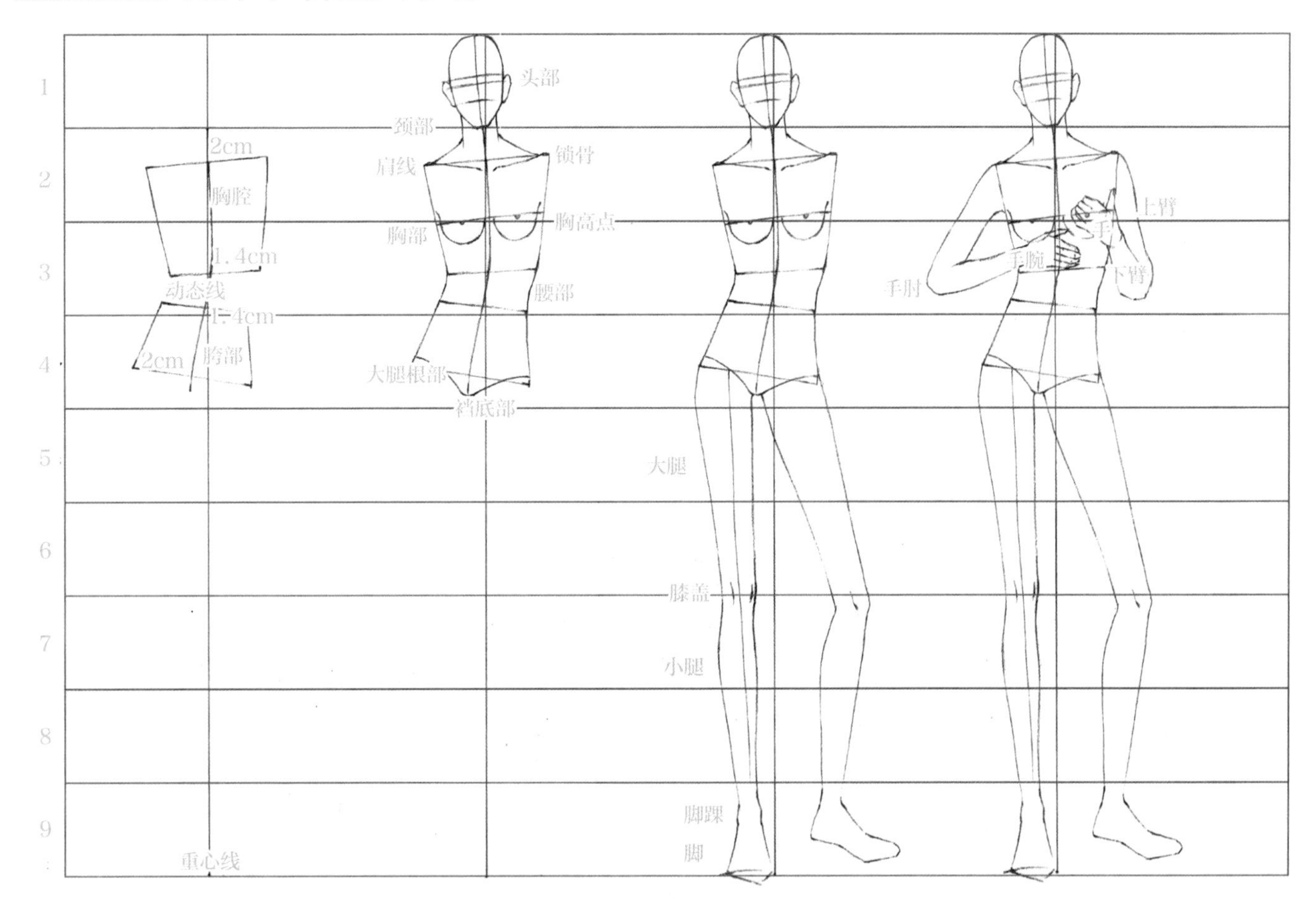

1 首先画出横向的 9 头人体比例格和竖向的重心线。重心线画好后，先找到肩线和重心线的交叉点，也就是锁骨的中点，位于第 2 段比例的 1/3 处（约 1cm 的地方），以该点为中心向画面的右上方画一条直线作为肩线，该点左右各为 2cm。画好肩线后，从锁骨的中点起笔向右下方画线，画到腰部位置后开始向重心线的左侧转折，完成身体动态线的绘制，再参考动态线画出胸腔和胯部的梯形轮廓。

2 头部整体向画面左侧倾斜，确定头高和头宽后画出头部的轮廓。颈部可以看成一个穿插在胸腔里的圆柱体，主要画出颈部两侧的竖向线条。正面人体的锁骨比较明显，画图时注意左右对称。最后分别画出胸部、腰部和裆底部线条，并保证腰部是上半身最细的地方。

3 先确认模特右腿脚踝的位置，然后用一条直线将右腿根部的中点和右脚脚踝的中点连接起来，画出模特右腿的轮廓，再画出模特的左腿轮廓。

4 模特的两条手臂都是弯曲状态，因为左手的下臂离身体有一定的距离，所以从视觉上看下臂明显偏短。画图时要特别注意弯曲时手臂的透视关系和长短变化：在手肘和上臂姿势保持不变的前提下，下臂离身体越近，在视觉上离观者越远，画图时手臂也就越长；下臂离身体越远，在视觉上离观者越近，画图时手臂也就越短。

小贴士
①两条腿都受力的情况下，重心线距离承重多的腿更近。
②除掌握自然下垂手臂的画法外，还需要多加练习不同角度的手臂在画面中的呈现效果，了解人体的透视关系有助于掌握手臂长短变化的规律。

微侧站立动态一

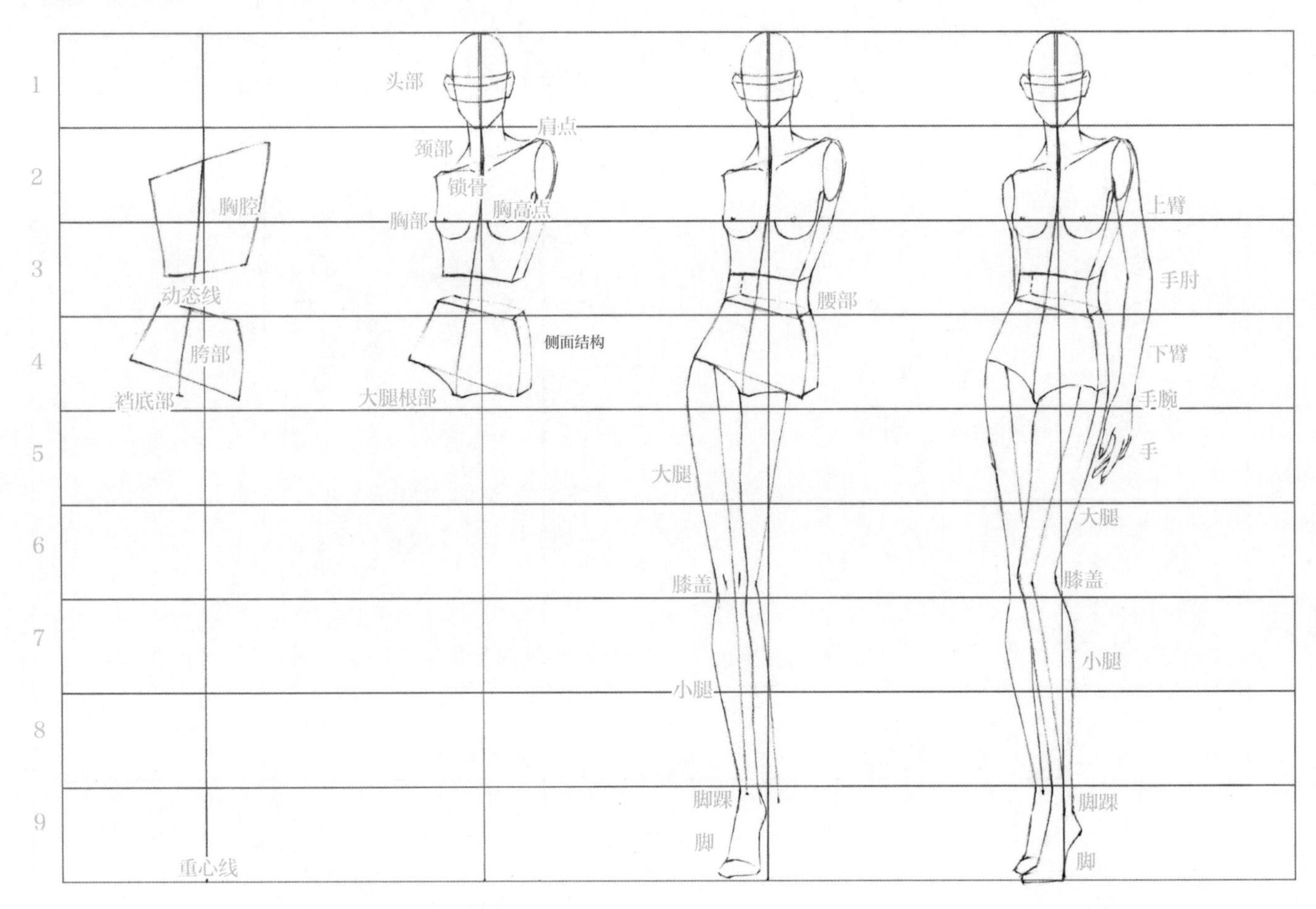

1 先画出 9 头人体比例格和竖向重心线，然后找到锁骨的中点，以中点为参考向画面的右上方画一条直线。因为这张图中的人体是微侧站立的，所以画肩线时要注意两侧线条的长短分配。根据透视的原理，画面中模特身体的左侧离观者更近，因此，模特的左肩线条比右肩线条要长。动态线在重心线的左侧，参考动态线画出胸腔和胯部。

2 人体的微侧结构不能再用简单的平面梯形来表现，这里需要先将两个平面的体块进行立体结构的改变，分别在两个梯形的最右侧拆分出一个独立的面，以形成立体的结构。虽然身体是微侧的，但头部仍是正面的，所以按照正面的方法画头部。颈部还是穿插在胸腔里的圆柱体，画图时需注意两侧线条和重心线之间的远近关系。

3 腰部同样是上半身最细的地方，先用线条将胸腔和胯部中间空白的腰部位置连接起来。模特是一条腿站立、一条腿弯曲的姿势，虽然模特的右腿在画面的后面并处于被遮挡的状态，但画图时需要先把两条腿的结构都画出来，然后再擦掉被遮挡的部分。

4 在上一步的基础上完成模特左腿轮廓的绘制，然后重点画出模特的左手臂，手臂长度控制在第 6 条辅助线以上 0.5cm 左右的位置。

小贴士

①微侧人体结构和正面人体结构要区分开，正面人体结构躯干的左右两侧是对称的，微侧人体结构躯干的左右两侧是完全不同的。

②微侧人体动态起型时，胸腔和胯部的体块都不再是正梯形，除了左右体块分配不等以外，纵向线条的分配也不同，根据透视原理，离观者近的画面右侧纵向线条一定比离观者远的画面左侧纵向线条要长。

微侧站立动态二

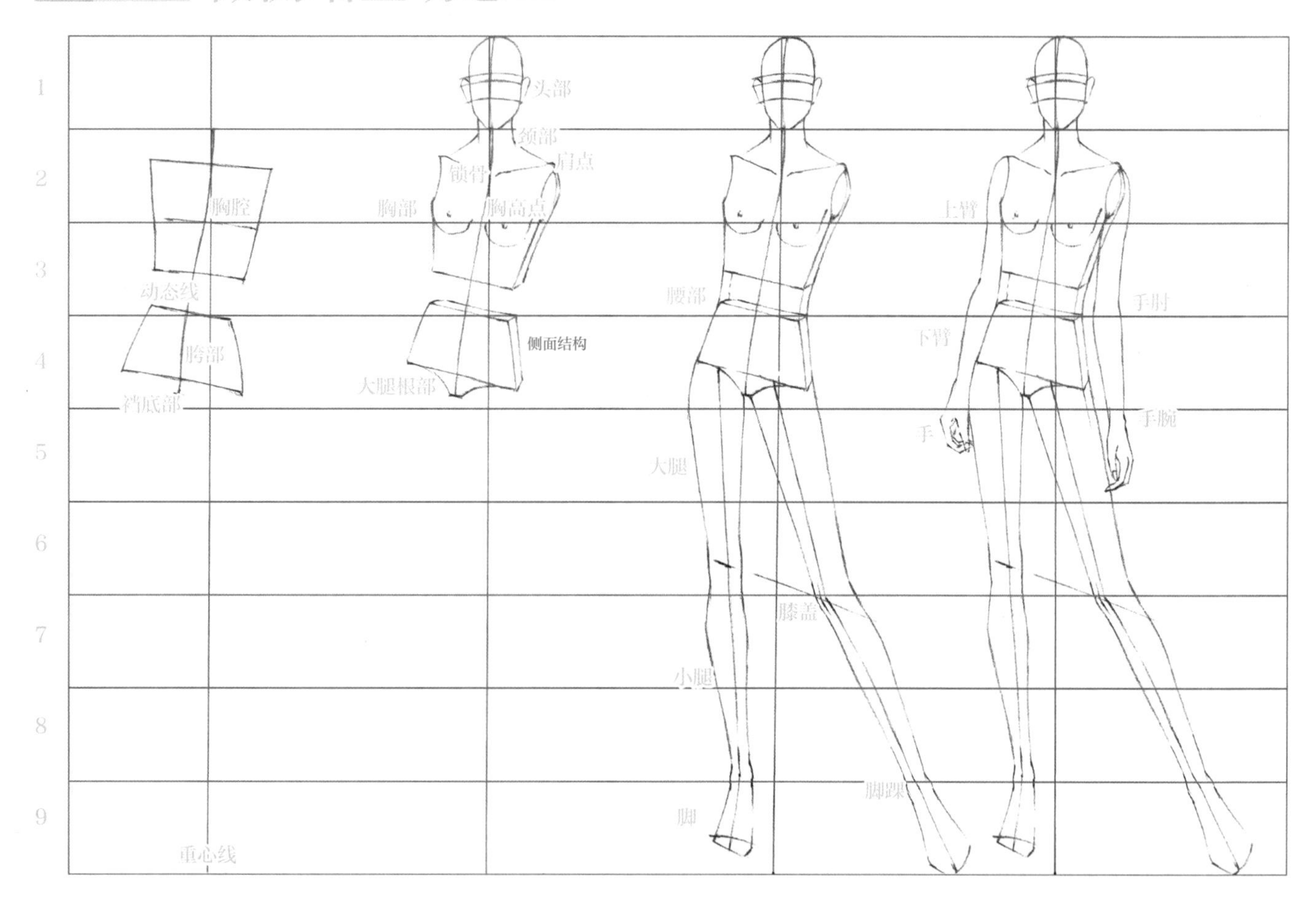

1. 先画出 9 头人体比例格和竖向重心线，然后找到锁骨的中点，以中点为参考向画面的右上方画一条直线，画肩线时注意锁骨中点两侧线条的长度，模特的左肩线比右肩线要长。身体动态线都在重心线的左侧，再参考动态线画出胸腔和胯部。

2. 画出胸腔和胯部的立体结构，距离观者近的模特左侧胸腔和胯部的面积比距离观者远的模特右侧胸腔和胯部的面积要大。头部微侧，重心线靠近画面左侧。

3. 先画好腰部两侧的线条，然后画两腿的轮廓，根据透视的原理，离观者近的模特的左腿比离观者远的模特的右腿要长，膝盖和脚的倾斜方向与胯部的倾斜方向保持一致。

4. 手臂自然下垂在身体两侧，手臂长度仍至大腿的中间位置，画图时需要注意两条手臂的前后关系，以及上臂、下臂和手的长短变化。

小贴士

①微侧人体动态一定要把人体左右不对称的特征画出来。
②起型时注意胸腔和胯部的体块变化，一定要与正面人体的体块进行区分。
③注意手臂和腿的透视关系和长短变化。

2.2.3 4 种常见的行走动态表现

行走动态就是把行走过程中的某一瞬间记录下来，动态主要来自秀场和街拍。秀场的正面行走动态是服装设计效果图中最常用的人体动态，画系列效果图时可以只用一个人体动态去表现，也可以用多个人体动态去表现，只要能够把服装的效果表达清楚即可。下图展示的是 A4 纸上 9 头人体和 9.5 头人体的秀场动态比例图，图中已经将重要的结构点、参考数值标注出来，在接下来的范例中有详细的步骤讲解。

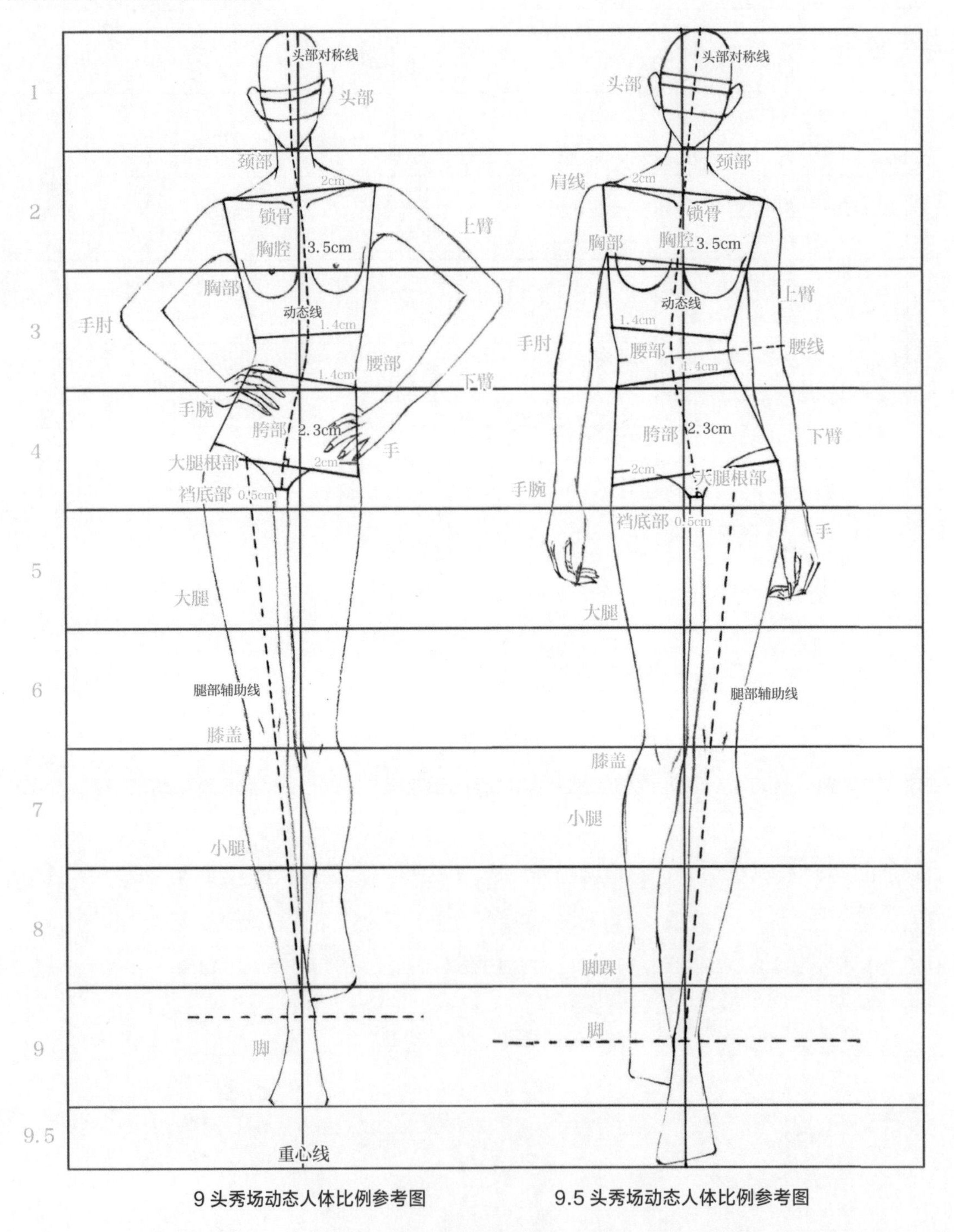

9 头秀场动态人体比例参考图　　9.5 头秀场动态人体比例参考图

小贴士

①图中两个秀场人体动态非常重要，后面几个章节的全身效果范例图都是从这张动态图的基础上演变而来的。

②动态线在重心线的两侧，虽然可以根据实际情况调整角度的大小，但不论角度怎么变动，正面人体的动态线都是它的对称线，经过人体颈部、胸部、腰部、胯部和裆底部的中间。

③根据鞋子的高度调整脚踝位置和脚的大小。

9 头秀场行走动态

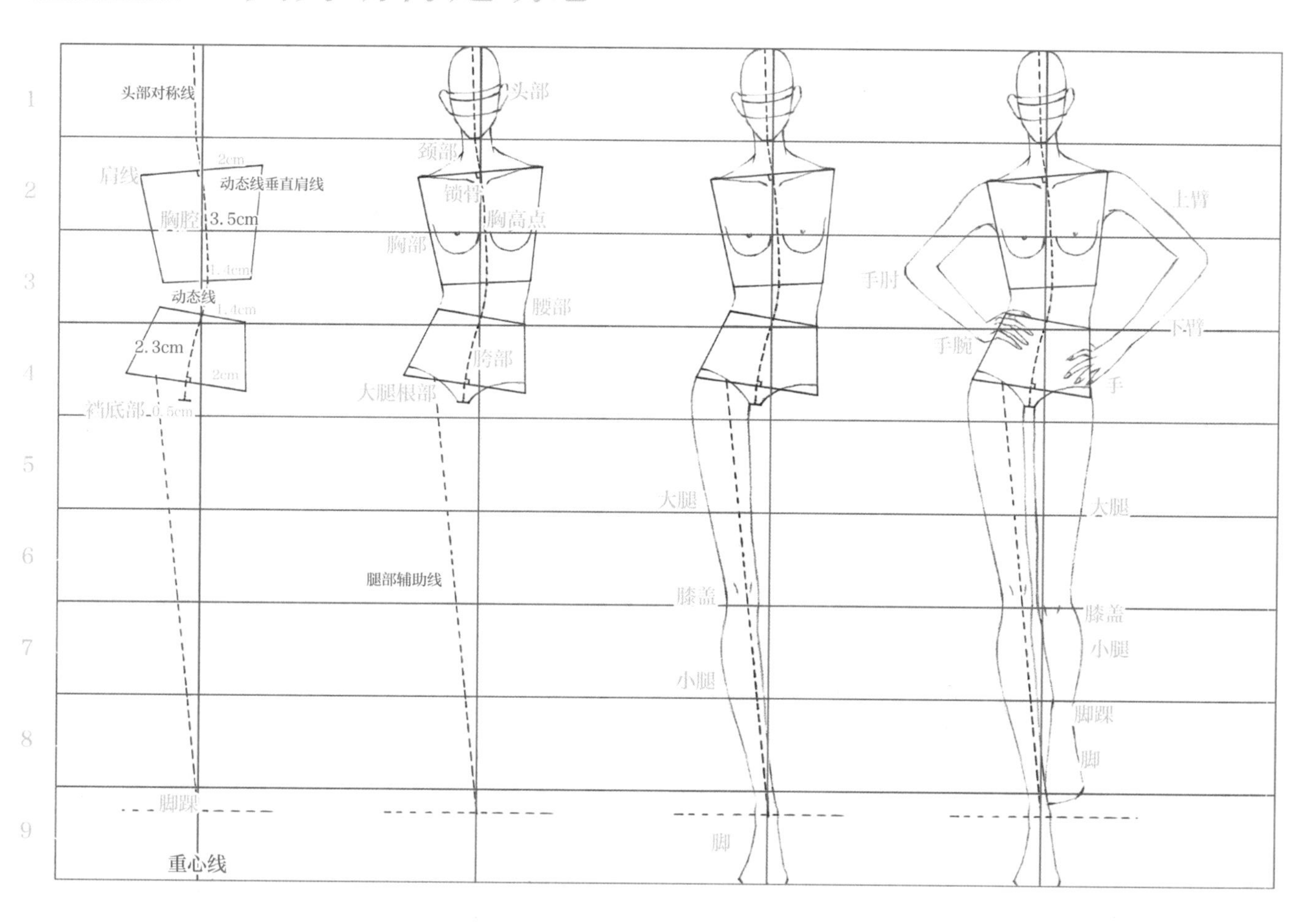

1 先横向画 10 条间距相同的辅助线，然后竖向画一条垂直于画面的重心线。在第 2 头身的上 1/3 处找到锁骨的中点，以锁骨的中点为中心，向右上方倾斜画肩线，该点左右各为 2cm。动态线垂直于肩线和胯部底边缘线，以动态线为对称线画出胸腔和胯部体块，其中，胸腔高 3.5cm、上宽 4cm、下宽 2.8cm，胯部高 2.3cm、上宽 2.8cm、下宽 4cm，裆底部宽 0.5cm。将大腿根部的中点和重心脚脚踝的中点连成一条直线，作为后面绘制的参考线。

2 确定头宽为 1.8cm，不包括耳朵的宽度，然后根据头部的参考线确定耳朵的位置。头部画好后，绘制出颈部，将头部和胸腔连接在一起。再以动态线为对称线分别在两侧画出模特的胸部，并用线条将侧面模特的腰部连接起来，同时画出裆底部的线条。

3 参考画好的大腿辅助线，从大腿根部起笔，围绕辅助线画出腿的轮廓，其中，大腿的根部宽约 1.8cm，脚踝宽约 0.6cm，膝盖宽约 1cm。

4 辅助腿的膝盖位置位于承重腿的膝盖位置以下，辅助腿的长度也小于承重腿的长度，参考承重腿的位置完成辅助腿的绘制。手臂是两手叉腰的造型，从正面看，上臂和下臂在长度上没有变化，只是角度不同。

小贴士
①叉腰造型常用来画礼服裙、大裙摆或者下身结构特别复杂的服装，两手固定在腰部两侧不会遮挡服装的结构。
②手臂也可以画成自然下垂或者一只手叉腰的造型，其他位置保持不变。

9.5 头秀场行走动态

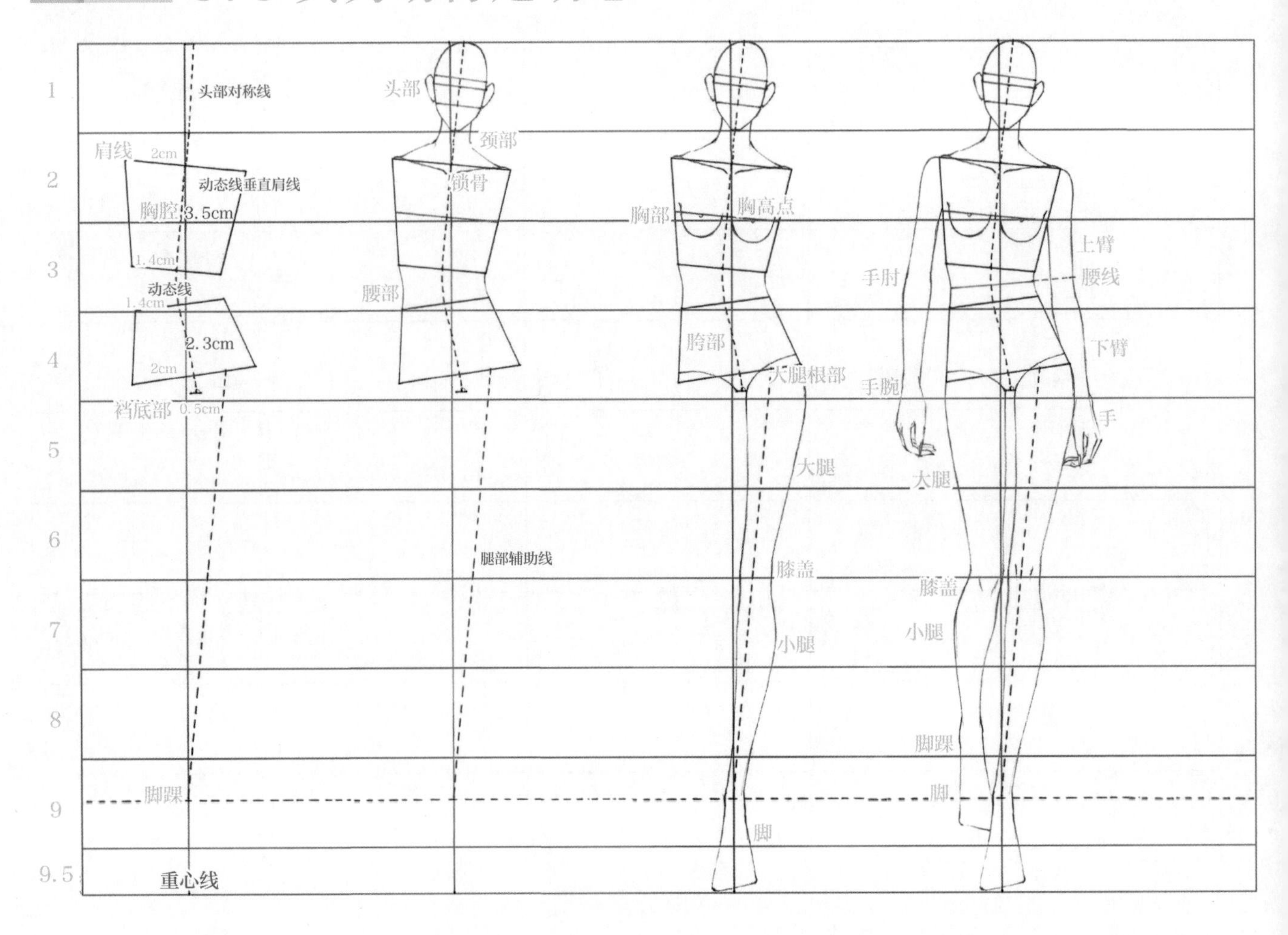

1 先画 11 条横向辅助线和 1 条竖向重心线。确认锁骨中点和动态线后，以动态线为对称线画出胸腔和胯部的结构，其中，胸腔高 3.5cm、上宽 4cm、下宽 2.8cm，胯部高 2.3cm、上宽 2.8cm、下宽 4cm，裆底部宽 0.5cm，然后画出大腿内侧的辅助线。

2 确定头宽约为 1.8cm，不包括耳朵的宽度，然后画出头部的对称线、中线和耳朵的轮廓线。头部画好后，直接画颈部、锁骨、肩膀和腰部的线条。

3 先画出胸腔中间的胸部线条和胸高点，然后根据大腿内侧的辅助线从上往下画出大腿、小腿和脚的轮廓，膝盖刚好位于第 7 条辅助线上，大腿根部宽 1.8cm 左右，膝盖宽 1cm 左右，脚踝宽 0.6cm 左右。

4 画辅助腿时注意膝盖位置要低于承重腿的膝盖位置，小腿的长度要小于承重腿的小腿长度，脚的大小要大于重心脚的大小。手臂自然下垂，长度在大腿的中间位置。

小贴士 在 A4 纸上画服装设计效果图时，如果模特的头部上面没有夸张的头饰，脚底也没有特别高的鞋子，可以完全参考这张 9.5 头的人体比例图。

单手叉腰行走动态

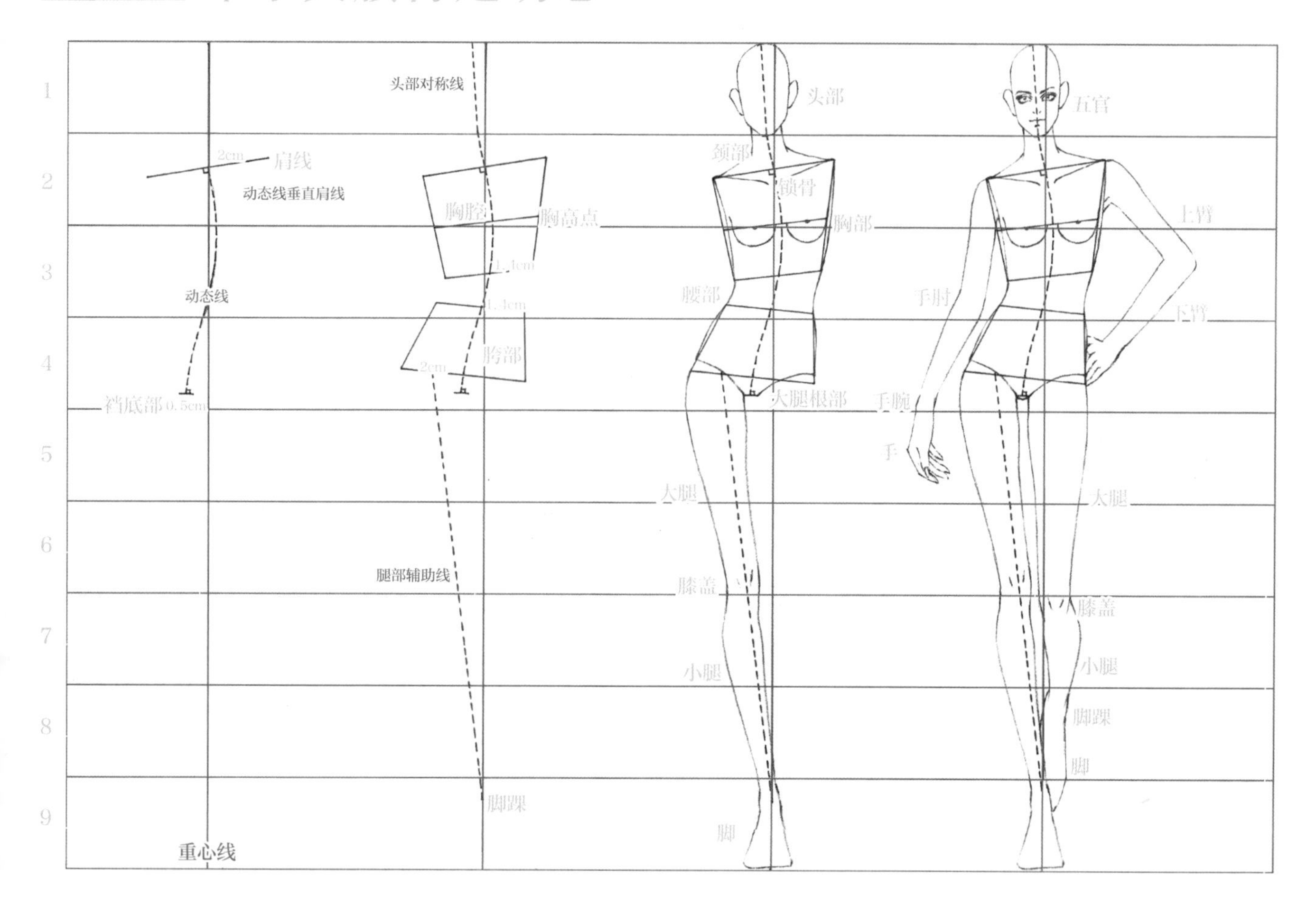

1 画好横向辅助线和人体重心线，然后找到锁骨的中点，以该点为中心向画面的右上方画一条左右各为 2cm 的直线，再画出人体的动态线。

2 绘制头部对称线、胸部参考线、腿部辅助线、胸腔轮廓线，以及胯部轮廓线，其中，胸腔高 3.5cm，胯部高 2.3cm。

3 根据头部的辅助线，画出头部的轮廓和耳朵的轮廓；参考胸部参考线，分别在动态线的两侧画出胸部和胸高点；以大腿内侧的辅助线为参考，从上往下画出大腿、小腿和脚的轮廓，大腿的根部宽约 1.8cm，膝盖宽约 1cm，脚踝宽约 0.6cm。

4 对人体动态熟练掌握后，可尝试添加五官，五官的比例大小、位置关系在 2.1 节的正面人体比例图中有简单的说明，在后面的 3.1 节中也有更加详细的说明。

小贴士 在服装设计效果图中，虽然五官的比例很小，在 A4 纸上的头部尺寸只有 2.9cm × 1.8cm，但结构非常复杂。想要在这么小的尺寸中画好头部五官，除了需要掌握五官的比例和结构外，还需要进行大量的练习。

单手背包行走动态

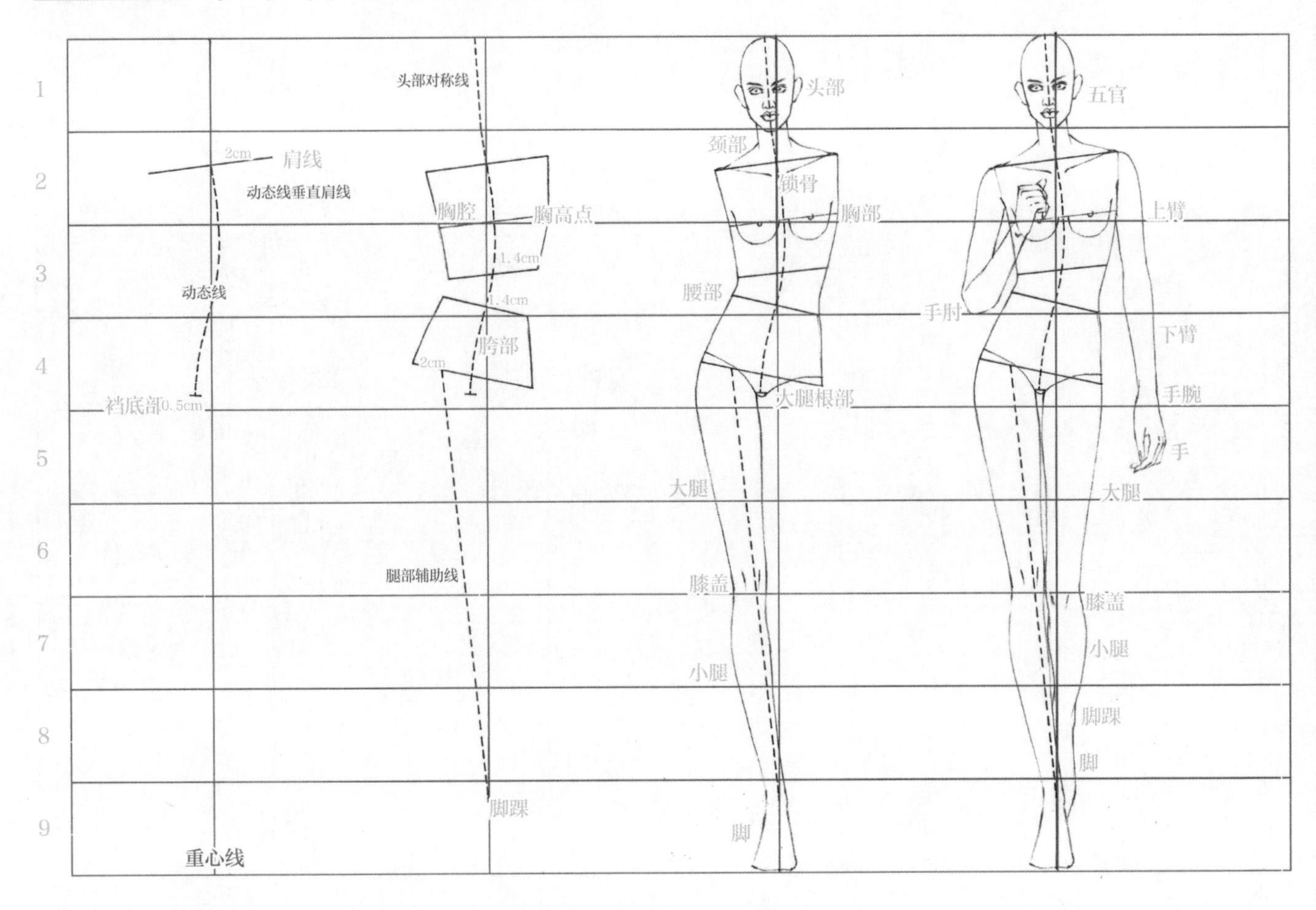

1 该范例的动态基本和单手叉腰行走动态一样，只是手臂造型不同。画好辅助线和重心线后，先找到锁骨的中点，然后画肩线和人体的动态线，其中，肩宽 4cm。

2 确定头部对称线、胸部参考线、腿部辅助线、胸腔轮廓线，以及胯部轮廓线，其中，胸腔高 3.5cm，胯部高 2.3cm。

3 以头部对称线为参考，绘制眼睛、鼻子、嘴唇和耳朵的轮廓；以胸部参考线为参考，绘制胸部轮廓；以大腿内侧辅助线为参考，绘制腿部轮廓。

4 先画辅助腿，然后画模特的左手臂和右手臂。左手臂自然摆动，长度至大腿中间位置；右手臂抬起握拳，手部在胸口位置。

小贴士
①练习服装动态时，可以提前准备好一些已经打好比例格的纸张，方便练习，也能节约纸张。可以尝试在一张纸上进行 3 幅动态练习。
②熟练掌握动态后就可以直接画图了，起型前只要标注出大概的位置即可。

2.2.4 常见动态展示

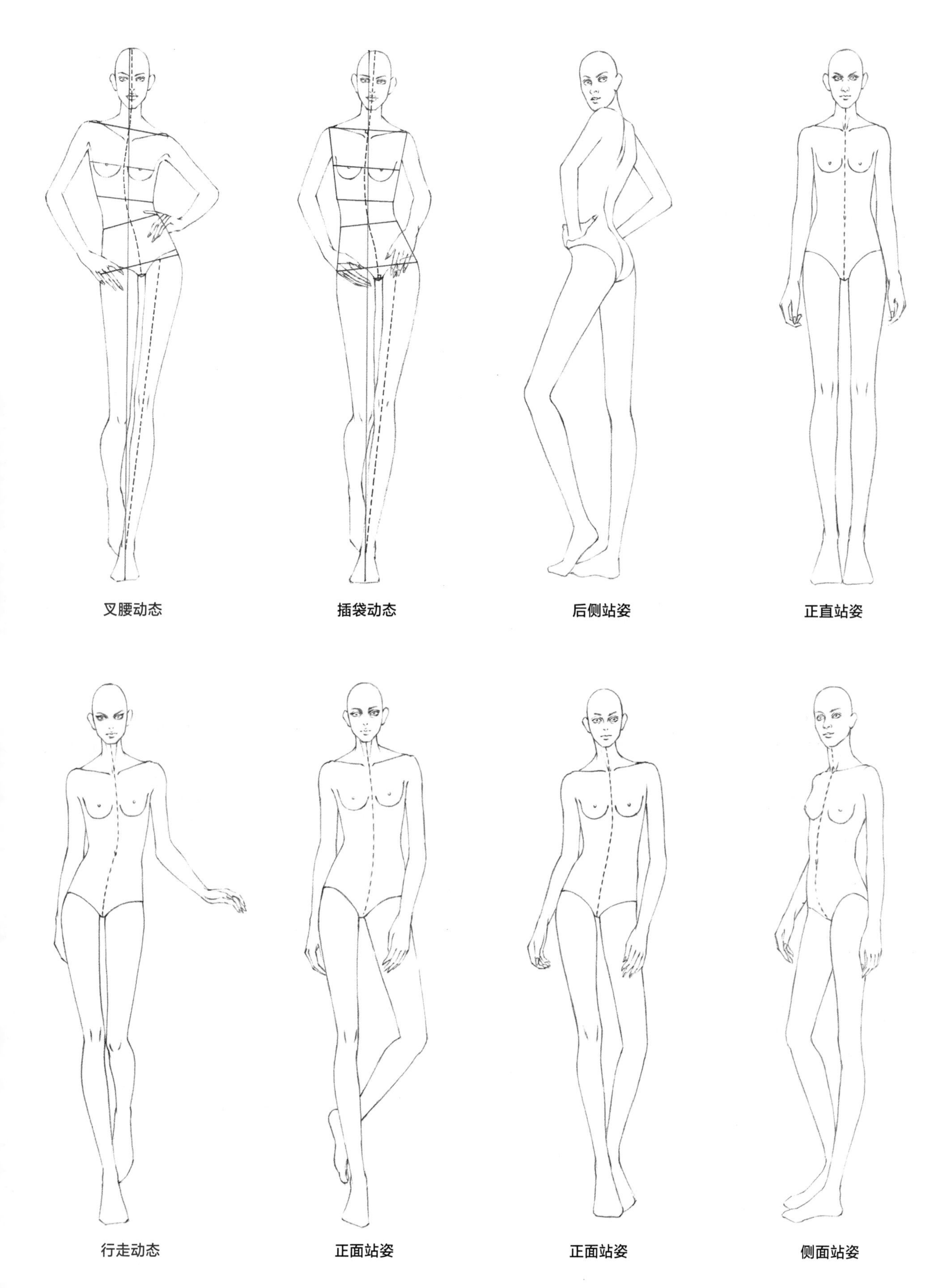

2.3 制作服装人体比例尺

服装人体比例尺是方便画服装设计效果图的尺子。起型时可以将比例尺直接放在 A4 纸上，用铅笔快速描出外轮廓，这样既能保证每张人体图的正确性，也能加快画图速度。在 1.5 节的画材介绍中，提到过一种马克笔专用纸是半透明的硫酸纸，如果平时使用这种纸画图，则不需要制作人体比例尺，可以将画好的人体比例图放在画纸的下面，然后直接在上面画五官、头发和衣服轮廓，见下图。

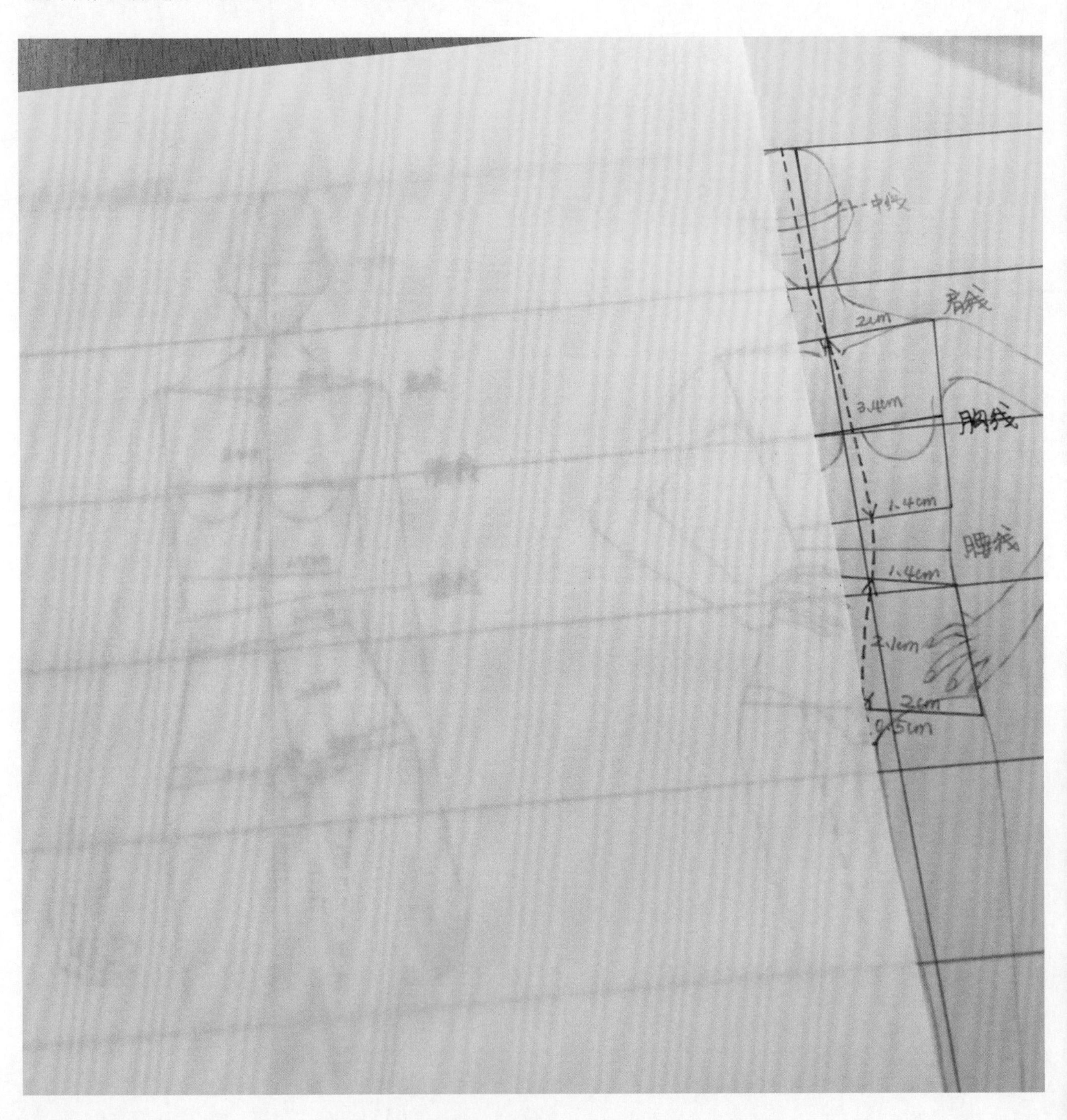

小贴士

①图中用的是 COPIC 马克笔专用纸，透明度较高，可以清晰地看到下面纸张上所有的比例线和数字。如果对人体不熟练，画图时可以先把比例图描一遍，然后再画五官和服装。熟练掌握后可以直接画五官和服装。

②如果人体动态发生变化，可以在底层动态图的基础上进行调整，将新的动态图画在纸上，然后添加五官和服装。

人体比例尺的制作方法

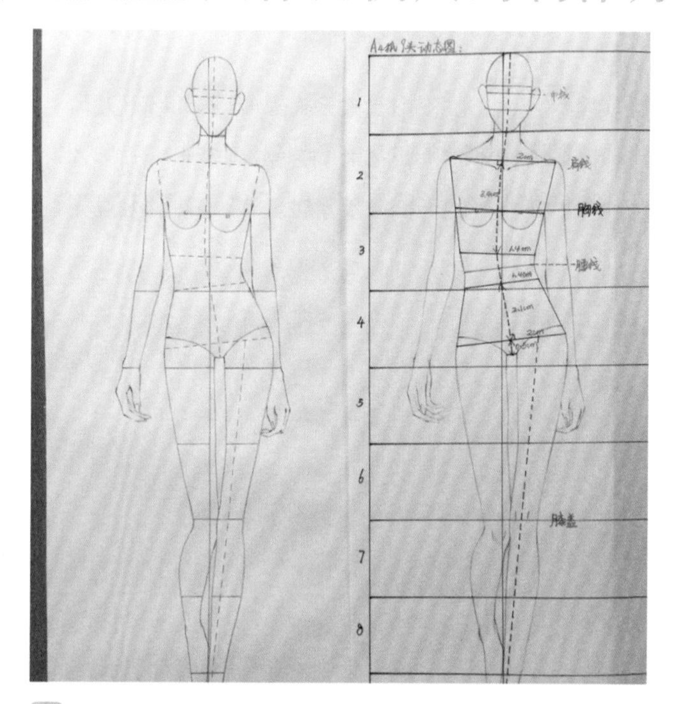

1 准备一张比较厚的 A4 纸，方便后面的使用和保存。根据本章前两节所学的内容，独立完成一张标准的 9 头人体秀场动态图，保留所有横向的辅助线和胸部线条，然后用另外一种颜色的笔画出头部的内侧比例线、人体动态线、胸腔轮廓线和胯部轮廓线。

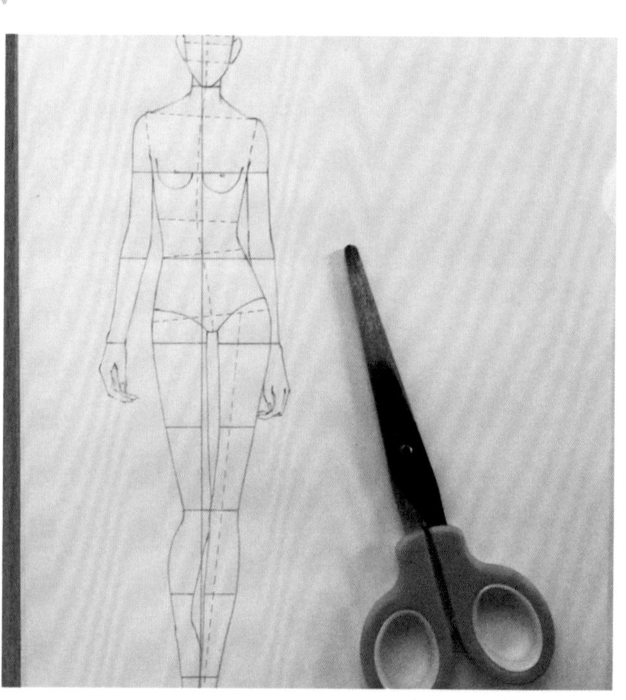

2 铅笔稿画好后，可以用相应的彩色针管笔再勾一遍所有的线条，方便长久保存，然后准备一把剪刀和一把刻刀。

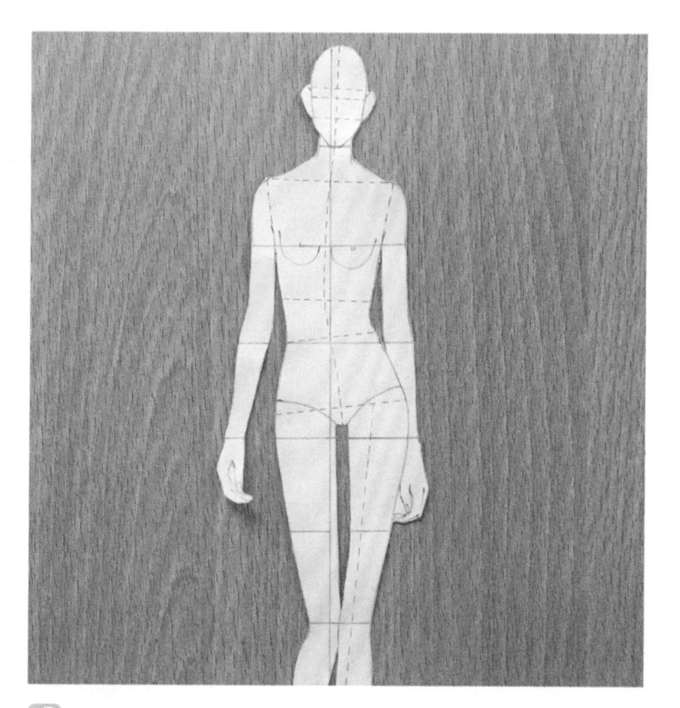

3 用剪刀沿着人体的外轮廓进行修剪，修剪时要确保边缘整齐，然后用刻刀修整细节，完成简单的人体比例尺制作。

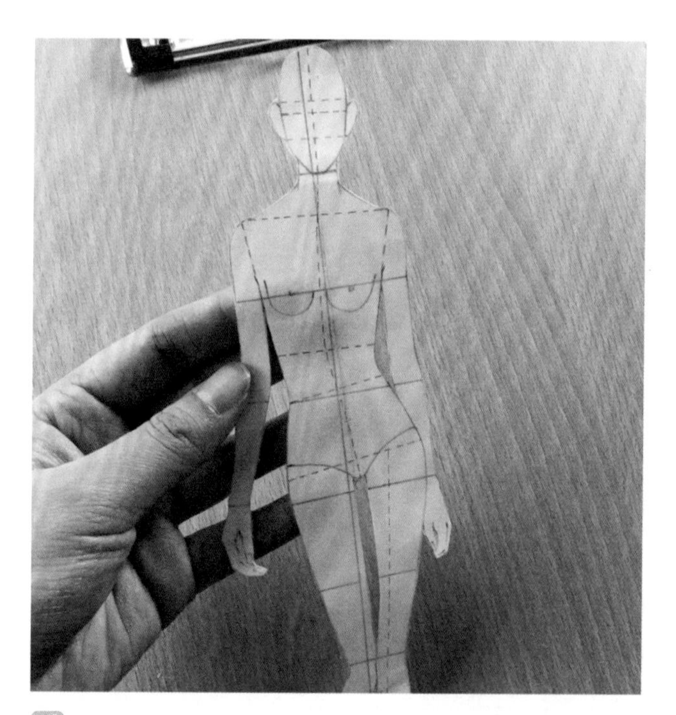

4 如果担心制作的人体比例尺用久以后会变脏，可以在修剪之前在纸的表面贴一层透明胶带。

小贴士

①可以按照同样的方法，根据实际需要制作正面站立的 9 头人体比例尺和 9.5 头秀场动态人体比例尺。

②尽量选择厚一些的纸张，有厚度的纸张使用起来更方便。

③使用人体比例尺只是为了在后期的画图过程中节约时间，如果时间充裕还是建议独立完成每张动态图的绘制。

2.4 练习服装人体着装效果

常用的秀场人体比例尺做好后，就可以开始实操练习了。先将人体比例尺放在 A4 纸的中间位置，用铅笔描出人体的外圈轮廓线，对应人体比例尺上的位置画出头部内侧的比例线、锁骨的线条、胸部的线条和身体的动态线；所有的辅助线都画好后，再细画五官、头发、衣服和鞋子的轮廓。下面的范例用了两个相反动态的人体比例尺——9 头人体秀场动态和 9.5 头人体秀场动态。

2.4.1 9 头人体秀场动态着装

范例一

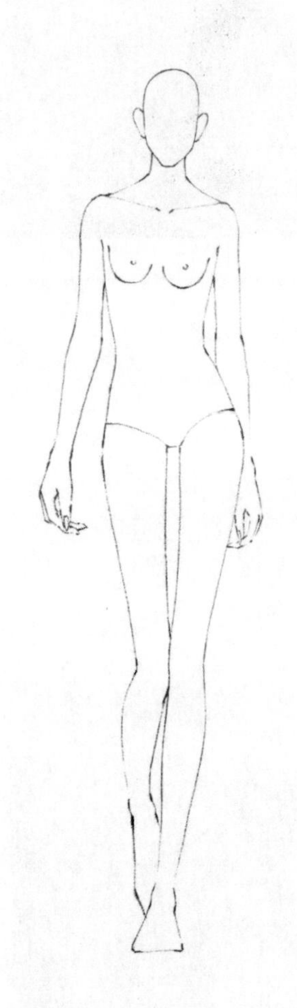

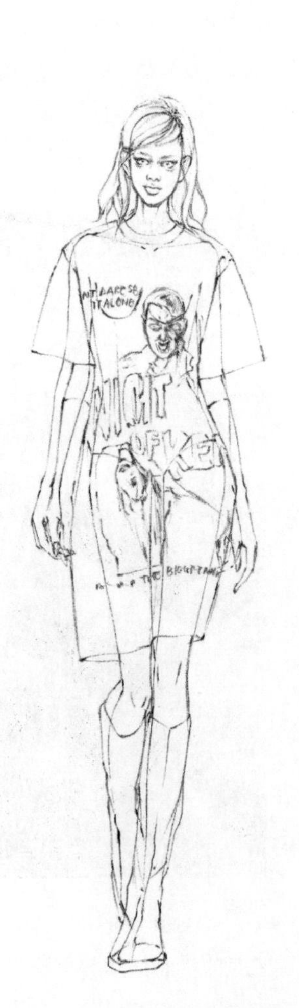

3 在画图的过程中，擦掉不需要的红色线稿部分，完成最终的画面效果。

1 先画出 9 头人体秀场动态的原型，在开始练习的时候可以把头部的辅助线都画出来，以方便后面画五官。

2 如果身体动态发生变化，可以在原有动态原型的基础上进行调整。图中模特动态和比例尺动态有偏差，头部、躯干和腿形不需要调整，只需要调整手臂的位置，将模特的左手臂和右手臂都向画面的右侧调整成需要的效果。

小贴士

①参考用的红色铅笔线在画图的过程中要边画边擦，最终全部擦掉。

②画宽松类型服装时，需要注意衣服轮廓边缘和身体边缘的距离。服装越宽松，轮廓线距离身体越远；服装越修身，轮廓线距离身体越近。

范例二

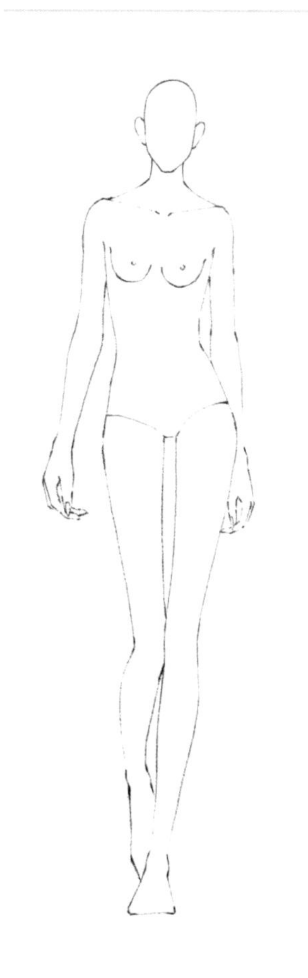

1 以9头人体秀场动态为原型，在A4纸上画出完整的轮廓线和辅助线。

2 直接在动态原型的基础上画五官和服装轮廓。先参考头部辅助线画出眼睛、鼻子和嘴唇轮廓，被遮挡的耳朵轮廓不用画；然后画上衣和帽子，因为模特穿的是一件透明上衣，所以可以直接保留上半身的人体线稿。

3 擦掉参考用的红色线稿，完成最终的画面效果。

小贴士

①画透明服装的技巧是先画里面的人体轮廓，再画外面的服装轮廓。

②帽子本身具有一定的厚度和高度，画图时需注意帽子上边缘和头部上边缘的位置关系，帽子一定高于头部。

2.4.2 9.5头人体秀场动态着装

1 以9.5头人体秀场动态为原型，先把动态图画在A4纸的中间位置。

2 动态不变，直接画模特的五官、头发、外套、吊裙和鞋子的轮廓，保留模特手臂和腿部的轮廓线。因为外套和吊裙款式都比较宽松，所以画图时不要紧挨着人体画轮廓线，要保持一定的距离。

3 擦掉辅助线，完成最终的画面效果。

小贴士

①吊裙用了蕾丝面料，蕾丝面料的特点和透明面料相似，都需要先画出里面的人体轮廓，再画出外面的服装轮廓。

②所有服装轮廓线都附着在人体轮廓线以外。

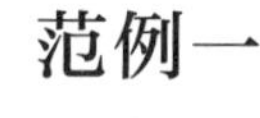

范例一

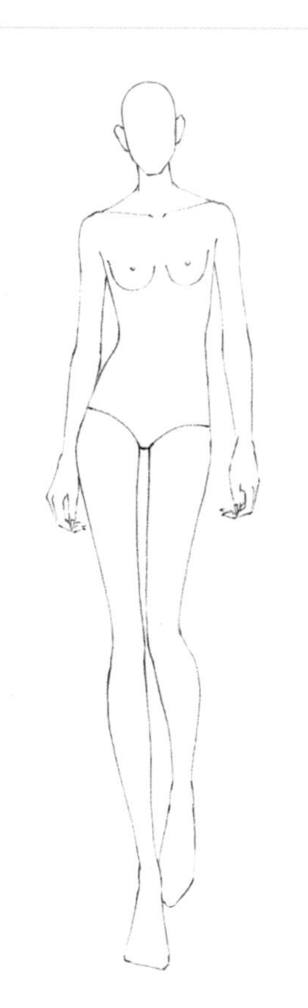

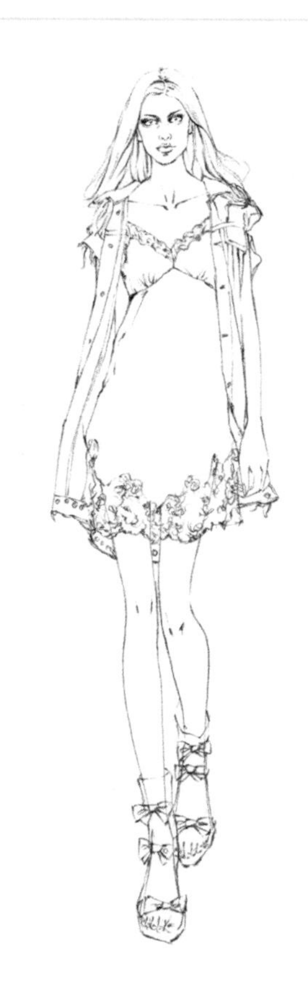

范例二

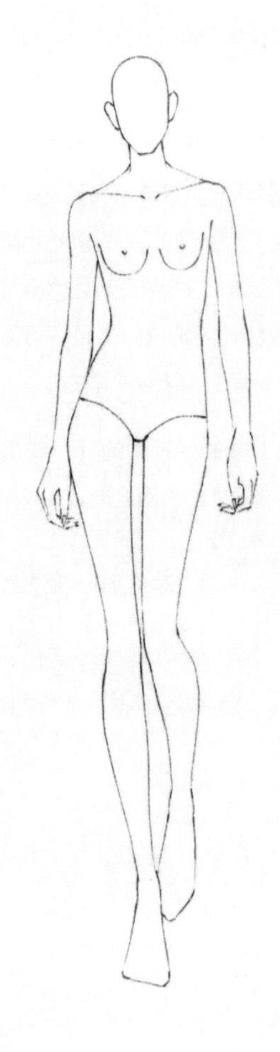

1 以 9.5 头人体秀场动态为原型，在 A4 纸的中间位置画出动态图。

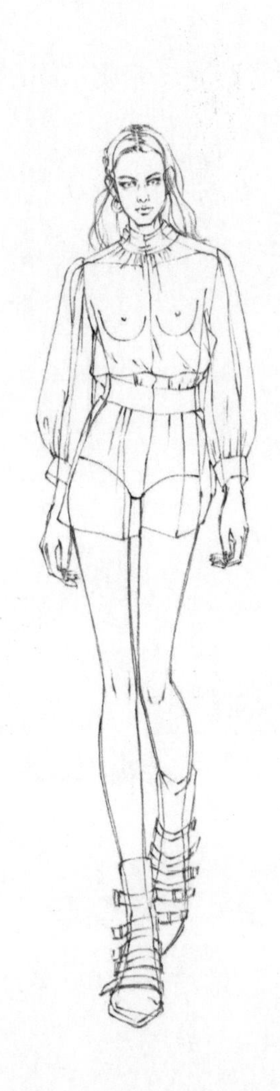

2 动态不变，画出模特的五官、头发、衣服和鞋子的轮廓，保留露在外面的模特腿部轮廓线。模特的上衣衣袖和腰身都比较宽松，与身体轮廓线之间有一定的距离，并且会在腰部和袖口的位置形成一定的褶皱堆积。

3 擦掉辅助线，细化服装轮廓线和上面的褶皱细节，完成最终的画面效果。

小贴士 ①在服装设计效果图中一般会把手和脚的比例画得大一些，这样可以更清楚地展示出手部结构和鞋子细节。
②画好服装设计效果图的前提是熟练掌握服装人体的比例和动态。

Chapter 03

服装设计效果图人体头部与四肢表现

在服装设计效果图中，人体头部和四肢的表现既是重点也是难点。想要画好服装设计效果图，一定要先练习好这两部分。本章主要对人体头部和四肢进行详细讲解，练习时可以先从局部开始，熟练掌握后再结合第2章的人体比例图和人体动态图独立完成服装设计效果图的绘制。头部和四肢的绘制方法是有规律可循的，可以先按照书中的参考步骤练习，熟练掌握后再按照自己的方法进行调整。

3.1 正面头部绘制方法

正面头部是服装设计效果图中最常用的角度，头部主要包括眉毛、眼睛、鼻子、嘴巴、耳朵和头发，最开始画图时要严格按照“三庭五眼”的比例进行绘制。头部纵向分为“三庭”，先确定发际线的位置，然后将发际线到下巴之间三等分，第 1 等份被称为“上庭”，上边缘线是发际线，下边缘线是眉毛位置；第 2 等份被称为“中庭”，上边缘线是眉毛位置，下边缘线是鼻子位置；第 3 等份被称为“下庭”，上边缘线是鼻子位置，下边缘线是下巴位置。头部横向分成“五眼”，就是 5 个眼睛的宽度，除了两只眼睛本身的宽度外，两眼之间的距离是 1 个眼睛的宽度，外眼角到耳朵边缘的距离是 1 个眼睛的宽度。

3.1.1 正面头部中分发型

完整色卡展示

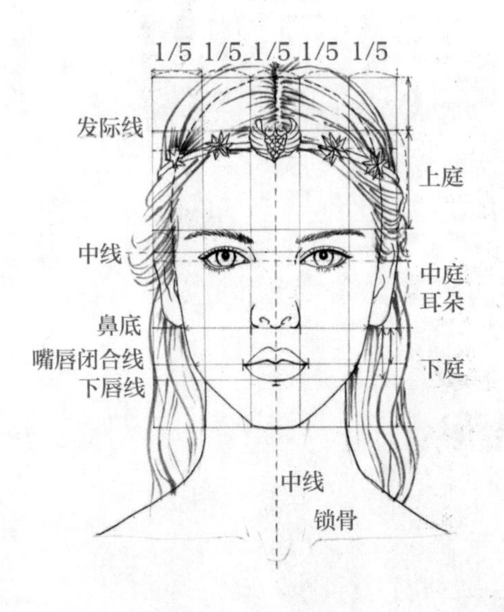

1. 画出“三庭五眼”的辅助线，将头部横向五等分，纵向三等分（发际线和下巴之间），发际线的高度一般控制在头高的 1/4 以内。画出头部纵向的中线，上眼线刚好位于中线上。眼睛画好后，再依次画出鼻子、嘴巴和耳朵的轮廓，鼻子位于中庭下边缘线的中间位置，嘴唇的下唇线位于下庭的中线位置，耳朵位于中庭的上边缘线和下边缘线之间。

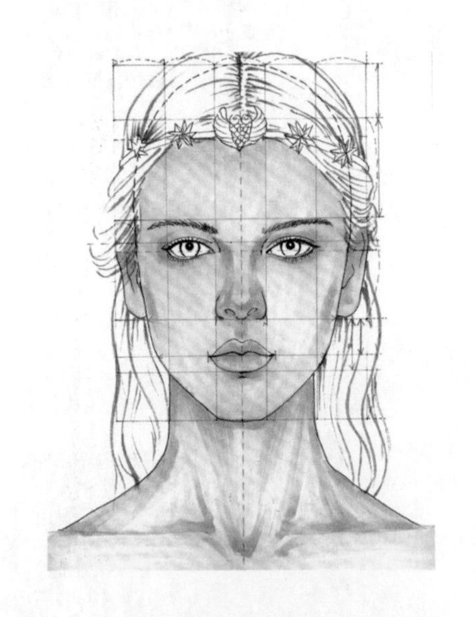

E413

E414

2. 开始上色。先从最浅的皮肤色开始，用偏黄的浅棕色马克笔 E413 均匀地涂满面部和颈部，填充底色用马克笔的斜面或者软头都可以；然后用深一些的棕色马克笔 E414 绘制皮肤暗部，主要集中在眼睛的周围、鼻子两侧、鼻底下方、人中位置、嘴唇下方、颧骨位置、耳朵内侧、颈部上方和锁骨位置。

小贴士

①可以用铅笔绘制辅助线，勾线后再擦掉，范例中留有辅助线的格子是为了方便参考和练习。

②画头部辅助线时不用太过纠结头部横向和纵向的比例关系，矩形的宽窄只是代表了脸型的宽窄，方脸可以画得略微宽一点，尖脸可以画得略微窄一点，只要保证结构正确即可。

③范画中脸型轮廓和五官轮廓勾线用的是慕娜美咖啡色硬头勾线笔，头发勾线用的是白金牌咖啡色软头勾线笔。

④绘制头发线条时要注意软头勾线笔的粗细变化，要根据发丝的方向画线条。

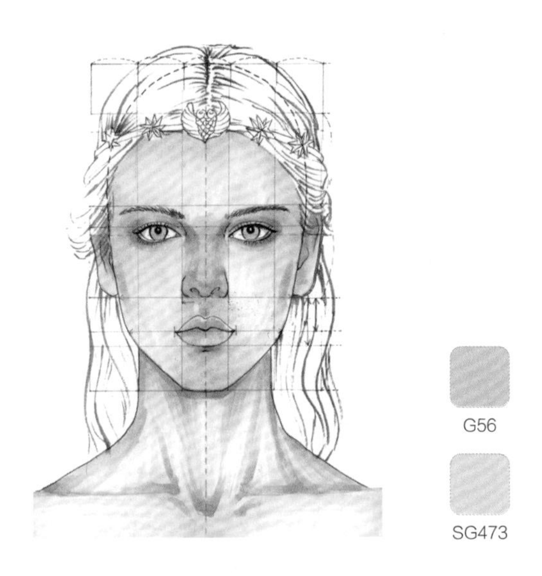

3. 用 G56 绘制眼球颜色，直接用平涂的方法填满即可。用银灰色马克笔 SG473 在所有皮肤的暗部重复加深一遍。

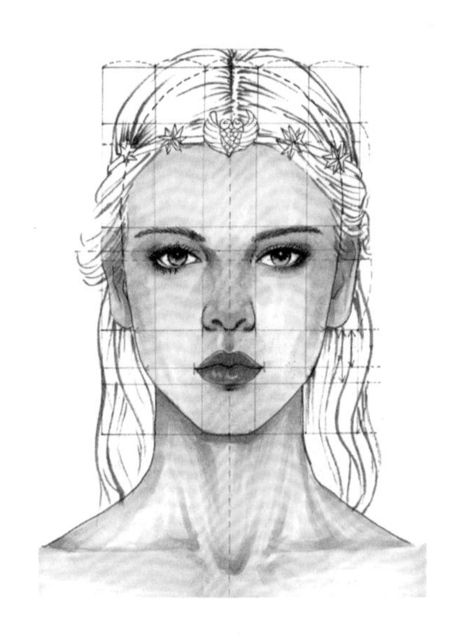

4. 加深眼球暗部的颜色，可以用深一些的绿色马克笔 G60 紧挨着上眼线的边缘开始上色，眼球的下半圆不用覆盖深色；然后用红色马克笔 R143 添加嘴唇底色，可以直接把下唇的高光位置留出来；最后用黑色的小楷笔依次勾出上眼线、下眼线和眼睫毛。

小贴士

①马克笔的上色技巧是由浅到深，不论是画人体还是画服装，都是先画亮部浅色，再画暗部深色。
②书中范画呈现的颜色和实际手稿的颜色有色差，这是因为印刷纸张的不同所导致的。
③眼球的颜色尽量选择浅色和灰色，这样可以和瞳孔的黑色进行区分。
④范画中用到的所有灰色系马克笔都可以用其他品牌代替，只要保证颜色相似即可。

5. 用浅棕色马克笔 E430 添加头发底色，因为头发的面积比较大，可以用马克笔的斜头进行大面积上色，上色时注意笔触方向。

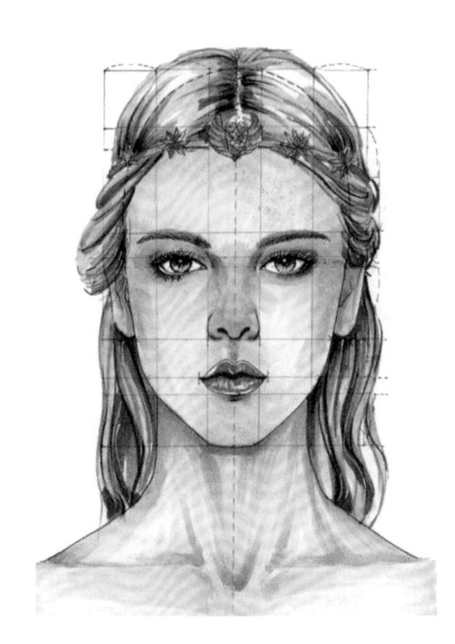

6. 添加头发暗部的颜色，并绘制出整体画面的高光。头发暗部分别用 E431 和 E432 两种棕色表现，主要集中在鬓角两侧、耳朵下方和颈部侧面。高光是用来提亮画面并增强画面效果的，主要集中在瞳孔、鼻子、嘴唇和头发上。

小贴士

①软头勾线笔更适合画眼睫毛和头发这样的线条。
②棕色是画头发的常用色，可以准备配套墨水。
③填充头发颜色时，不用把画面全部涂满，可以适当留白，这样形成的画面效果更好。

3.1.2 正面头部盘发发型

完整色卡展示

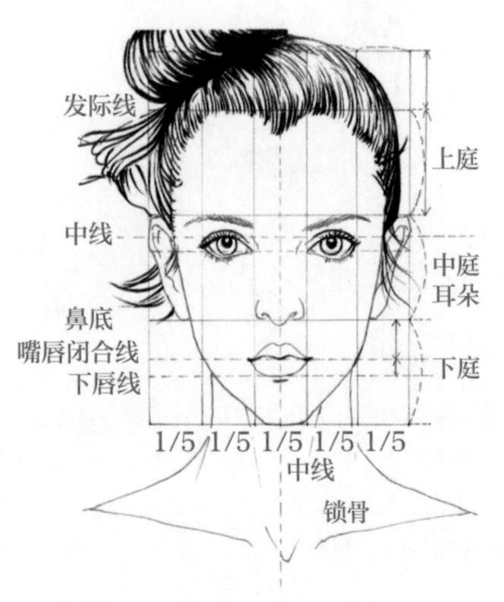

1. 先画出“三庭五眼”的横向和竖向辅助线，确定五官的位置；然后画出正面的脸型轮廓。范画中的五官、颈部和锁骨轮廓用的是慕娜美咖啡色硬头勾线笔，嘴唇闭合线和头发轮廓线用的是黑色软头勾线笔。

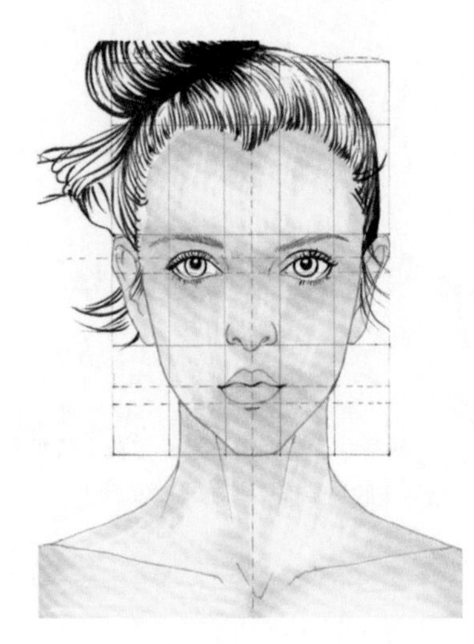

R373

2. 绘制皮肤底色。可以先用浅肤色马克笔 R373 的斜头快速填满皮肤底色，然后换成软头在皮肤的暗部位置重复加深一遍颜色，主要包括眼睛周围、鼻底、嘴唇、耳朵和颈部位置。

小贴士

①最开始练习头部比例时，可以先把“三庭五眼”的辅助线画出来，然后根据辅助线找到五官的相应位置，后期熟练后可以直接用铅笔起型。

②模特头发是束起的状态，勾线时要特别注意头发线条的方向，按照规律绘制。

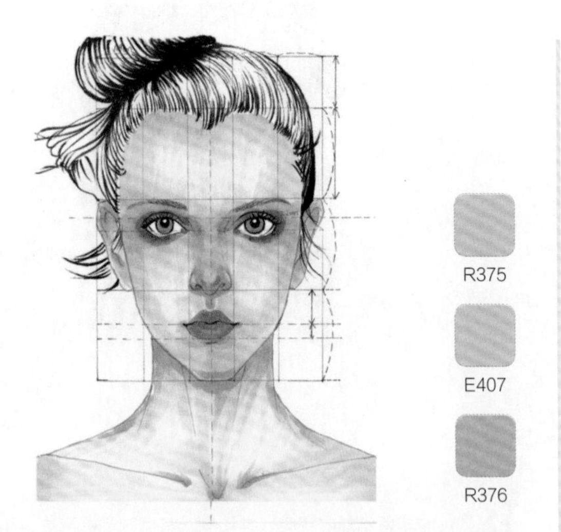

3. 绘制皮肤暗部的颜色，选择深一些的皮肤色 R375 分别在五官和颈部的暗部进行上色，上色时软头马克笔比硬头马克笔更加灵活。皮肤暗部画好后，用棕色马克笔 E407 填充眼球的颜色，然后再选择一个偏红的马克笔 R376 画眼睛周边眼影和嘴唇的颜色。

4. 深入刻画五官细节，用红棕色马克笔 E174 继续加深上眼线、下眼线、鼻孔、人中、下唇、耳朵和颈部的阴影，然后用深红色马克笔 R140 加深嘴唇的暗部，再用黑色软头勾线笔强调上眼线、下眼线、眼睫毛、鼻孔和嘴唇闭合线。

小贴士

①马克笔重叠次数越多，颜色越重。皮肤底色画好后可以用同一支马克笔的软头先加深一遍暗部，这样画出来的皮肤看起来更加自然。

②皮肤的暗部颜色可以从同色相中进行选择：底色偏红，暗部也偏红；底色偏黄，暗部也偏黄。

5. 填充头发颜色。用浅棕色马克笔 E407 填充头发底色，如果画面全部填满，后面可以用高光笔进行提亮。

6. 绘制头发暗部的颜色，用深棕色马克笔 E437 加深头发暗部。如果觉得颜色对比太明显，暗部颜色也可以选择棕色马克笔 E409。用高光笔添加眼睛、嘴唇和头发的高光，完成最终的画面效果。

小贴士 ①画正面头部时需要注意头部左右两侧的对称性，尤其是脸型的外轮廓线，可以先确定一侧的脸型轮廓线，再借助尺子或者其他方法画出另一侧的脸型轮廓线。
②正面耳朵的上边缘刚好在“中庭”的上边缘线上，下边缘刚好在“中庭”的下边缘线上。

3.1.3 正面头部侧分发型

完整色卡展示

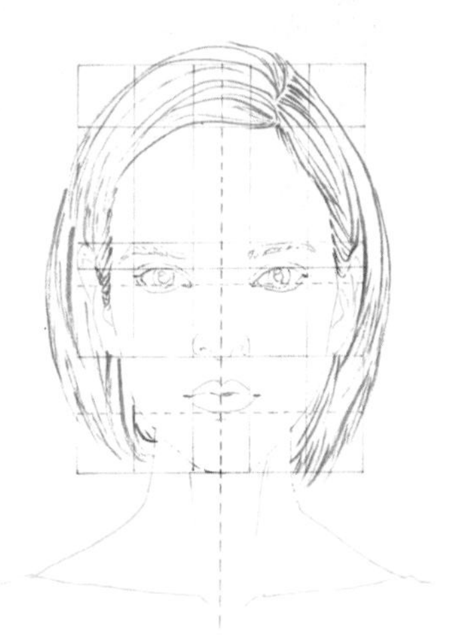

1. 画出“三庭五眼”的辅助线，熟练后辅助线可以简化。线稿画好后直接进行勾线，脸型和五官的轮廓可以用慕娜美咖啡色硬头勾线笔勾线，头发可以用白金牌咖啡色软头勾线笔勾线，勾线后擦掉线稿。

2. 用马克笔的斜头快速平涂绘制皮肤底色，可以用 COPIC 的浅肤色 R000，也可以用法卡勒三代的浅肤色 R373。

小贴士 ①白金牌咖啡色勾线笔容易掉色，勾线时需要特别注意，可以等画面干了以后再擦铅笔稿。
②填充皮肤底色时可以将嘴唇位置一起覆盖掉，但将眼睛的位置留出来。

R375

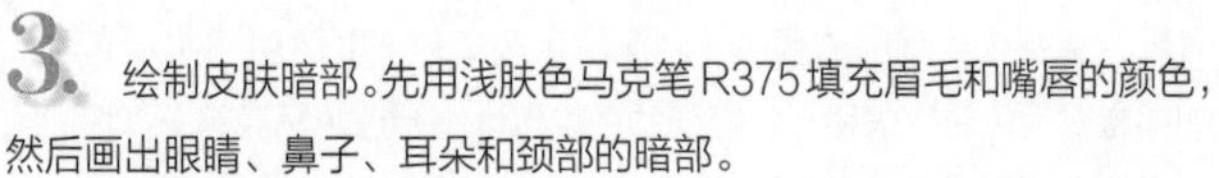

3. 绘制皮肤暗部。先用浅肤色马克笔 R375 填充眉毛和嘴唇的颜色，然后画出眼睛、鼻子、耳朵和颈部的暗部。

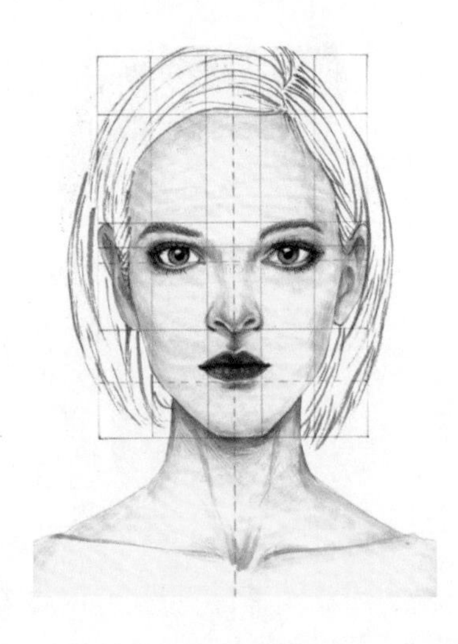

B235

R144

4. 深入刻画五官细节。先用浅蓝色马克笔 B235 填充眼球的颜色，再用暗红色马克笔 R144 填充嘴唇的颜色。范画用辉柏嘉彩铅笔辅助上色，先用黑色彩铅 499 加深眼影、鼻孔和嘴唇闭合线（颜色主要集中在上眼线和下眼线），然后用玫瑰红色彩铅 492 围绕双眼皮边缘的上方进行上色，再继续用玫瑰红色彩铅 492 画出内眼角、颧骨、鼻子、人中、耳朵、下唇、颈部和锁骨的阴影。

小贴士

①如果马克笔的颜色较少，细节处可以多用彩铅笔进行辅助上色。

②脸型两侧颧骨的暗部颜色不用上得特别深，只要稍微能看到即可，可以直接用彩铅笔顺着颧骨的结构向画面的内侧斜向排线。

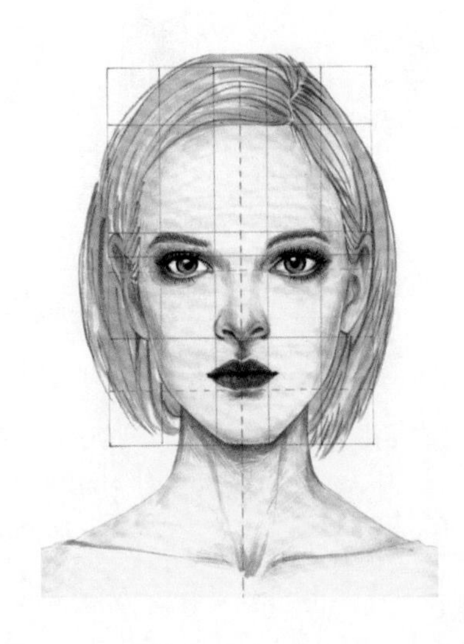

E435

5. 填充头发底色。用浅棕色马克笔 E435 顺着发丝的方向进行上色，画面可以部分留白。

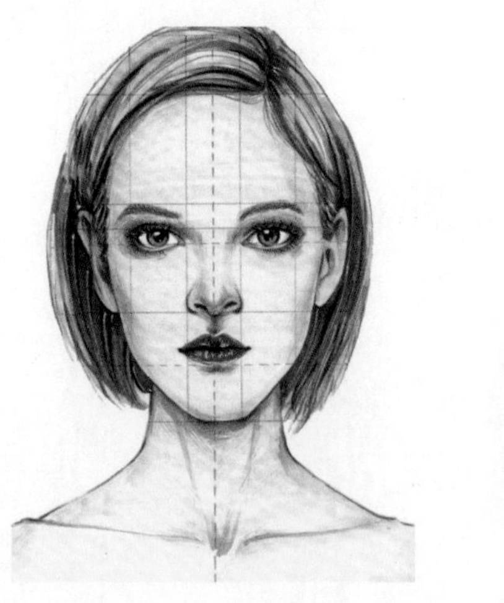

E431

E432

6. 添加头发暗部的颜色，先用棕色马克笔 E431 在头发的分缝位置、鬓角位置、耳朵下方位置进行加深，然后用深棕色马克笔 E432 继续加深头发暗部，增加头发层次。头发暗部画好后，用高光笔分别在眼睛、嘴唇和头发的表面增加高光，完成整幅画面的绘制。

3.1.4 正面头部绘制练习

彩色妆容正面头部练习参考

黑人皮肤正面头部练习参考

PVC 材质正面头部练习参考

强对比色正面头部练习参考

3.2 微侧头部绘制方法

微侧头部的角度只比正面头部的角度略微偏一点，头部的中心线偏向其中的一侧，左右两侧并不完全对称，画图时要特别注意两侧脸颊和五官的比例关系。

3.2.1 微侧头部中分盘辫发型

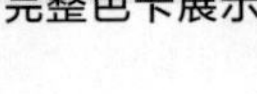
完整色卡展示

1. 用紫色铅芯绘制线稿。如果没有紫色铅芯，也可以用黑色铅芯代替，注意起型时保持画面整洁。

R373

2. 直接在线稿的基础上用浅肤色马克笔 R373 填充皮肤底色，用软头笔的笔尖按照脸部结构运笔和上色，起笔时力度较重、颜色偏深，收笔时力度较轻、颜色偏浅，最终形成画面中的效果。

小贴士

①在铅笔稿上直接上色时，马克笔的颜色会附着在铅笔稿的表层，被遮挡的铅笔线条是擦不掉的；如果表层马克笔的颜色很浅，底层的铅笔线条也会清晰可见。用铅笔起型时一定要将多余的线条全部擦掉。

②步骤 2 中的皮肤上色方法较难，需要对头部结构有一定的了解，初学者可以用平涂的方式上色。

R375

3. 用肤色马克笔 R375 的软头绘制皮肤暗部。可以先从眼睛周围画起，整圈加深眼睛的外眼角和内眼角；然后根据鼻子的结构加深鼻底和鼻根，画出鼻子的立体效果；再继续加深颧骨暗部、耳朵暗部、颈部暗部，以及头发在头部形成的暗部区域。

4. 用蓝绿色马克笔 BG82 绘制眼球、头饰、耳坠和衣服的底色；然后用暗红色马克笔 R143 加深五官暗部，并填充嘴唇、头饰和服装的底色；再用棕色马克笔 E408 填充头发底色，填充时可适当留白，留白位置可以参考步骤图。

5. 为了让皮肤色看起来更加自然，用步骤 2 中的皮肤底色 R373 在过渡明显的区域进行反复上色，缩小明暗对比；然后用棕色马克笔 E162 绘制头发的暗部，用蓝绿色马克笔 BG107 绘制头饰、耳坠和衣服的暗部，再用暗红色马克笔 RV208 绘制嘴唇、头饰和衣服的暗部。

6. 用 RV363 和 RV209 两种皮肤色深入刻画五官暗部，然后用粉红色马克笔 RV216 分别在眼窝和颧骨的位置添加妆容颜色，再用棕色马克笔 E20 绘制头发的暗部颜色，以增加头发的层次。

小贴士 如果想体现模特额头上两组头发的立体效果，一定要把这两组头发在额头上所形成的阴影画出来。如果不画阴影，头发看起来就是平面的，没有任何立体效果。

7. 用深蓝色马克笔 B115 代替黑色勾线笔，依次勾出上眼线、瞳孔、鼻孔、嘴唇闭合线、嘴唇轮廓线、头发轮廓、服装和配饰的轮廓；然后用白色颜料绘制高光，画出眼睛、鼻子、嘴唇、头发、服装和配饰的高光。

8. 用淡蓝色马克笔 B239 添加背景色，用马克笔的斜头竖向快速铺满，下笔时保持笔触流畅，可以在头部外轮廓边缘的位置停顿，尽量不要涂到面部。

小贴士 ①想要画出过渡自然的皮肤色，需要在同一个位置用多个颜色进行反复上色，才能达到想要的效果。
②画嘴唇暗部时，要保留部分嘴唇的底色，不要用深色全部覆盖掉。

3.2.2 微侧头部中分直发发型

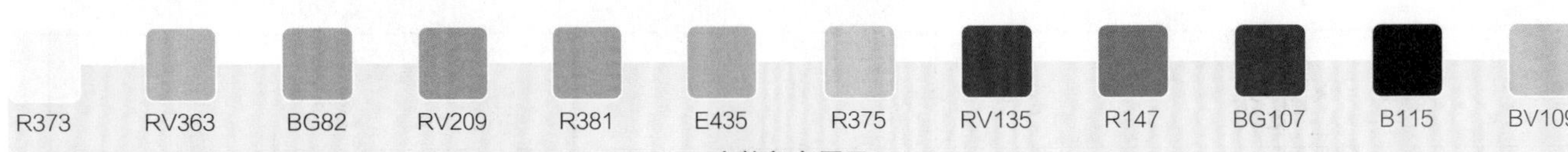

完整色卡展示

1. 用紫色铅芯起型，先确定头部在纸上的大小和位置，然后画出头部的大轮廓，再细化五官和头发的轮廓。起型时不用画出明暗关系，只要把结构线画清楚即可。

2. 直接在线稿的基础上用浅肤色马克笔 R373 填充皮肤底色，参考范画中的画面效果用软头马克笔的笔尖按照脸部的结构进行上色，运笔时注意笔尖的力度和方向。

小贴士

①用马克笔直接在彩色线稿上上色时，紫色铅芯会附着在马克笔的笔尖上，再起笔时容易弄脏画面。上色时需要特别注意，应尽量避免笔尖沾到彩色铅芯。

②步骤 2 中的皮肤底色也可以用平涂的方式表现，再用软头笔尖重复加深一遍头部、五官和颈部的暗部区域。

3. 用常用的肤色马克笔 RV363 在步骤 2 的基础上继续加深皮肤的暗部，然后用软头笔尖依次画出眼睛、鼻子、嘴唇、耳朵、颧骨和颈部的阴影，内眼角连接鼻根两侧的位置也是暗部区域，颜色也要加重。

4. 用蓝绿色马克笔 BG82 绘制眼球和衣服的颜色，然后用深肤色马克笔 RV209 填充嘴唇颜色并继续深入刻画皮肤的暗部区域，主要加深眼窝、鼻底、颧骨、耳朵和颈部；再选择红色马克笔 R381 分别在眼角、嘴唇和颈部进行上色，用来增强模特的妆容效果；最后用红棕色马克笔 E435 填充头发底色，填充时要注意画面的留白面积，具体留白位置可以参考步骤图。

5. 在 R373 和 RV363 这两个颜色之间选择一个中间色 R375 作为皮肤的过渡色，在这两个颜色之间反复上色，让皮肤的颜色看起来过渡更加自然；然后用深紫红色马克笔 RV135 分别勾出眼睛、鼻子、嘴唇、耳朵和脸型的轮廓；再添加头发的暗部，并用红色马克笔 R147 绘制嘴唇的暗部，用蓝绿色马克笔 BG107 绘制衣服的暗部。

6. 用深蓝色马克笔 B115 加深头部和服装的整体轮廓，以增强画面的对比。

7. 增加高光。先用白色颜料画出眼睛、鼻子、嘴唇、头发和衣服的高光，然后用白色颜料在外眼角和头发位置添加一些装饰性的高光点。

8. 用淡紫色马克笔 BV109 添加背景，也可以更换成自己喜欢的颜色，但要注意整体画面的色彩搭配。

小贴士

①外眼角和头发上出现的白色高光点并不代表高光，只是起到装饰作用。画白色高光点时要注意它的面积，点不能太多或者太密集，否则会影响整体画面的美感。

②模特头部略微向下倾斜，“三庭五眼”的比例发生变化，上庭最大，中庭居中，下庭最小。上一个范例中的模特头部刚好相反，头部略微向上仰，上庭最小，中庭居中，下庭最大。

3.2.3 微侧头部中分卷发发型

R373 R375 E413 E162 E437

完整色卡展示

1. 用黑色铅芯起型，先确定模特头部和上半身在纸张上的大概位置，注意预留出头饰的高度；然后根据起型时确定的位置画出头部和身体的大轮廓，再细化五官、头发和服装的轮廓。

2. 用慕娜美咖啡色硬头勾线笔勾出五官、脸型、颈部和手臂的轮廓，再用白金牌咖啡色软头勾线笔勾出头发和服装的轮廓。

小贴士 ①用软头勾线笔勾线时要注意线条的力度和方向。
②如果是先勾线后上色，上色前需要擦掉所有的铅笔线条，以保持画面整洁。

R373
R375

3. 用浅肤色马克笔 R373 填充皮肤底色，然后用皮肤色 R375 加深皮肤暗部，主要加深眼窝、鼻侧、鼻底、嘴唇、颧骨、颈部、胸部和腋下位置的颜色。

E413

4. 范画中的背景色选用的是 COPIC 宽头马克笔，也可以用法卡勒三代浅棕色马克笔 E413 代替；然后用黑色彩铅 499、赭石色彩铅 478、印度红彩铅 492 和庞贝红彩铅 491 深入刻画头部和五官细节。

E162

5. 用黄棕色马克笔 E162 加深头发暗部，然后画出服装上的竖向条纹和头饰上的星星图案。

E437

6. 用黑色软头勾线笔和深棕色软头马克笔 E437 加深头发暗部。

7. 分别在眼睛、鼻子、嘴唇和头发上绘制高光，然后用金色油漆笔在眼睛下方的脸颊上添加装饰，头饰和衣服上也要用油漆笔点缀，以表现出闪闪发光的感觉。

仰头微侧练习参考

仰头微侧练习参考

3.2.4 微侧头部绘制练习

微侧头部练习参考

微侧头部练习参考

3/4 侧头部绘制方法

3/4 侧头部经常出现在半身像和时装插画中，画图时要先确定头部的中心线，然后以中心线为参考画出左右两侧的脸型轮廓和五官。3/4 侧头部受透视影响非常明显，一定要将五官近大远小的感觉画出来。

3.3.1 3/4 侧头部戴帽子齐肩发型

完整色卡展示

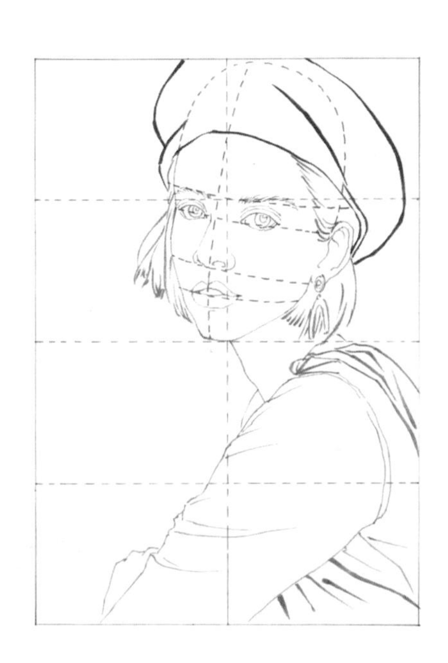

1. 为了方便参考，画图前可以先在纸上画一些辅助线，在辅助线的基础上再画出头部、五官、颈部、帽子和衣服的轮廓，线稿完成后把辅助线擦掉。

2. 用 COPIC 0.05 号棕色硬头勾线笔勾出五官、脸型、颈部和手臂处服装的轮廓，然后用白金牌咖啡色软头勾线笔勾出头发的轮廓，帽子和衣服的轮廓用吴竹彩色勾线笔勾线，如果没有也可以用白金牌咖啡色勾线笔代替。

小贴士
①辅助线的位置可以根据实际情况调整，最开始画图时辅助线可以多画一些，熟练后再逐渐减少。
②彩色软头勾线笔用得相对较少，前期画图不需要准备。

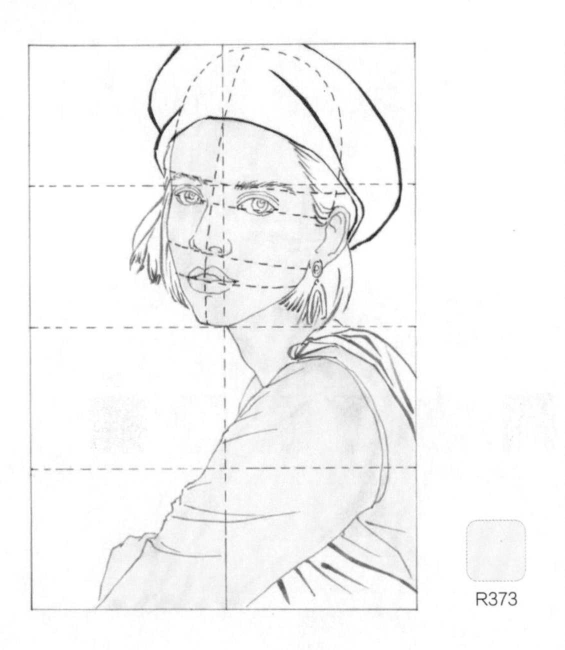

3. 用皮肤色马克笔 R373 的斜头横向快速地铺满头部、颈部和浅色衣服的底色，笔触之间不用刻意留白。

4. 绘制皮肤暗部颜色，用肤色马克笔 RV363 的软头依次添加眼窝、鼻底、嘴唇、耳朵、颈部及帽子在头部所形成的阴影；然后用浅棕色马克笔 E407 填充头发底色，因为 E407 的颜色比较浅，所以可以直接平涂，画面不用刻意留白。

小贴士 皮肤色是画服装设计效果图最常用的颜色，也是平时消耗最多的颜色，市面上有很多品牌的马克笔都有补充墨水，可以对应具体色号单独添加。

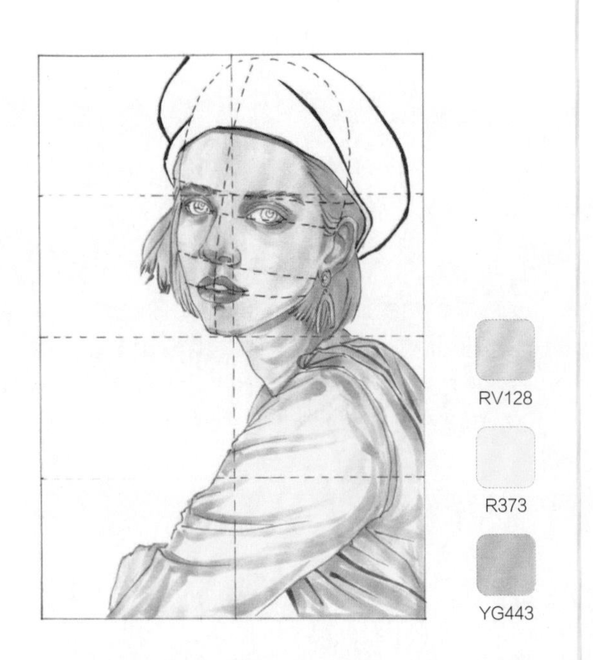

5. 用淡粉色马克笔 RV128 和浅肤色马克笔 R373 两个颜色作为皮肤的过渡色，然后用淡粉色马克笔 RV128 绘制里层服装的暗部，再用墨绿色马克笔 YG443 填充耳坠和外层衣服的颜色。

6. 继续加深皮肤暗部，先用肤色马克笔 RV363 加深眼窝、鼻底、嘴唇、耳朵、颈部及帽子在头部所形成的阴影，然后用深肤色马克笔 RV209 加深一遍皮肤暗部；再用墨绿色马克笔 YG456 绘制耳坠和外层衣服的暗部。

7. 用红棕色马克笔 E174 整体填充头发的暗部，再用深紫红色马克笔 RV152 加深上眼线、鼻孔、嘴唇闭合线和耳朵轮廓线。在为红色帽子上色前，先确定帽子的明暗关系，左侧最亮，中间过渡，右侧最暗，然后用浅红色马克笔 R358 画出帽子左侧的亮部区域。

R354
R355
R153
YG21

8. 用中度红马克笔 R354 填充帽子中间的过渡部分，然后用暗红色马克笔 R355 填充帽子的暗部和里层衣服上的印花图案，再用深红色马克笔 R153 加深嘴唇暗部，最后用黄绿色马克笔 YG21 加深外层衣服和耳坠的暗部颜色。

9. 绘制高光。用白色颜料或者高光笔分别在模特的眼球、内眼角、外眼角、下眼线、嘴唇、鼻子、眉毛、耳朵、头发、耳坠和衣服上添加高光，以提亮整体画面，增强画面效果。

BG309
BG85

10. 添加背景色，范画中左侧背景色选用的是蓝绿色马克笔 BG309，右侧背景色选用的是稍微深一些的蓝绿色马克笔 BG85。背景色可以用一种颜色完成，也可以用多种颜色组合完成。

3.3.2 3/4 侧头部中分齐肩发型

完整色卡展示

1. 先画辅助线，然后用铅笔简单地勾勒出模特的大致轮廓，整体比例确认无误后再细化头部和身体的轮廓。

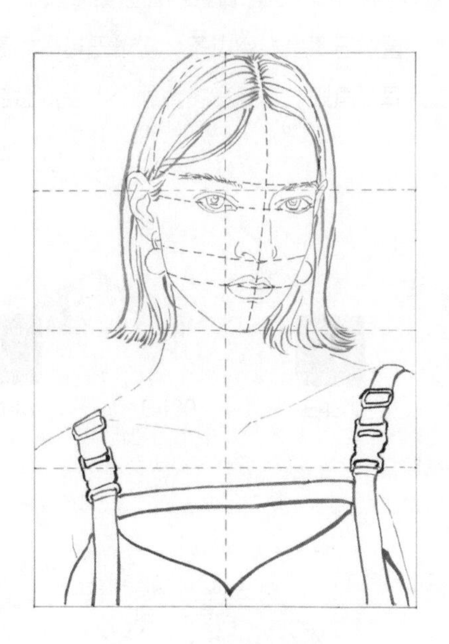

2. 用 COPIC 0.05 号棕色硬头勾线笔分别勾出五官、脸型、颈部和锁骨的轮廓，然后用白金牌咖啡色软头勾线笔勾勒出头发的轮廓，蓝色衣服的轮廓可以用黑色的软头勾线笔代替。

小贴士 ①前期起型非常重要，线稿的好坏决定了最终效果图的呈现，如果线稿出错一定要及时修正。
②起型时注意头部、颈部和肩膀之间的比例关系，先确认头部在画面中的位置和大小，然后以头部为参考找到其他部位在画面中的具体位置。

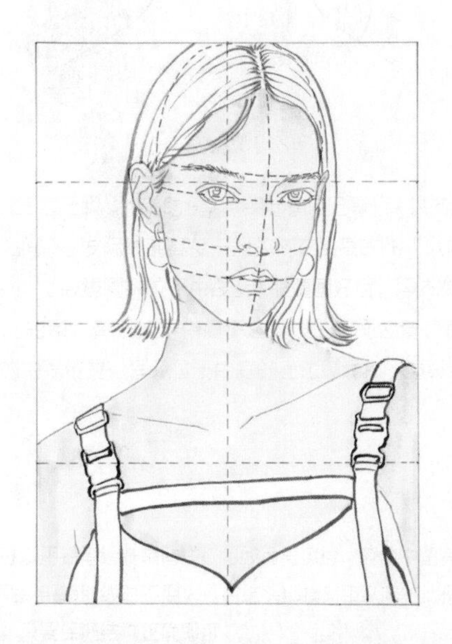

R373

3. 用浅肤色马克笔 R373 的斜头快速涂满皮肤底色，笔触之间不用留白，然后用软头加深一遍皮肤暗部。

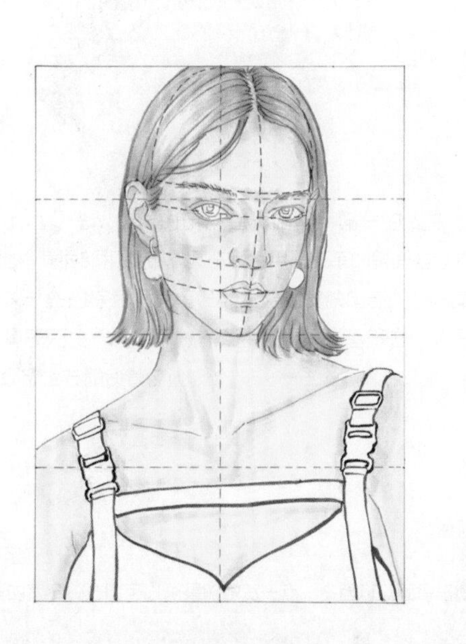

R374

E407

4. 用浅肤色马克笔 R374 继续加深皮肤暗部，然后用浅棕色马克笔 E407 填充头发颜色。

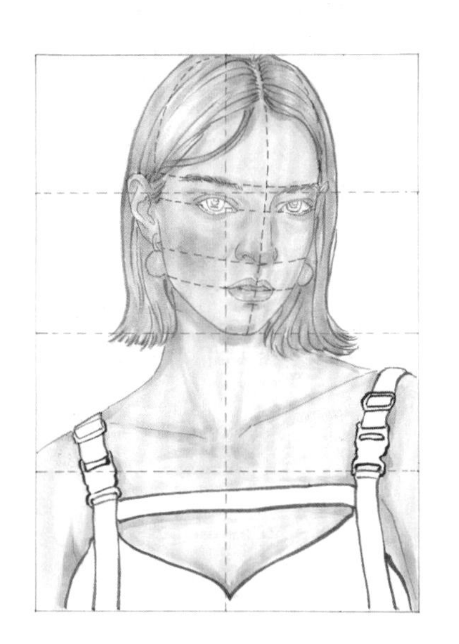

5. 用肤色马克笔 R375 再次加深皮肤暗部，主要集中在眉毛、颧骨、眼窝、鼻子、嘴唇、耳朵、颈部、锁骨、胸部和腋下的暗部区域，然后用墨绿色马克笔 YG443 填充两侧耳坠的颜色。

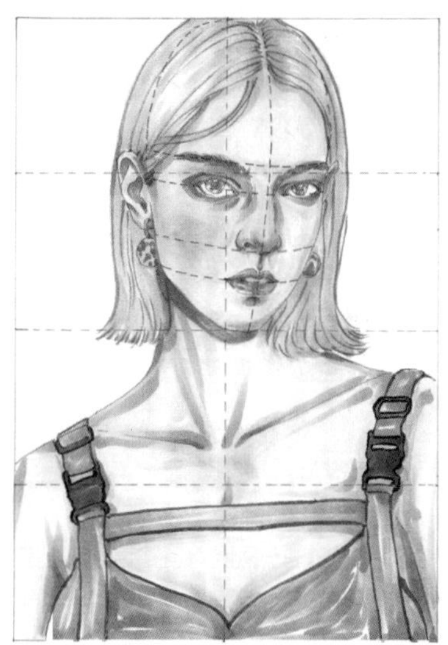

YG456

R380

R143

R373

B111

SG476

6. 用黄绿色马克笔 YG456 加深耳坠的暗部，然后用两个红色马克笔R380和R143逐步加深皮肤的暗部，如果画面上颜色对比过于明显，也可以再次用R373进行颜色过渡。用蓝色马克笔B111填充衣服底色，再用银灰色马克笔 SG476 填充衣服肩带上塑料扣的颜色。

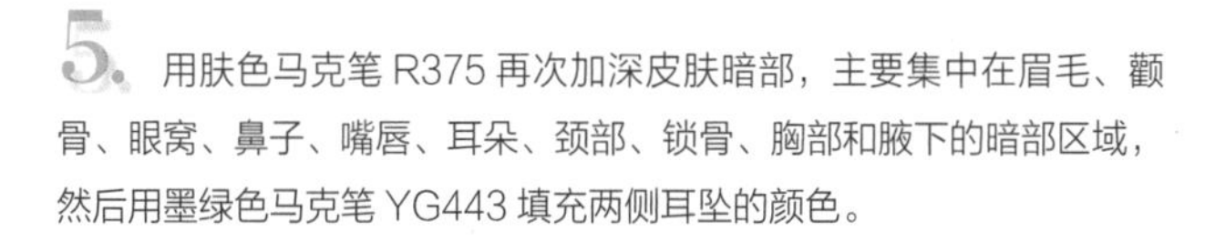

绘制耳坠暗部颜色时，可以用点的方式进行添加，不用将画面全部涂满，最好露出部分耳坠底层的颜色，这样层次更加丰富。

7. 用浅棕色马克笔 E408 绘制头发暗部，然后用蓝色马克笔 B243 绘制衣服暗部，再用深蓝色马克笔 B115 勾出上眼线、瞳孔、脸型侧面线条及部分头发的轮廓线。

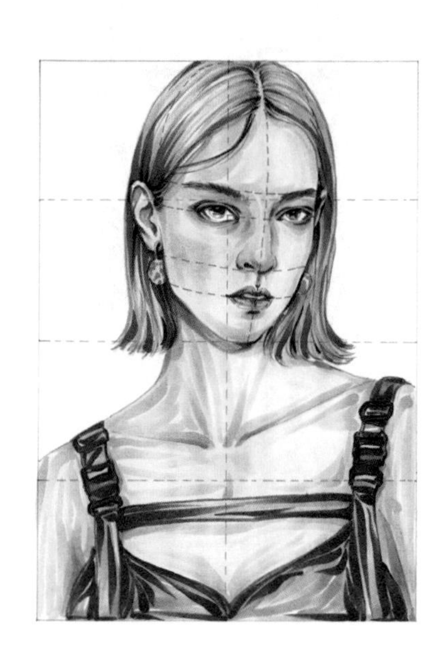

8. 选择比前面两个头发颜色更重的颜色 R153 加深头发暗部，主要集中在头发的分缝位置、耳朵的上方和下方；然后用银灰色马克笔 SG479 加深肩带位置的塑料扣暗部。

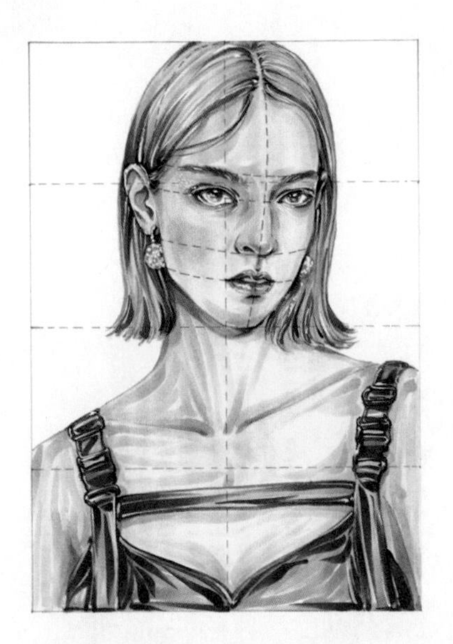

9. 绘制高光。先在眼睛的瞳孔位置点缀高光，然后在瞳孔的周围点缀一些小的高光点，这样可以衬托出眼睛闪闪发亮的感觉；再用高光笔画出鼻子、嘴唇、头发、耳坠和衣服的高光。

BG102

10. 用蓝绿色马克笔 BG102 添加背景色，直接用马克笔的斜头竖向整齐排线。如果画图过程中线条画歪，先不要停笔或者反复涂抹，继续画完之后再进行调整；如果笔触之间的空隙较大，可以根据空隙的形状单独补充一笔。

3.3.3 3/4 侧头部中分短发发型

完整色卡展示

1. 用铅笔起型，先画出头部和身体的大轮廓，然后细化五官、头发和服装的轮廓。

2. 用 COPIC 0.05 号棕色硬头勾线笔勾出五官、脸型、颈部、耳坠和打底衣服的轮廓，然后用黑色软头勾线笔勾出头发和吊带上衣的轮廓，勾线时注意发丝的方向，从分缝位置向两侧画线。

小贴士

①黑色铅芯和彩色铅芯的画法相同，可以在铅笔稿的基础上直接上色，也可以先勾线后上色。书中对两种方法都进行了示范，可以分别尝试之后再选择适合自己的方式。

②黑色勾线笔一般用来勾深色头发或者服装的轮廓，它的优点在于上色后线条依然清晰可见，不会被其他颜色遮盖。

R373

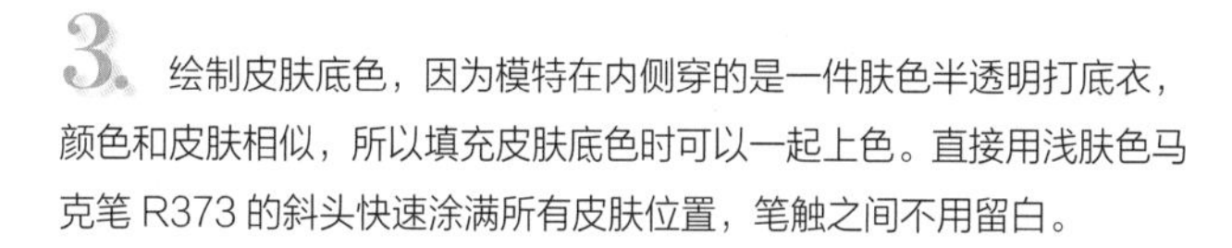

3. 绘制皮肤底色，因为模特在内侧穿的是一件肤色半透明打底衣，颜色和皮肤相似，所以填充皮肤底色时可以一起上色。直接用浅肤色马克笔 R373 的斜头快速涂满所有皮肤位置，笔触之间不用留白。

R373

R368

RV131

4. 先用浅肤色马克笔 R373 的软头加深一遍皮肤暗部，然后用偏粉一些的红色马克笔 R368 再加深一遍皮肤暗部，再用紫红色马克笔 RV131 大面积填充头发和吊带上衣的颜色。

RV363

RV130

5. 用肤色马克笔 RV363 继续叠加皮肤的暗部，主要加深眼窝、鼻子、嘴唇、颈部和半透明打底衣的暗部；然后用紫红色马克笔 RV130 绘制头发、珍珠和吊带上衣的暗部，并填充眉毛的颜色。

RV209

RV339

RG82

BV317

6. 先用深肤色马克笔 RV209 加深皮肤和嘴唇的暗部；然后用特别浅的淡粉色马克笔 RV339 作为皮肤的过渡色，让皮肤看起来更自然；再用蓝绿色马克笔 BG82 填充眼球的颜色；最后用蓝紫色马克笔 BV317 填充耳坠颜色。

V127

BV109

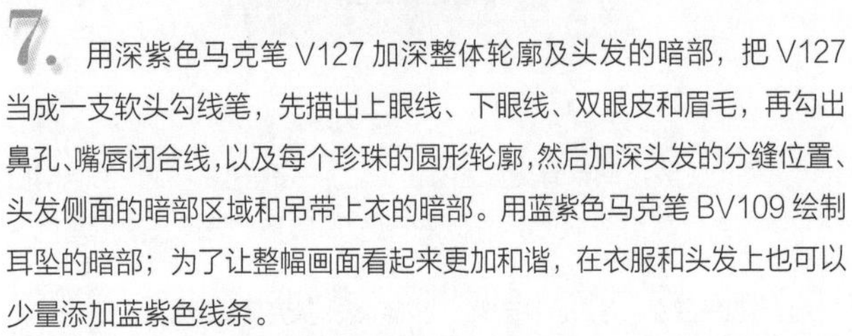

7. 用深紫色马克笔 V127 加深整体轮廓及头发的暗部，把 V127 当成一支软头勾线笔，先描出上眼线、下眼线、双眼皮和眉毛，再勾出鼻孔、嘴唇闭合线，以及每个珍珠的圆形轮廓，然后加深头发的分缝位置、头发侧面的暗部区域和吊带上衣的暗部。用蓝紫色马克笔 BV109 绘制耳坠的暗部；为了让整幅画面看起来更加和谐，在衣服和头发上也可以少量添加蓝紫色线条。

8. 添加高光颜色。除了在五官、头发和衣服表面正常添加高光点和高光线以外，还需要绘制每粒珍珠的高光点，让珍珠看起来更加立体。

小贴士 绘制高光的常用工具主要有高光笔、涂改液和白色颜料。如果在上色的过程中用了很多彩铅笔作为辅助，可以选用白色颜料或者涂改液画高光，高光笔在彩铅上不容易上色；如果上色用的是马克笔，那么这 3 种绘制高光的工具都可以使用。

V332

9. 添加背景色，为了让整体画面看起来更加和谐，选用了同色系的淡紫色马克笔 V332 绘制背景。

3.3.4 3/4 侧头部绘制练习

3/4 侧头部练习参考

3/4 侧半身练习参考

3/4 侧半身练习参考

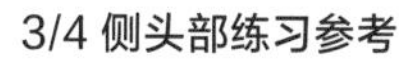

3/4 侧头部练习参考

3.4 正侧头部绘制方法

正侧角度是所有头部角度中最难表现的，除了要掌握“三庭五眼”的基础知识外，还需要对所有五官的结构非常了解，尤其是眼睛、鼻子和嘴唇的结构。画正侧头部图时需要注意额头、鼻根、鼻底、人中、嘴唇和下巴的侧面轮廓线，要把凹凸变化画出来，并确保各部位结构比例的正确。

3.4.1 正侧头部束发发型

R373	RV363	RV339	RV131	E174	E413	BV108	V126	R175	B115	V332

完整色卡展示

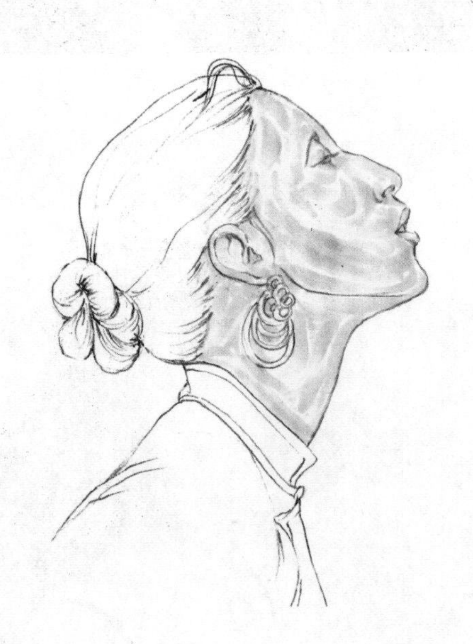

R373

1. 用铅笔起型，先观察头部的特点。模特的头部处于正侧并上仰，纵向“三庭”的比例不变，先找到眉毛、眼睛、鼻子、嘴唇和下巴的位置，再画出耳朵、颈部、头发和衣服的轮廓。

2. 在线稿上直接上色，用浅肤色马克笔R373的软头填充皮肤底色。范画中的画面效果是用软头笔尖根据脸部的结构进行上色的，运笔时注意笔尖的力度和方向，正侧头部的颧骨结构非常突出，画图时要适当加深颧骨的颜色。

小贴士 画正侧头部时先确定头部的大小，然后根据头部的大小确定耳朵的位置，再参考耳朵的位置画出其他各部位的轮廓。耳朵位于头部纵向的中间位置，内侧脸型轮廓的边缘超出头部纵向的中心线，也就是，正侧角度面部的占比比后脑勺的占比要大。

3. 脸颊处于亮部区域，颈部和五官处于暗部区域。用肤色马克笔RV363的软头在上一步的基础上加深皮肤暗部，并依次画出眼睛、鼻子、嘴唇、耳朵、下巴、颧骨和颈部的阴影，然后用淡粉色马克笔RV339在皮肤底色R373和皮肤暗部色RV363之间进行过渡。

4. 深入刻画五官，用紫红色马克笔RV131加深五官的轮廓，主要强调眉毛、眼睛、鼻底、嘴唇和耳朵的线条；然后用浅棕色马克笔E174绘制头发的底色，笔触之间可以留白；再用浅棕色马克笔E413填充衣服的颜色，注意笔尖要顺着身体的结构上色；最后用蓝紫色马克笔BV108填充耳坠和衣服领口的颜色。

5. 用暗红色马克笔R175加深五官的轮廓和头发的暗部，头发暗部的线条要和发丝方向保持一致；然后用深紫色马克笔V126绘制耳坠、领口及衣服上的装饰图案。

B115

6. 画面中以浅色为主，缺少重色，下面调整画面效果。用深蓝色马克笔B115加深整体画面，增强画面的对比；然后描出眉毛、眼线、鼻孔、嘴唇闭合线和下巴的轮廓。

小贴士 束发是一种常见的发型，在平时画图中也经常出现。想要画好这种发型，需要处理好发际线的边缘位置，不要将边缘画得特别整齐，也不要用一根完整的弧线表现。可以用一些顺着发丝方向的线条表现，同时注意线条之间的疏密变化。

7. 添加高光，高光主要集中在五官、头发和衣服上。五官的比例很小，添加高光时需要特别注意高光的面积，尽量用笔尖最细的地方画；头发和衣服的高光用长一些的高光线条表现；最后用点的形式在头发和耳坠上进行装饰。

V332

8. 用淡紫色马克笔 V332 添加背景色。

小贴士 背景的上色方法有很多种，除了范画呈现的效果以外，还可以进行多种不同的尝试，例如，可以在背景上增加一些简单的小图案，也可以在背景的两侧画不同的颜色。

3.4.2 正侧头部寸发发型

完整色卡展示

1. 绘制线稿。该范例中，模特的头部上仰，角度和正侧头部束发发型相似。先确定头部和身体在画面中的大概位置，然后根据大型逐步修正轮廓的形状，再绘制五官和衣服的轮廓。

RV363

2. 绘制黑色皮肤底色。在颜色的选择上要和前面的范画进行明显的区分，可以用平时画皮肤暗部的颜色 RV363 绘制黑色皮肤的底色，上色方法相同，只是颜色变深了。

小贴士 ①如果对范画中使用的上色技巧不熟练，可以先用平涂的方式填充皮肤底色，再用高光笔把留白的位置描出来。
②不同肤色的上色技巧相同，只是明暗颜色的选择不同。

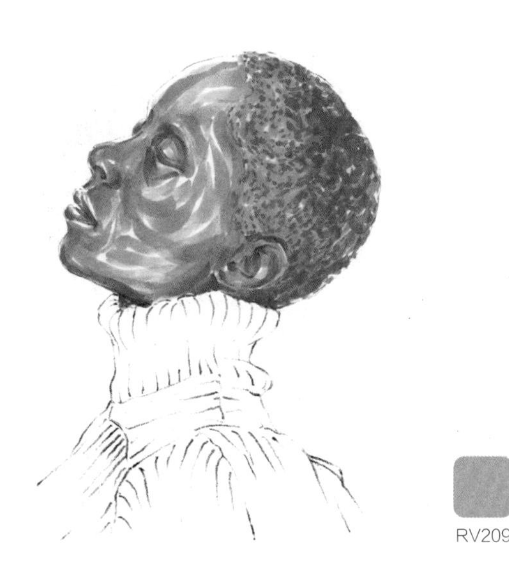

3. 皮肤底色变深后，暗部颜色也要一起加深。用紫红色马克笔RV209加深皮肤的暗部，主要加深眼窝、鼻底、嘴唇、下巴、耳朵和头发的暗部。

4. 继续加深皮肤的暗部，用红色马克笔R143按顺序依次加深眼窝、鼻翼、人中、唇角、下巴和耳朵的暗部；然后用同一支马克笔添加针织上衣的颜色，可以根据针织面料的纹路方向进行上色，颈部、前片和袖子用竖向的线条绘制，肩膀位置用横向的线条绘制，每笔线条之间要留白；再用橘红色马克笔YR167在面部五官和头发位置添加少量的颜色以衬托皮肤。

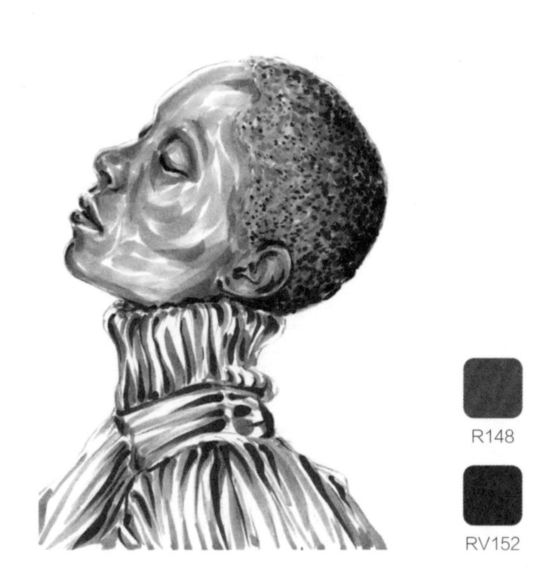

5. 用暗红色马克笔R148加深一遍面部五官、头发和针织上衣的暗部，然后用深紫红色马克笔RV152勾勒出眼睛闭合线、鼻孔轮廓、嘴唇闭合线、耳朵轮廓，并绘制头发的暗部。

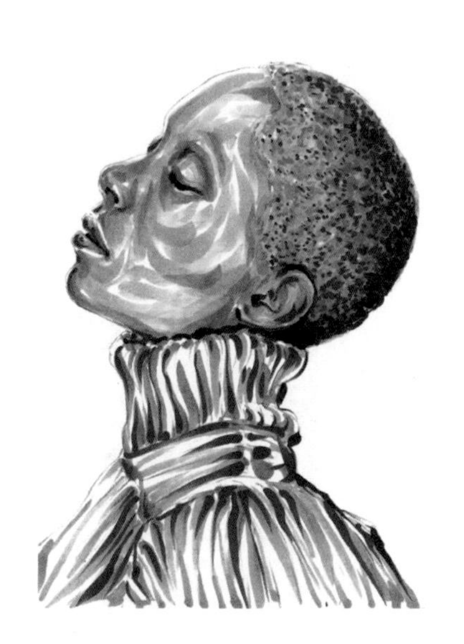

6. 用深蓝色马克笔B115再加深一遍眼睛闭合线、鼻孔轮廓、嘴唇闭合线、耳朵轮廓，以及耳朵和针织上衣衔接的位置。

小贴士 为短发上色时要注意控制马克笔线条的长短，线条的长短代表了头发的长短。因为范画中模特的头发非常短，所以可以用点的形式表现，颜色由浅及深，通过多次反复上色，最终达到画面中的效果。

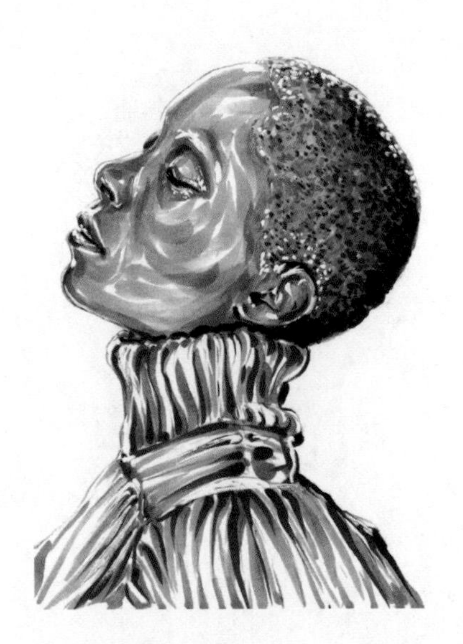

7. 添加高光。先用白色颜料画出眼睛周围的高光，外眼角可以多画一些高光点作为装饰；然后画出鼻底和人中的高光；再画出上唇和下唇的高光，并画出耳朵和头部的高光；针织上衣本身的留白面积很大，所以不需要画高光。

YR362

8. 用橘红色马克笔 YR362 绘制背景，用马克笔的斜头竖向均匀上色，笔触之间不用刻意留白，笔触画到头部边缘时可以停顿。如果笔触和头部边缘没有完全贴合，出现部分空白区域，后面再单独补上即可。

3.4.3 正侧头部蓬松束发发型

完整色卡展示

1. 绘制线稿。先用紫色铅芯在画纸上标注出头部和身体的大致位置，然后逐步进行调整，再细化五官、头发和衣服的轮廓。

R373

2. 在线稿的基础上直接上色，用浅肤色马克笔 R373 填充皮肤底色，用软头马克笔根据脸部结构进行上色，运笔时注意笔尖的力度和方向，可以在皮肤暗部的位置加重下笔的力度（如眼窝和颧骨的位置）。

R375

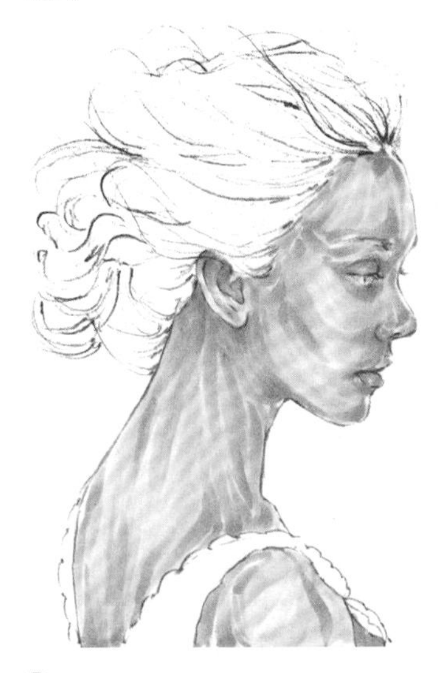

3. 用肤色马克笔R375加深皮肤的暗部，包括五官、颈部和肩部。具体上色时的笔触长短和方向可以参考范画，颈部的阴影区域主要集中在耳朵的下方和下巴的下方。

E407

RV363

RV131

RV152

4. 先用浅棕色马克笔E407填充头发的颜色，上色时线条从发际线的位置开始，顺着发丝的方向；然后用紫红色马克笔RV363和RV131逐步加深皮肤的暗部；最后用最深的紫红色马克笔RV152勾勒眉毛、眼线、鼻孔、嘴唇闭合线、头发及服装的装饰线。

R143

E408

BG82

5. 用红色马克笔R143加深皮肤的暗部，主要加深眼窝、鼻底、鼻翼、嘴唇、下巴、耳朵、颈部和肩膀的暗部；然后用棕色马克笔E408加深头发的暗部；用蓝绿色马克笔BG82绘制眼球的颜色。

小贴士 画面中皮肤颜色的层次越多，过渡越自然。可以在步骤5的基础上继续用浅肤色马克笔R373和R375绘制皮肤的过渡色，以减小明暗对比。保留步骤5中的皮肤效果也是可以的。

V121

6. 用深紫色马克笔V121代替软头勾线笔进行勾线，再加深一遍上眼线、下眼线、鼻孔、嘴唇闭合线、耳朵轮廓线、服装轮廓线和头发暗部线条，以起到强调的作用。

7. 添加高光。先用白色颜料画出眼睛周围的高光，外眼角可以多画一些装饰性的高光点；然后画出眉毛、鼻底、人中、嘴唇、下巴和头发的高光，耳朵后面衔接颈部的位置可以增加一些高光点。

G79

8. 用绿色马克笔G79竖向平涂上色，以绘制出背景色。

3.4.4 正侧头部绘制练习

上仰侧面头部练习参考

上仰正侧头部练习参考

低头正侧头部练习参考

戴帽子正侧头部练习参考

3.5 四肢绘制方法

四肢是人体的重要组成部分，主要由手、脚、手臂和腿 4 个部分组成。想要画出好的服装设计效果图，必须先了解四肢的结构和画法。下面分别对四肢的结构和上色技巧进行详细的说明。

3.5.1 手部的绘制

手是由手掌、手指和手腕组成的。手的长度小于 1 个头高，等于发际线到下巴的距离，在服装设计效果图中手的比例会适当加长。手指是最难掌握的，每只手有 5 根手指，除大拇指有两段指节以外，其他 4 根手指都有 3 段指节，画图时要特别注意。

1. 先画出大轮廓，可以将手掌简化成倒梯形，手臂简化成正梯形。从手指开始画起，先画小指和无名指，再画中指、被遮挡的食指和大拇指，手指都画好后再画手掌和手臂的轮廓。

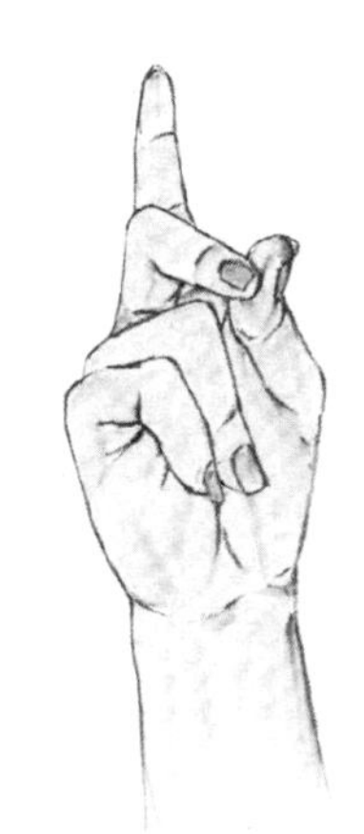

2. 填充皮肤底色，用法卡勒三代的浅肤色马克笔 R373 或者 COPIC 的浅肤色马克笔 R000 均匀地填充手部的颜色。

3. 用法卡勒三代肤色马克笔 R375 或 COPIC 肤色马克笔 R01 绘制皮肤的暗部，主要加深指节连接和手指弯曲的位置、手心被遮挡的位置、手掌两侧的厚度，以及手臂侧面的厚度。

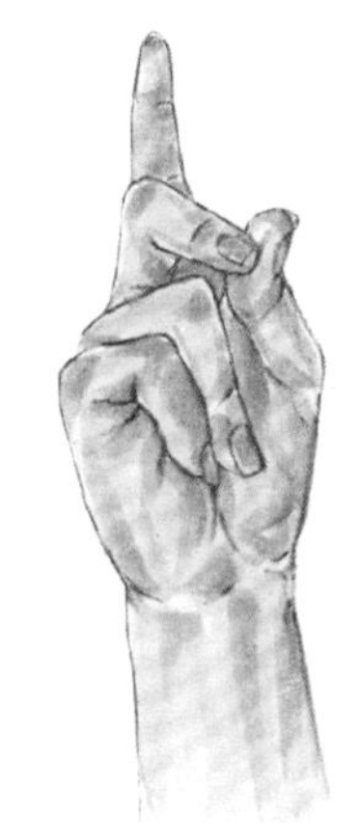

4. 继续用步骤 2 中的浅色马克笔在画面中进行颜色过渡，以减小画面中皮肤色的明暗对比，让画面看起来更加和谐。

小贴士

①范画用的是紫色铅芯，线稿画好后可以直接上色。如果用的是黑色铅芯，建议先勾线、再上色。

②马克笔直接在紫色铅芯上上色时，笔触要尽量避开铅笔稿的线条，否则容易弄脏画面。

小贴士

用浅色马克笔进行皮肤的过渡，在深色和浅色之间反复上色，可以使画面中的皮肤颜色过渡自然。这种方法在后面几个章节的全身服装效果图中也会经常用到，一定要掌握这个技巧。

手部绘制练习

小贴士

①观察左上角的手部背面图，手指和手掌的纵向高度差不多，手背上的 4 个箭头分别对应 4 根手指的位置，中指最长，小指最短，手指张开时手部呈扇形。

②画侧面弯曲的手时，一定要将大拇指的两段指节和其他 4 根手指的 3 段指节画出来。

③握拳时手指向手心弯曲，手部小于手指张开状态时的手部，手指的长度由手指实际弯曲的角度而决定。

④指甲位于每根手指手背一侧指节的末端，宽度小于指节的宽度。

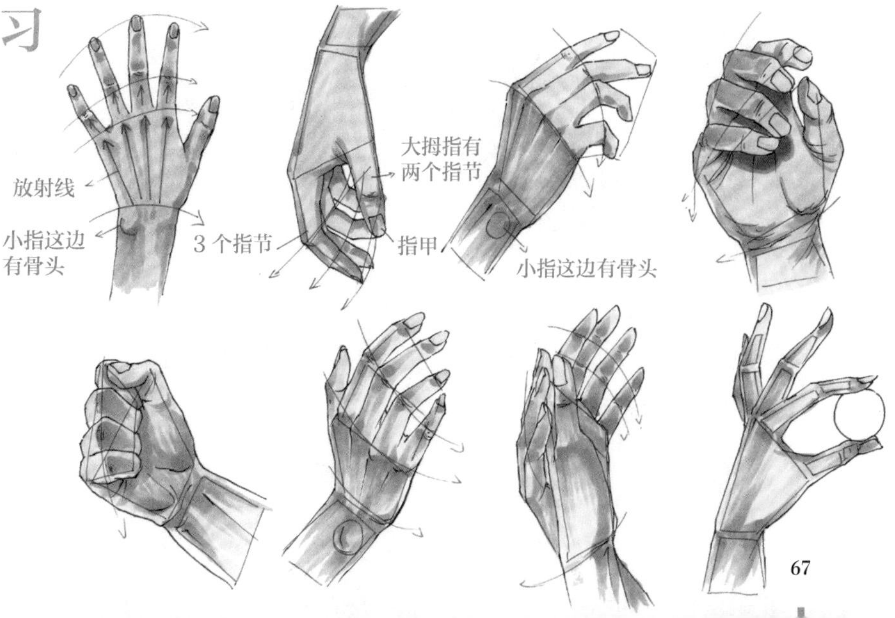

3.5.2 脚部的绘制

脚部是由脚后跟、脚心、脚掌、脚趾、脚背和脚踝组成的，画图时要将每个关键点都表现出来，尤其是脚掌的厚度。画正面图时也要特别注意表现这些关键点，因角度的原因正面图的脚部形态不像侧面图那么清晰，因此，经常被人忽略。

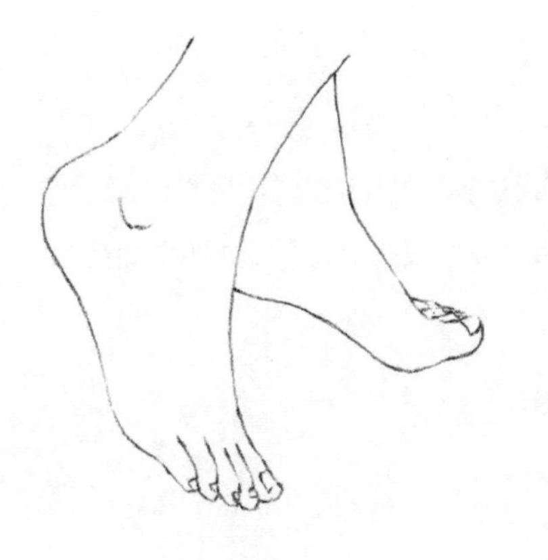

1. 绘制铅笔稿，画出两只脚的轮廓。先确定画面中前面右脚的轮廓，再根据右脚的位置画出左脚的轮廓，被遮挡的线条不用画出来。

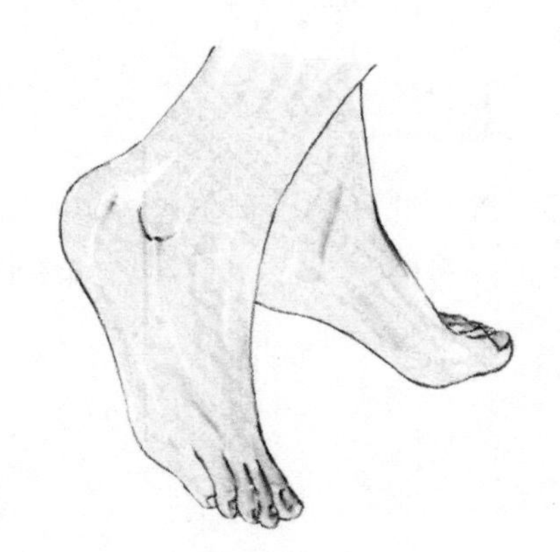

2. 填充皮肤底色。用法卡勒三代的浅肤色马克笔 R373 或者 COPIC 的浅肤色马克笔 R000 都可以，将画面均匀涂满。

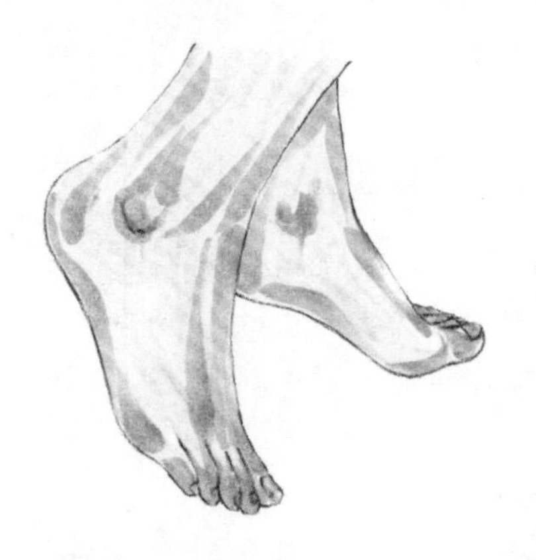

3. 添加暗部色。用法卡勒三代的肤色马克笔 R375 或者 COPIC 的肤色马克笔 R01 画皮肤的暗部区域，主要加深脚后跟、脚心、脚掌、脚趾、脚背和脚踝的暗部区域。

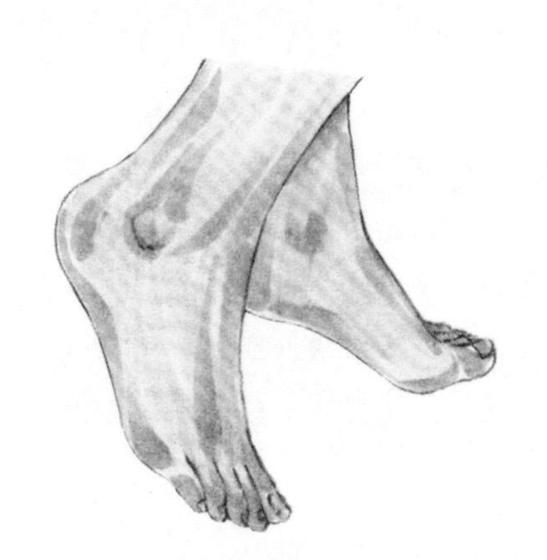

4. 用浅肤色马克笔对皮肤色进行过渡，直接在皮肤的底色和暗部色之间反复上色，让画面看起来更加舒适。

脚部绘制练习

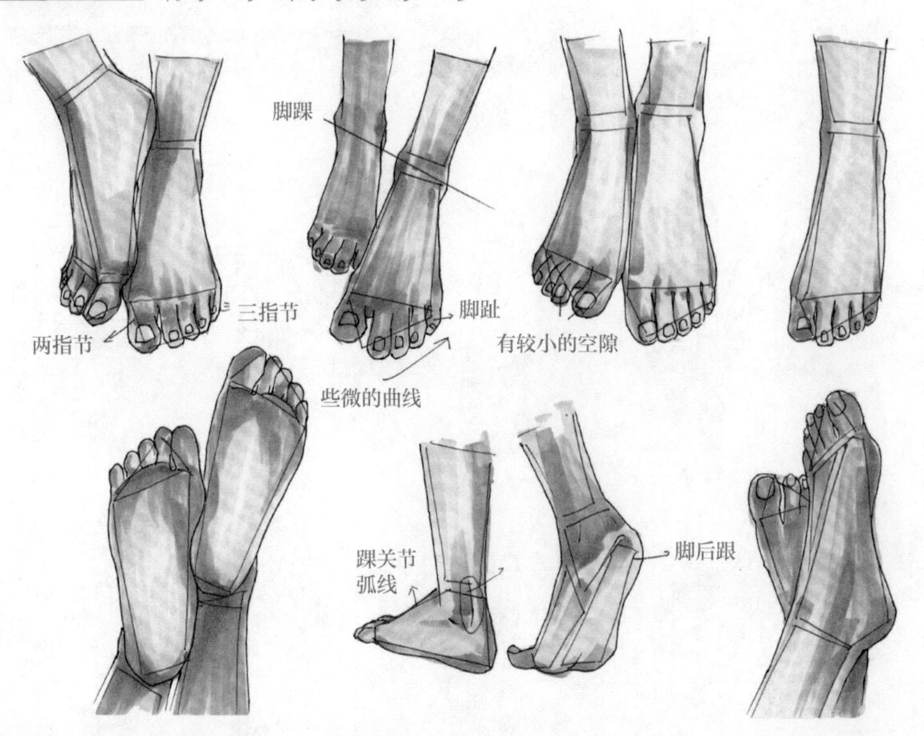

小贴士

①起型时可以先将脚部大体划分成几个简单的几何体：脚面可以简化成一个正梯形，脚趾可以简化成倒三角形，小腿可以简化成倒梯形。

②第 2 根脚趾和大脚趾之间存在一些空隙，画图时需要注意两个脚趾之间的距离。

③正面角度的脚踝轮廓很明显，内侧的脚踝位置高于外侧的脚踝位置。

3.5.3 手臂和腿部的绘制

手臂由上臂、手肘和下臂组成。服装设计效果图中常用的是正面自然下垂状态和前后摆动状态，可以根据实际需求进行重点练习。腿部可以分成大腿、膝盖和小腿 3 个部分，服装设计效果图中大腿和小腿的长度相同，膝盖位于两者中间。

手臂的绘制方法

1. 按照从上到下的顺序绘制手臂轮廓。先画出和肩部连接的手臂外侧弧线，然后画出上臂、手肘和下臂的轮廓线。

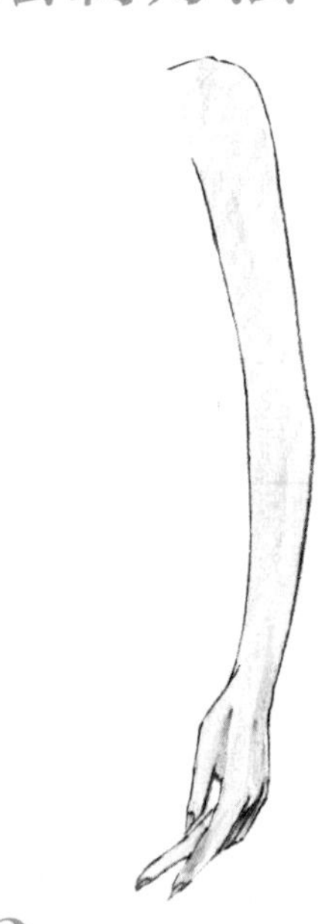

2. 填充皮肤底色。用法卡勒三代的浅肤色马克笔 R373 或者 COPIC 的浅肤色马克笔 R000 竖向填充皮肤底色。

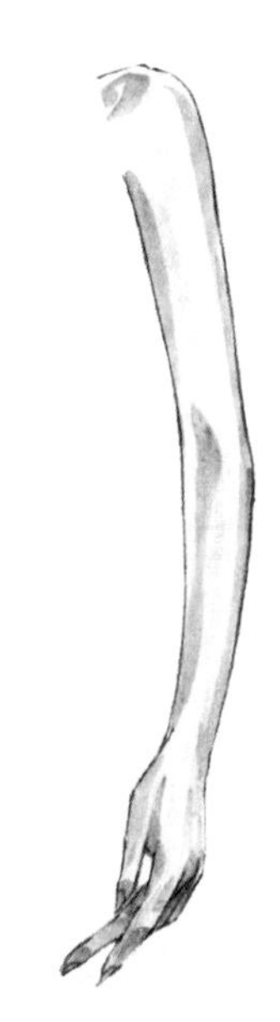

3. 添加皮肤暗部色。用法卡勒三代的肤色马克笔 R375 或者 COPIC 的肤色马克笔 R01 加深手臂两侧和手肘位置的暗部颜色。

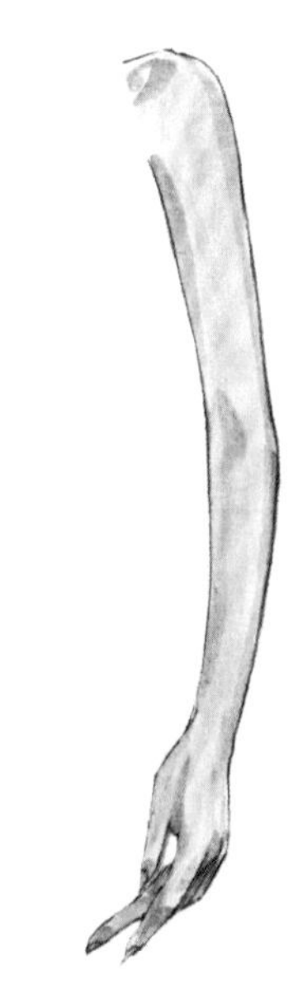

4. 用浅肤色马克笔进行皮肤颜色的过渡。直接在皮肤的底色和暗部色之间反复涂色，让画面看起来更加和谐。

小贴士 范画中用的皮肤色 R373 和 R375 特别适合画白种人皮肤的亮部和暗部，黄种人皮肤可以用法卡勒三代的棕色 E413 和 E415，黑种人皮肤可以用法卡勒三代的 RV363 和 RV209。大家也可以尝试不同的色彩组合。

腿部的绘制方法

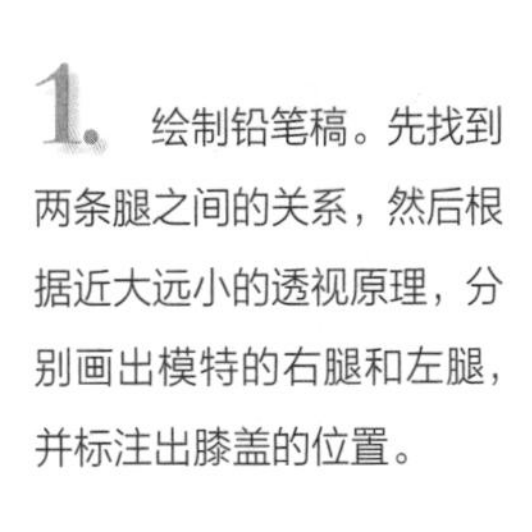

1. 绘制铅笔稿。先找到两条腿之间的关系，然后根据近大远小的透视原理，分别画出模特的右腿和左腿，并标注出膝盖的位置。

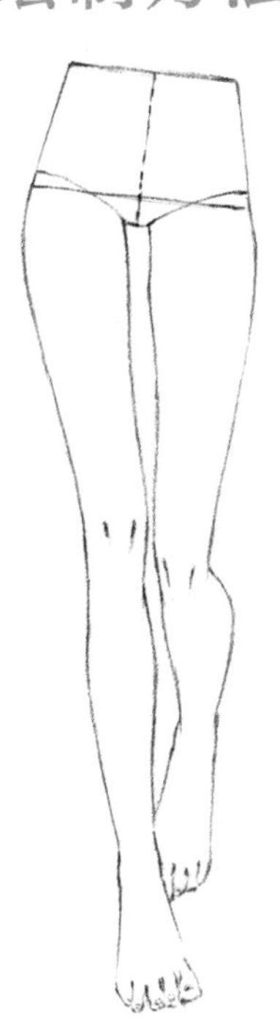

2. 填充皮肤底色。用法卡勒三代的浅肤色马克笔 R373 或者 COPIC 的浅肤色马克笔 R000 顺着腿部的结构竖向上色。

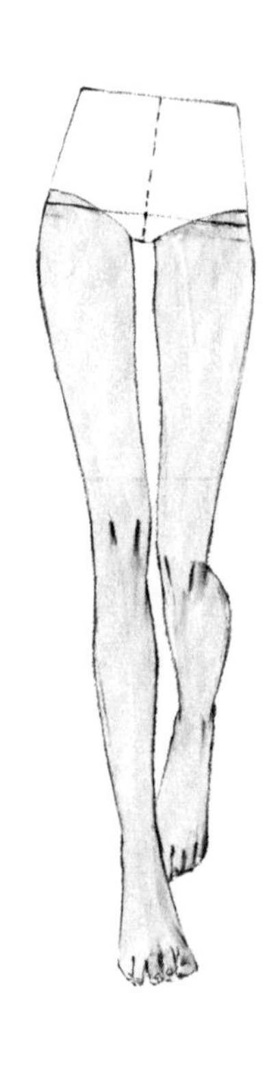

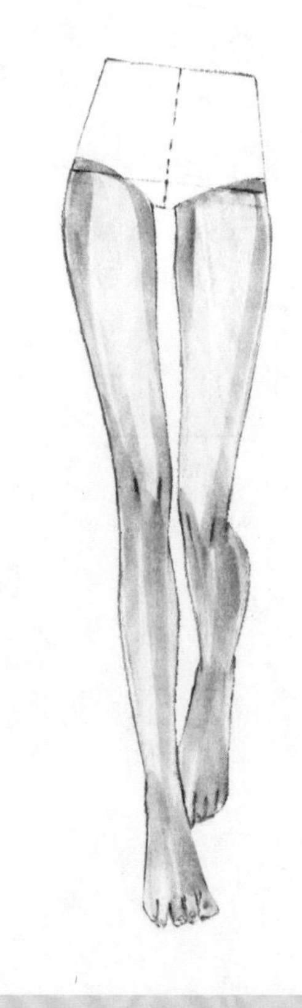

3. 添加暗部色。用法卡勒三代的肤色马克笔 R375 或者 COPIC 的肤色马克笔 R01 加深大腿根部和膝盖位置的颜色，以及大腿和小腿两侧边缘位置的颜色。

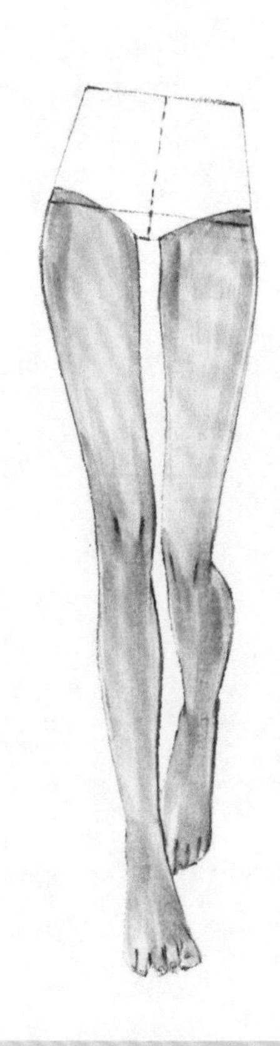

4. 用浅肤色马克笔在腿部的底色和暗部色之间进行过渡，让画面看起来更加和谐。

小贴士 ①辅助腿的小腿在重心腿的后面且向后弯曲，整体处于暗部，上色时需整体加深颜色。
②辅助腿的膝盖位置低于重心腿的膝盖位置，起型时要多加注意。

手臂和腿部的绘制练习

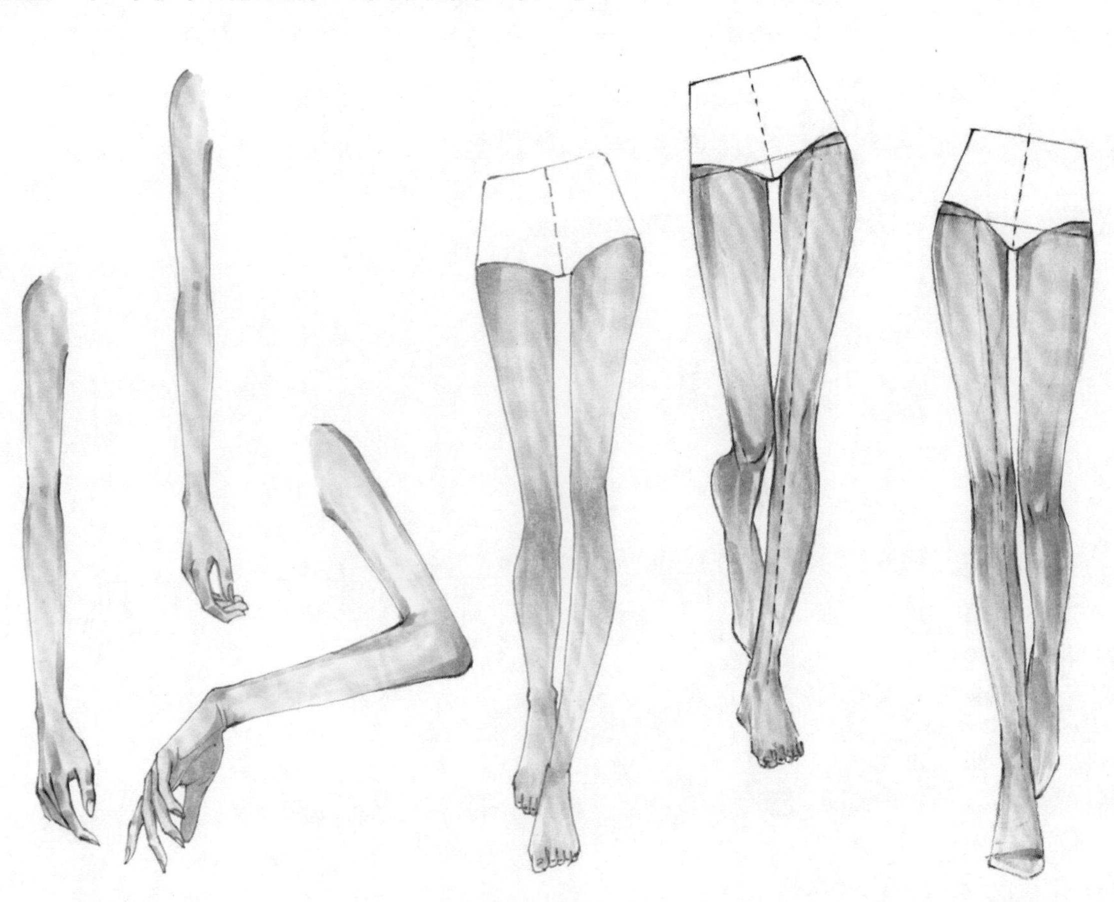

Chapter 04

服装常见面料表现技法

服装是由款式、色彩和面料 3 要素组成的，其中，面料是最基本的要素。所有服装都是用面料制成的，面料诠释了服装的风格和特点，并直接影响服装的色彩和造型。不同面料的特点不同，画服装面料前需要先了解面料的特点。服装面料包括服装主料和服装辅料，本章主要对常见的服装主料进行详细的步骤讲解。

4.1 羽绒面料表现技法

羽绒是一种动物羽毛纤维，是呈花朵状的绒毛。羽绒上有很多细小的气孔，可以随着气温的变化膨胀和收缩，吸收热量并隔绝外界的冷空气，因此，羽绒一般被用来制作冬季的羽绒服。羽绒服是主要的冬季服装，它的特点是面料轻盈，质感蓬松，表面带有绗缝线迹。

羽绒面料小样手绘表现

1 绘制线稿并勾线。

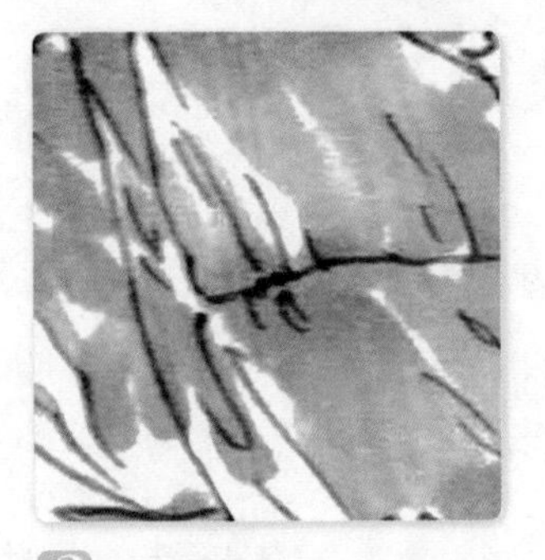

2 填充面料底色，画面中可以部分留白。

3 绘制暗部颜色，主要加深绗缝线和褶皱线位置的颜色。

4 继续用深色马克笔加深暗部的颜色并添加高光。

4.1.1 羽绒背带外套的表现

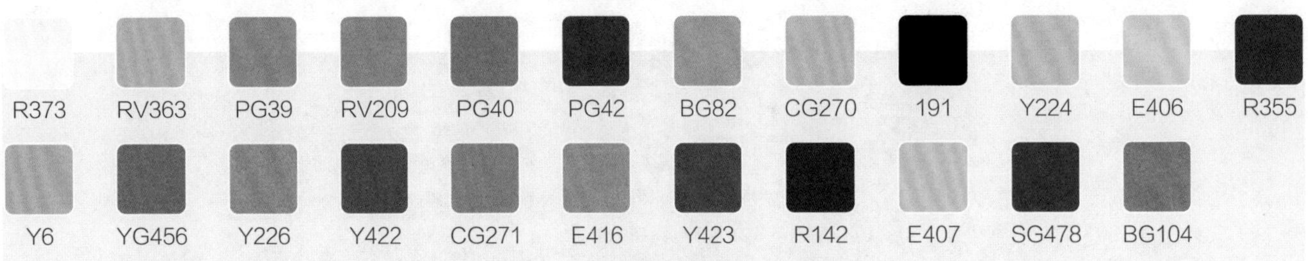

完整色卡展示

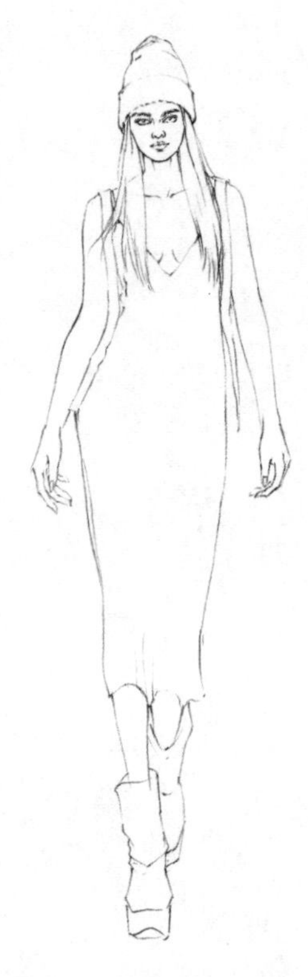

1. 绘制线稿。根据前面所学的人体动态表现知识，用铅笔在纸张的正中间画一幅标准的人体动态图，确保重心线平稳，然后对应“三庭五眼”的位置画出模特的头部和五官，再在人体轮廓的外侧画出服装的大致轮廓。

2. 细化服装结构。先画出身体后面的羽绒服轮廓；然后画出羽绒服上的绗缝线和褶皱线，褶皱线的长度在两条绗缝线的中间位置；再画出针织帽边缘的竖向纹路、羽绒服肩带的轮廓，以及吊裙的结构线。

3. 完成勾线。先用COPIC 0.05号棕色勾线笔勾出五官、脸型、锁骨、胸部、手臂和手部的轮廓，然后用黑色软头勾线笔分别勾出帽子、吊裙、羽绒服、腿部和鞋子的轮廓，以及服装上出现的所有褶皱线。

4. 填充皮肤色。用COPIC浅肤色马克笔R000或者法卡勒三代浅肤色马克笔R373填充皮肤底色，填色时注意留出眼睛的位置，其余的地方可以均匀涂满。

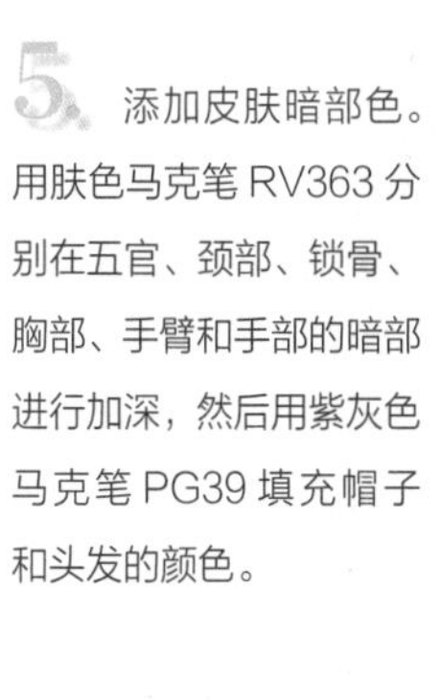

5. 添加皮肤暗部色。用肤色马克笔RV363分别在五官、颈部、锁骨、胸部、手臂和手部的暗部进行加深，然后用紫灰色马克笔PG39填充帽子和头发的颜色。

6. 用浅肤色马克笔R373在所有皮肤色的表层铺一层过渡色，然后用深肤色马克笔RV209加深五官、颧骨、颈部和腋下的暗部区域，再用紫灰色马克笔PG40加深针织帽和头发的暗部区域。

7. 深入刻画五官并添加吊裙颜色。先用黑色彩铅 499 加深五官细节，再用印度红彩铅 492 加深裸露皮肤的暗部，然后用紫灰色马克笔 PG42 加深帽子和头发暗部，最后用蓝绿色马克笔 BG82 填充眼球，并用冷灰色马克笔 CG270 填充吊裙。

8. 用黑色勾线笔再单独加深一遍上眼线和瞳孔，然后用黑色马克笔 191 加深帽子和头发暗部，再用黄色马克笔 Y224 和冷灰色马克笔 CG270 填充肩带和羽绒服的颜色（填充颜色时画面中可以小面积留白）。

9. 先用棕色马克笔 E406 填充靴子的颜色，然后用红色马克笔 R355 填充袜子的颜色，再用黄色马克笔 Y6 和黄绿色马克笔 YG456 绘制吊裙上的印花图案（图案不用画得特别精致，只要将大感觉画出来即可）。

10. 先用黄色马克笔 Y226 和冷灰色马克笔 CG271 加深羽绒服的暗部（暗部的颜色主要集中在绗缝线的两侧，两侧颜色深、中间颜色浅，才能显出羽绒服的厚度），然后用棕色马克笔 E416 加深靴子的暗部。

11. 先用黄色马克笔 Y423 加深羽绒服的暗部，然后用红色马克笔 R142 加深袜子的暗部，再用棕色马克笔 E407 绘制靴子的过渡色以减小靴子的明暗对比。

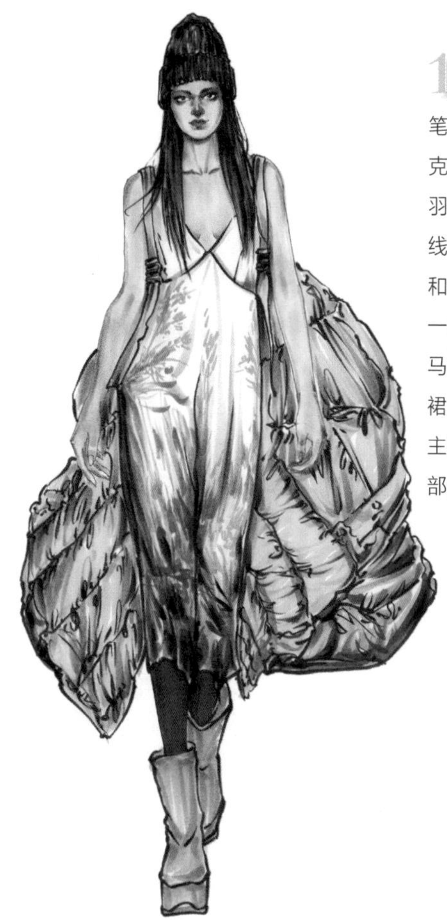

12. 先用黄色马克笔 Y422 和银灰色马克笔 SG478 继续加深羽绒服的暗部，如绗缝线和褶皱线，上色方向和绗缝线、褶皱线方向一致；然后用银灰色马克笔 SG478 加深吊裙上印花图案的暗部，主要集中在吊裙的下半部分。

13. 添加高光。先用樱花 0.8 号白色高光笔绘制五官的高光，分别画出眼睛、鼻子和嘴唇的高光；然后画出头发、帽子、吊裙、羽绒服和靴子的高光，高光线条的长短可以根据服装实际轮廓的大小进行变化。

14. 添加背景色。背景色是服装设计效果图中的一部分，可以更好地衬托服装效果。先用浅一些的蓝绿色马克笔 BG82 围绕身体的一侧上色，再用深一些的蓝绿色马克笔 BG104 在服装的转折位置进行加深。

4.1.2 羽绒中长外套的表现

完整色卡展示

1. 绘制线稿。先画出一张标准的秀场人体动态图，然后画出头部和五官的轮廓，再以身体的动态线为参考画出里层衬衫和吊裙的轮廓，并画出腿部和鞋子的轮廓，最后画出外层羽绒外套和手拎包的轮廓。

2. 细化线稿。先画出羽绒外套的内部结构线和褶皱线，然后画出袜子边口的条纹和鞋子内侧的鞋带，以及手拎包的结构线和褶皱线。

3. 开始勾线。先用COPIC 0.05号棕色勾线笔勾出五官和身体的轮廓，然后用黑色软头勾线笔勾出帽子、领口、吊裙、羽绒外套、袜子、鞋子和手拎包的轮廓，再勾出羽绒外套和手拎包内部的所有结构线和褶皱线。

4. 填充皮肤色。用COPIC浅肤色马克笔R000或者法卡勒三代浅肤色马克笔R373填充头部、颈部、上臂和大腿的颜色，不需要强调笔触，均匀上色即可。

5. 添加皮肤暗部和部分服装的颜色。先用肤色马克笔RV363加深五官、颈部、上臂和大腿的暗部，然后用棕色马克笔 E428 填充头发的颜色，再用银灰色马克笔 SG473 填充里层衬衫和袜子的颜色。

6. 先用黄色马克笔 Y390 填充帽子、里层衬衫和鞋子上小面积的黄色区域，然后用同一支马克笔大面积地填充羽绒外套的颜色。

7. 先用深肤色马克笔 RV209 再加深一遍皮肤的暗部，然后用浅粉色马克笔 R373 在皮肤的表层绘制过渡色，再用蓝色马克笔 B323 填充帽子、吊带、袜口、鞋底和手拎包的颜色。根据服装的结构，使用适合的马克笔宽头运笔和上色。

8. 先用黄色马克笔 Y2 绘制羽绒外套的暗部，主要加深绗缝线的上下两侧和褶皱线位置；然后用银灰色马克笔 SG474 加深袜子的暗部。

9. 用蓝色马克笔B324绘制帽子、吊裙、袜口、鞋底和手拎包的暗部，然后用黑色彩铅499加深眉毛、上眼线、下眼线和瞳孔的颜色，再用印度红彩铅492加深外眼角、内眼角、鼻底和嘴唇的颜色。

10. 先用深蓝色马克笔B114继续加深蓝色服装的暗部（腰部位置要从两侧边缘起笔向中间画线条，起笔时手腕用力，收笔时手腕放松，以画出有粗细变化的线条），再用黄色马克笔Y17加深羽绒外套的暗部。

11. 用蓝色马克笔B324在深蓝色B114和浅蓝色B323之间绘制过渡色，以减小明暗对比，让画面看起来更和谐。

12. 绘制高光和装饰线。先用白色高光笔绘制五官、吊带、羽绒外套、鞋子和手拎包的高光，然后用高光笔绘制针织帽子和针织袜子表层的竖向纹路，以及袜口的英文字母。

13. 添加背景色。先用黄色马克笔 Y224 紧挨着模特服装的左侧进行上色，再用蓝色马克笔 B324 分别在羽绒外套的侧面和模特的脚底进行加深，以增强画面效果。

4.1.3 羽绒面料绘制练习

4.2 针织面料表现技法

针织面料是利用织针将纱线弯成圈相互串套而形成的织物，面料的质地松软，具有良好的抗皱性和透气性，并有较大的延伸性和弹性，现在主要被用来制作毛衣、内衣和运动服。画针织服装效果图时需要将面料松软的感觉画出来，并按照一定的规律画出毛衣表层的纹路。

针织面料小样手绘表现

1 先用铅笔起型，然后用彩色勾线笔勾线。

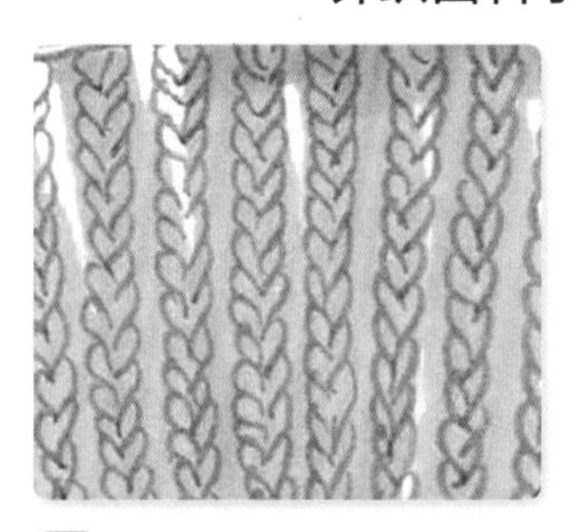

2 填充面料的颜色，可以均匀上色，也可以部分留白。

3 绘制面料暗部的颜色，主要是加深针织面料凹面的暗部。

4 用樱花 0.8 号高光笔在面料的表层添加高光。

4.2.1 针织拼接毛衣的表现

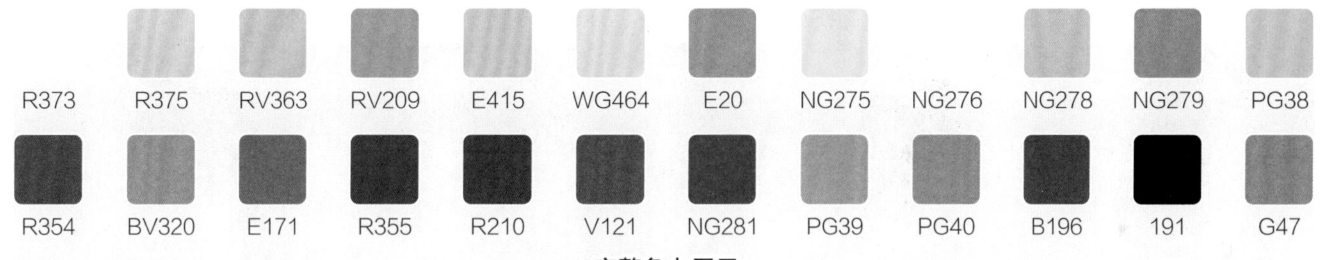

完整色卡展示

1. 绘制线稿。根据前面所学的知识，用制作好的人体比例尺画出人体动态和五官轮廓，然后添加帽子、针织毛衣和鞋子的轮廓线。

2. 用 COPIC 0.05 号棕色勾线笔勾出五官、头发、左侧西装外套、腿部和鞋子的轮廓，然后用慕娜美灰色硬头勾线笔勾出帽子和针织毛衣的轮廓，以及针织毛衣里侧的结构线。

3. 填充皮肤色。用 COPIC 浅肤色马克笔 R000 或者法卡勒三代浅肤色马克笔 R373 填充头部和腿部的颜色，注意上色要均匀。

4. 添加皮肤暗部色。先用COPIC浅肤色马克笔R01或者法卡勒三代浅肤色马克笔R375绘制皮肤的暗部，然后用肤色马克笔RV363和RV209继续加深皮肤的暗部，主要加深内眼角、外眼角、鼻底、嘴唇、大腿、膝盖和小腿的暗部。

5. 添加头发和外套的颜色，并深入刻画五官。先用棕色马克笔E415填充头发和外套的颜色，然后用黑色彩铅499加深上眼线、下眼线、瞳孔、鼻孔和嘴唇闭合线，再用庞贝红彩铅491和熟褐色彩铅476深入刻画五官的细节。

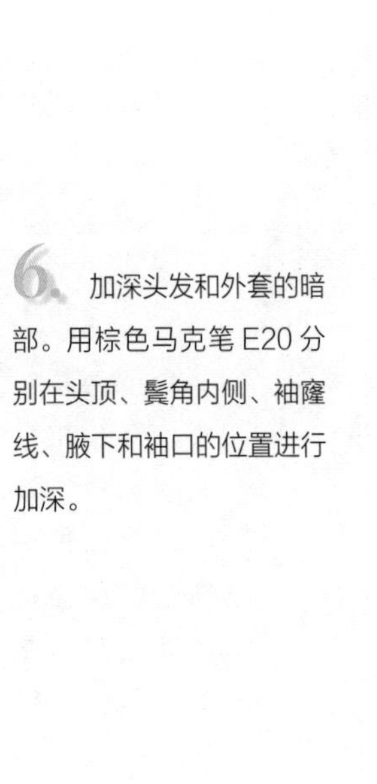

6. 加深头发和外套的暗部。用棕色马克笔E20分别在头顶、鬓角内侧、袖窿线、腋下和袖口的位置进行加深。

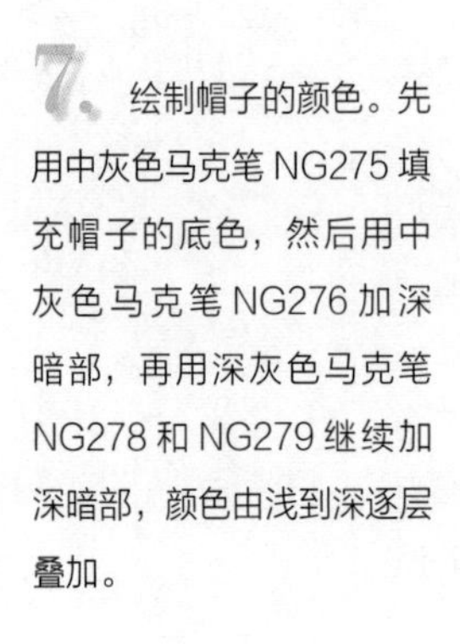

7. 绘制帽子的颜色。先用中灰色马克笔NG275填充帽子的底色，然后用中灰色马克笔NG276加深暗部，再用深灰色马克笔NG278和NG279继续加深暗部，颜色由浅到深逐层叠加。

8. 填充毛衣和鞋子的颜色。先用紫灰色马克笔 PG38 填充针织毛衣的颜色，然后用红色马克笔 R354 和蓝紫色马克笔 BV320 填充鞋子的颜色。

9. 加深头发、外套和鞋子的暗部。先用深棕色马克笔 E171 加深头发和外套的暗部，然后用慕娜美咖啡色硬头勾线笔绘制西装外套的纹理，再用大红色马克笔 R355、暗红色马克笔 R210 和深紫色马克笔 V121 加深鞋子的暗部。

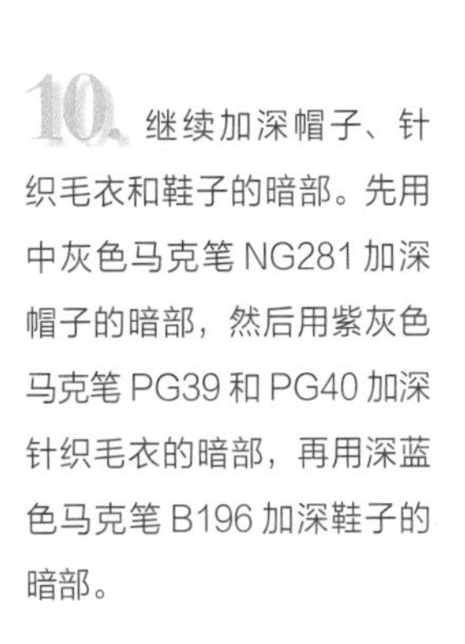

10. 继续加深帽子、针织毛衣和鞋子的暗部。先用中灰色马克笔 NG281 加深帽子的暗部，然后用紫灰色马克笔 PG39 和 PG40 加深针织毛衣的暗部，再用深蓝色马克笔 B196 加深鞋子的暗部。

11. 绘制高光并加深部分轮廓线。先用高光笔绘制五官、帽子、针织毛衣、外套和鞋子的高光，然后用黑色软头勾线笔或者黑色马克笔 191 的软头加深部分服装的轮廓，主要强调帽子、外套和针织毛衣的转角位置。

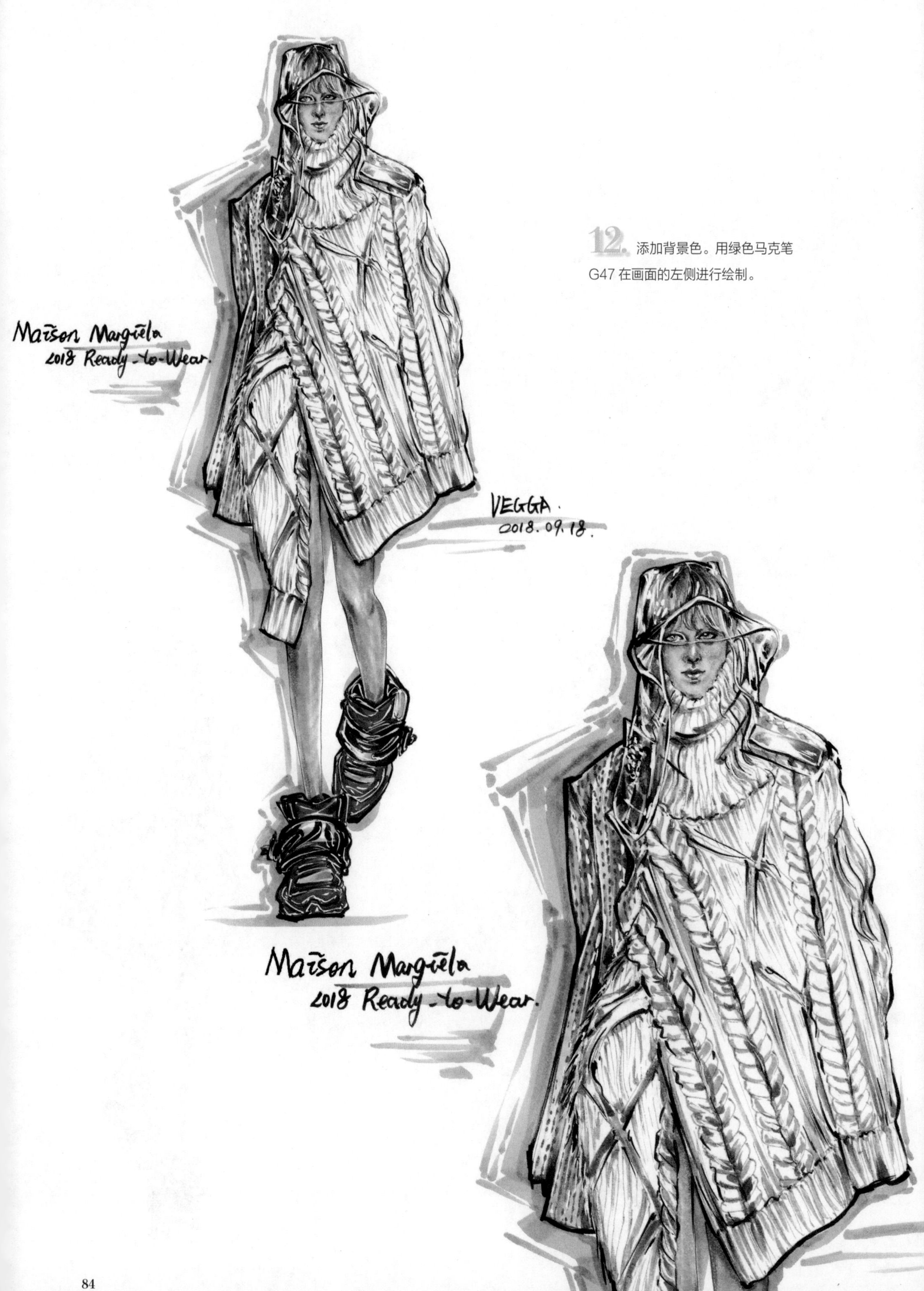

12. 添加背景色。用绿色马克笔 G47 在画面的左侧进行绘制。

4.2.2 针织镂空毛衣的表现

E413 RV363 E435 RV209 BV108 BG82 E436 B327 V332 V127 V334 B196 V126 BG62 BG106

完整色卡展示

1. 绘制线稿。先用铅笔在纸上画出人体动态图，然后参考“三庭五眼”的比例位置画出头部及五官的轮廓，再参考人体动态图画出帽子、针织毛衣和靴子的轮廓。

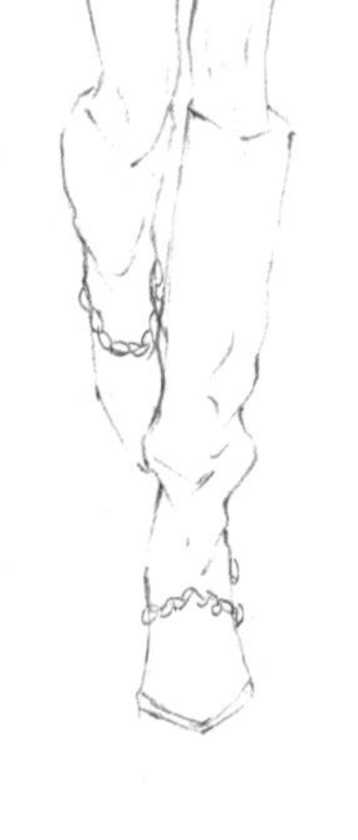

2. 绘制针织毛衣的里层结构，然后添加针织毛衣里层的纹理线（竖向画领口、袖口、底摆和前片中心的纹理线，斜向画袖子和前片两侧的纹理线）。

3. 开始勾线。先用 COPIC 0.05 号 棕色勾线笔勾出五官、脸型、头发、腿部和针织毛衣的轮廓，然后用黑色软头勾线笔勾出帽子和靴子的轮廓，勾线时注意软头勾线笔的粗细变化。

4. 填充皮肤色。用棕色马克笔 E413 填充头部和腿部的颜色；针织毛衣的前片有一些透出皮肤色的镂空洞眼，填充皮肤底色时一起进行上色。

5. 添加皮肤暗部和头发的颜色。先用肤色马克笔 RV363 加深五官和腿部的暗部，然后用棕色马克笔 E435 竖向顺着发丝的方向进行上色，注意部分发丝要留白。

6. 加深皮肤暗部，并填充帽子和靴子的颜色。先用深肤色马克笔 RV209 加深上眼线、下眼线、鼻底和嘴唇的颜色，然后用蓝紫色马克笔 BV108 填充帽子和靴子的颜色。

7. 加深头发、帽子和靴子的暗部，并深入刻画五官。先用蓝绿色马克笔 BG82 填充眼球，再用棕色马克笔 E436 绘制头发的暗部，然后用蓝色马克笔 B327 绘制帽子和靴子的暗部，并用黑色彩铅 499 加深五官的细节，最后用印度红彩铅 492 深入刻画皮肤的暗部。

8. 用紫色马克笔 V332 绘制针织毛衣的底色，顺着针织面料的方向进行上色，然后用棕色马克笔 E436 加深头发的暗部，再用紫色马克笔 V127 加深帽子和靴子的暗部。

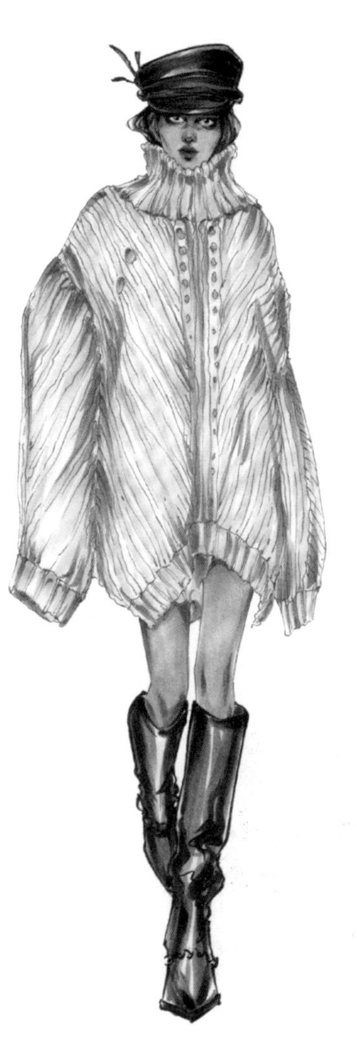

9. 先用紫色马克笔 V334 加深针织毛衣的暗部，暗部主要集中在领口、肩部、前片中间和袖窿位置；然后用深蓝色马克笔 B196 加深帽子和靴子的暗部；再用黑色彩铅 499 加深头发的暗部。

10. 用紫色马克笔 V332 在帽子和靴子的表层绘制过渡色。

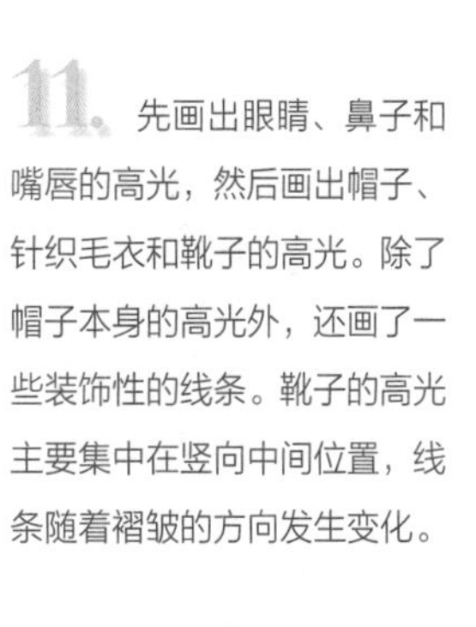

11. 先画出眼睛、鼻子和嘴唇的高光，然后画出帽子、针织毛衣和靴子的高光。除了帽子本身的高光外，还画了一些装饰性的线条。靴子的高光主要集中在竖向中间位置，线条随着褶皱的方向发生变化。

12. 加深针织毛衣的暗部。用深紫色马克笔 V126 进行加深，主要加深领口、肩部、前片中间和袖窿位置，以增强画面对比。

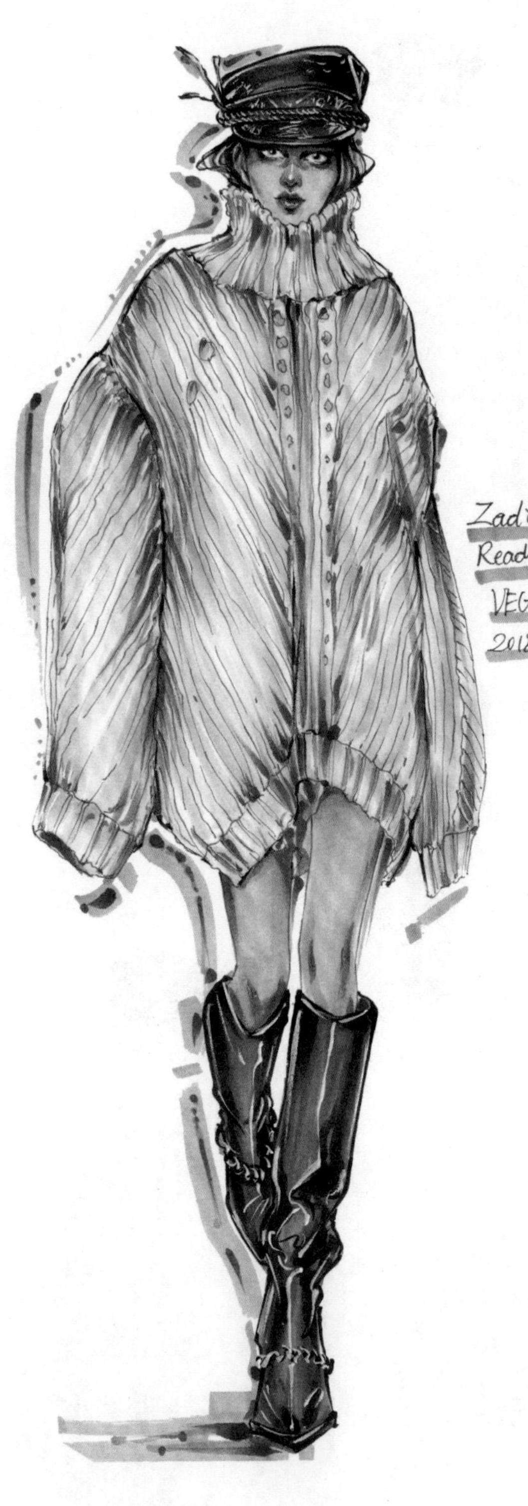

13. 添加背景色。先用蓝绿色马克笔 BG62 在画面的左侧进行上色，主要围绕在头部、针织毛衣、大腿和靴子轮廓的外侧；然后用深蓝绿色马克笔 BG106 在 BG62 的表层画一些不同粗细、不同疏密的装饰性点和线，完成绘制。

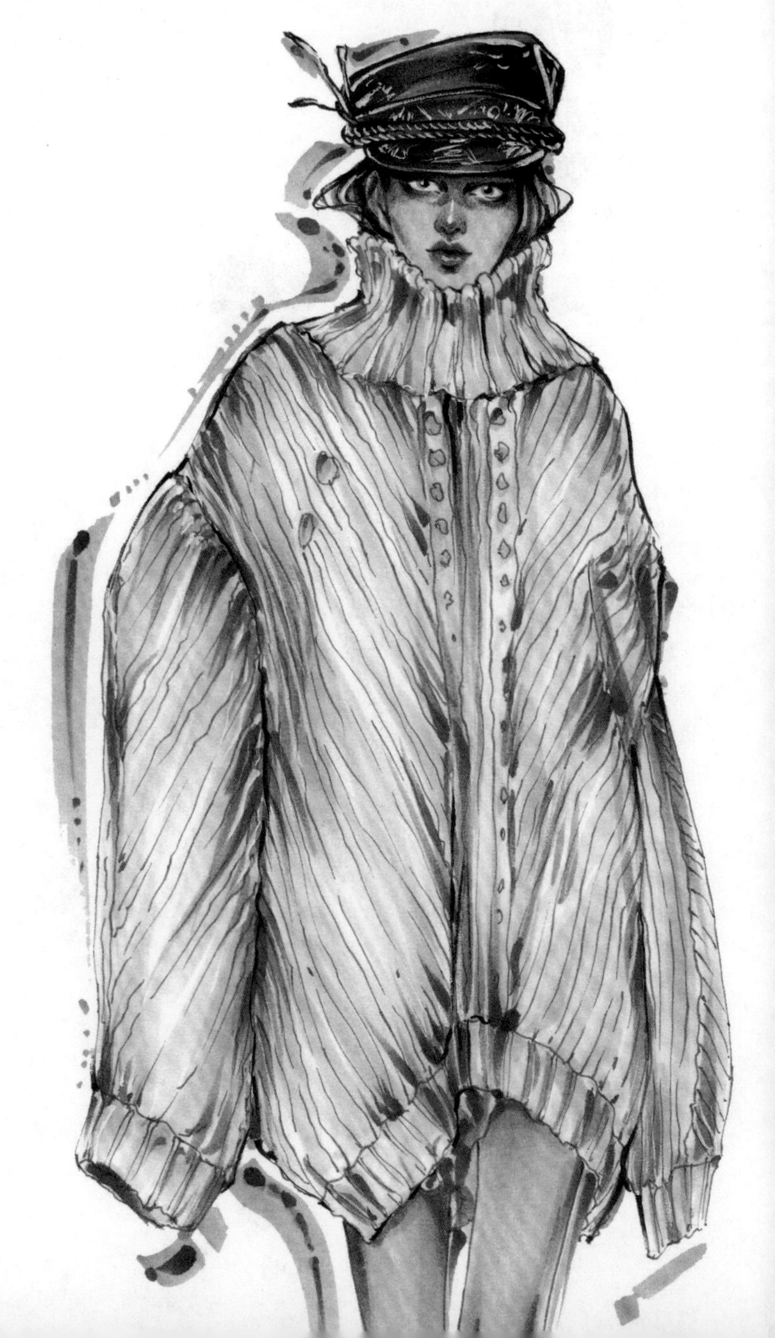

4.2.3 针织面料绘制练习

FS

4.3 皮革面料表现技法

皮革面料按制作方法可以分为真皮、再生皮、人造革和合成革 4 种，面料的表面有一种特殊的粒面层，质感光滑，手感舒适。皮革面料的用途广泛，深受现代人的喜爱，经常被用来制作风衣、夹克、外套、裤子等。画图时需注意面料本身的光泽和质感，可以用高光笔表现。

皮革面料小样手绘表现

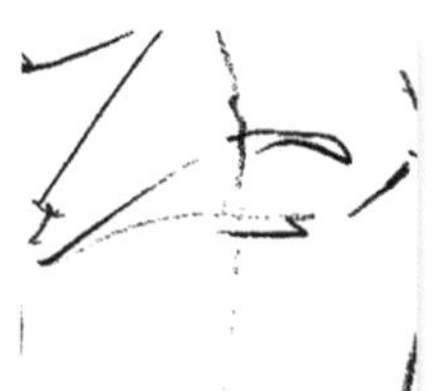

1 用铅笔绘制出线稿，画出褶皱线。

2 用黑色软头勾线笔进行勾线，注意线条的粗细变化。

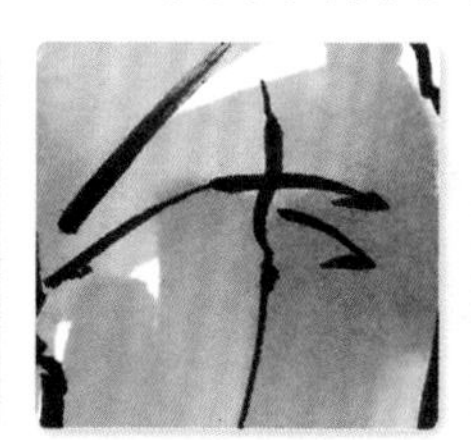

3 填充皮革的底色，黑色皮革一般用灰色马克笔表现。

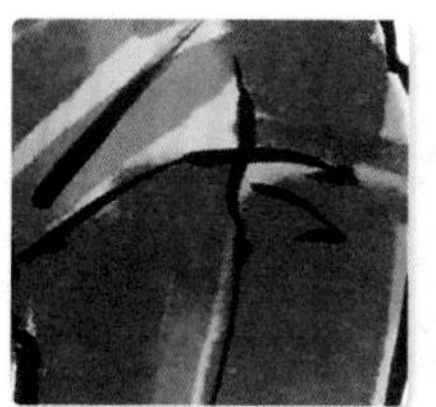

4 使用深灰色马克笔绘制黑色皮革的暗部，适当留白。

5 继续用黑色马克笔加深皮革的暗部，以增强明暗对比。

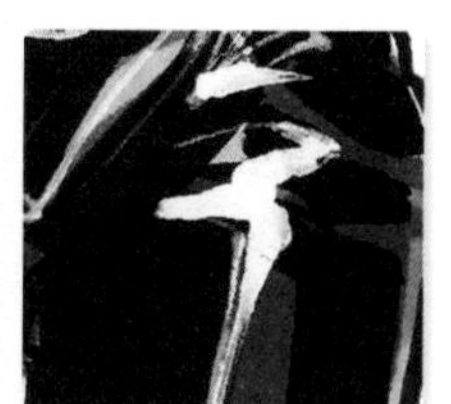

6 添加高光，参考褶皱线的位置和方向绘制高光。

4.3.1 皮革短上衣的表现

R373 RV363 RV209 BG82 PG38 E20 PG40 PG39 PG42 191 RV345 RV207

完整色卡展示

1. 绘制人体动态图。在标准人体动态图的基础上进行调整，将模特的右手臂调整成半弯曲状态，然后缩短辅助腿和重心腿之间的距离。

2. 绘制线稿。先画出模特五官、脸型、头发及耳坠的轮廓，然后画出外套、内衣、内裤、裙子、背包和鞋子的轮廓，最后画出皮革外套的内部结构线。

3. 开始勾线。先用 COPIC 0.05 号棕色勾线笔勾出五官、头发、耳坠、锁骨、手部、腿部和脚部的轮廓，然后用黑色硬头勾线笔勾出外套、内衣、内裤、裙子、背包、鞋子及所有铆钉的轮廓。也可以用黑色软头勾线笔勾线。

4. 填充皮肤色。用 COPIC 浅肤色马克笔 R000 或者法卡勒三代浅肤色马克笔 R373 填充头部、手部、脚部、躯干和大腿的颜色，用马克笔的软头进行平涂上色。

5. 添加皮肤的暗部色。先用肤色马克笔 RV363 加深眼睛、鼻子和嘴唇的暗部（鼻子的暗部主要集中在鼻头、两侧鼻翼和鼻底），然后继续加深颈部、锁骨、胸部、手部、大腿根部、膝盖、小腿和脚部的暗部。

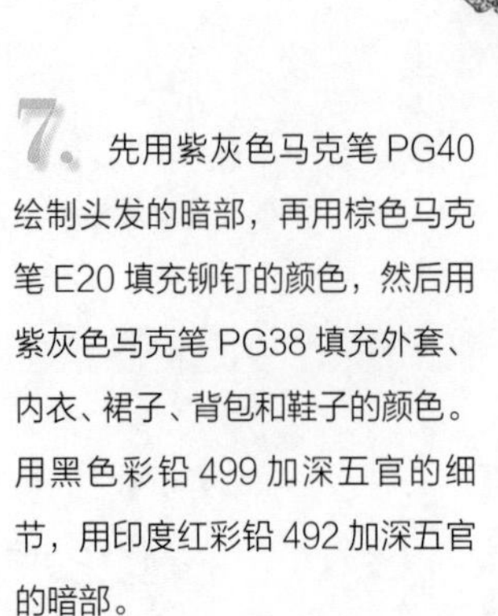

6. 用深肤色马克笔 RV209 继续加深五官和皮肤的暗部，主要加深眼窝、鼻底、颈部、胸部和大腿根部的阴影区域；然后用蓝绿色马克笔 BG82 绘制眼球的颜色；再用紫灰色马克笔 PG38 绘制头发的颜色。

7. 先用紫灰色马克笔 PG40 绘制头发的暗部，再用棕色马克笔 E20 填充铆钉的颜色，然后用紫灰色马克笔 PG38 填充外套、内衣、裙子、背包和鞋子的颜色。用黑色彩铅 499 加深五官的细节，用印度红彩铅 492 加深五官的暗部。

8. 加深头发和服装的暗部。用紫灰色马克笔 PG39 依次加深头发、外套、内衣、背包、裙子和鞋子的暗部，头发的暗部主要集中在头发的分缝位置和颈部的两侧。

9. 用紫灰色马克笔 PG42 继续加深头发和服装的暗部。

10. 用黑色马克笔 191 继续加深头发和服装的暗部。黑色是马克笔中最深的颜色，也是画面中最后一层的暗部颜色，上色时要注意控制笔触的方向和力度。

11. 添加过渡色。用紫灰色马克笔 PG39 进行绘制，然后用樱花 0.8 号金色油漆笔点缀外套、内裤、背包和鞋子上所有铆钉的颜色。

12. 绘制高光。用白色高光笔或者白色颜料分别画出五官、头发、外套、内衣、裙子、背包和鞋子的高光，并在每个铆钉的左上角点缀一个高光点。

13. 添加背景色。用紫红色马克笔 RV345 和 RV207 在画面的左侧添加背景色，先画浅色、再画深色，线条可以随着外侧边缘轮廓的凹凸变化而变化。

4.3.2 皮革紧身长裤的表现

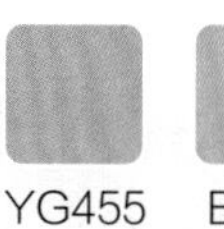

R373 R375 V332 V334 V126 E248 YG455 BG82 V125 YG456 B196 B115 BV317 BV192

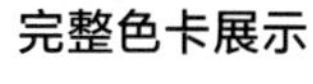

完整色卡展示

1. 绘制线稿。先在纸上画一幅标准的人体动态图，然后根据实际动态进行调整。画头部轮廓时注意头部的倾斜角度，模特的头部微侧，中线偏向画面的左侧。起型时先画出帽子、服装和鞋子的大轮廓，然后细化内侧的结构、褶皱和印花图案。

2. 开始勾线。先用 COPIC 0.05 号棕色勾线笔勾出五官、头发、肩膀、锁骨和手臂的轮廓，然后用慕娜美橄榄绿硬头勾线笔勾出上衣和背包的轮廓，再用黑色软头勾线笔勾出帽子、手套、裤子和靴子的轮廓，以及裤子上的褶皱线和上衣印花图案的轮廓线。

3. 填充皮肤色。用 COPIC 浅肤色马克笔 R000 或者法卡勒三代浅肤色马克笔 R373 均匀填充头部、颈部和手臂的颜色。

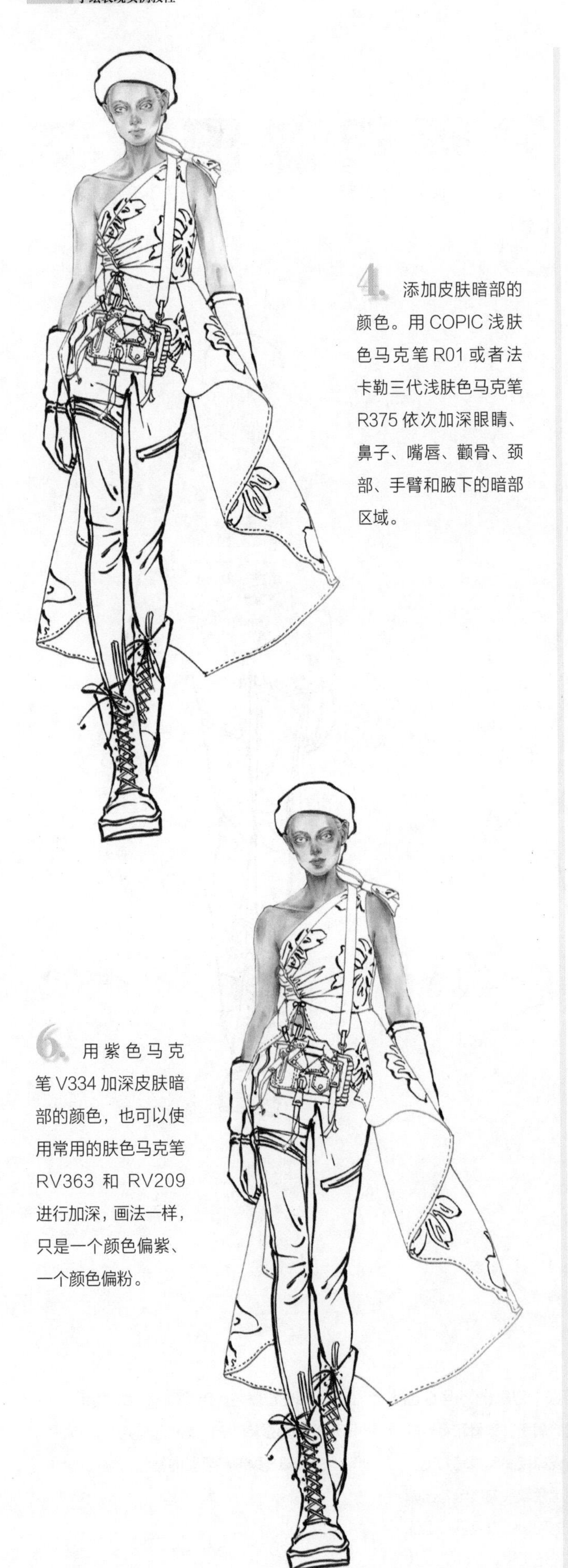

4. 添加皮肤暗部的颜色。用COPIC浅肤色马克笔R01或者法卡勒三代浅肤色马克笔R375依次加深眼睛、鼻子、嘴唇、颧骨、颈部、手臂和腋下的暗部区域。

5. 用淡紫色马克笔V332在皮肤的表层均匀上色，使颜色的过渡更加自然。

6. 用紫色马克笔V334加深皮肤暗部的颜色，也可以使用常用的肤色马克笔RV363和RV209进行加深，画法一样，只是一个颜色偏紫、一个颜色偏粉。

7. 填充深色服装的底色。用紫色马克笔V126分别填充帽子、手套、裤子和靴子的颜色，帽子横向运笔，手套、裤子和靴子竖向运笔；然后用棕色马克笔E248绘制头发的颜色。

8. 填充上衣和背包的颜色。用黄绿色马克笔 YG455 顺着衣服的结构进行上色，然后用蓝绿色马克笔 BG82 填充眼球的颜色，再用黑色彩铅 499 加深上眼线、下眼线、瞳孔、眉毛、鼻孔和嘴唇闭合线。

9. 先用黄绿色马克笔 YG455 分别在上衣和背包的暗部进行反复上色，主要加深褶皱位置、转折位置和上衣的后片；然后用紫色马克笔 V125 加深帽子、手套、裤子和靴子的暗部，以及上衣的印花图案。

10. 继续加深整体画面的暗部颜色。先用黄绿色马克笔 YG456 加深上衣的暗部，然后用深蓝色马克笔 B196 加深帽子、手套、裤子和靴子的暗部，以及上衣的印花图案。

11. 用深蓝色马克笔 B115 再加深一遍帽子、手套、裤子和靴子的暗部，以及上衣的印花图案，颜色由浅到深逐层进行加深，以增强画面效果。

12. 绘制高光。用高光笔或者白色颜料先画出五官的高光，再画出帽子、上衣、背包、裤子和靴子的高光，以及鞋子上的交叉鞋带，最后用一些密集的高光点点缀服装上的印花图案。

13. 用蓝紫色马克笔 BV317 和 BV192 绘制背景色，然后用慕娜美紫色勾线笔在背景色上画一些装饰性的点和线，完成最终画面。

4.3.3 皮革面料绘制练习

Moschino Ready-To-Wear.
Fall-Winter 2016/17.
EGGA. Xiao Ben
2018.05.23

4.4 皮草面料表现技法

皮草是用动物皮毛制成的服装，具有保暖的作用。皮草原料主要来源于狐狸、骆驼、貂、兔子、水獭等皮毛动物，画图时要特别注意轮廓边缘的处理手法，不能用一根整齐的线条表现，可以用多根有粗细变化的线条表现。

皮草面料小样手绘表现

1 绘制线稿，根据皮草的方向进行绘制。

2 用黑色软头毛笔进行勾线。

3 填充皮草中间的颜色，先画底色，再画暗部色。

4 填充皮草其余位置的颜色，用一深一浅两种颜色表现。

4.4.1 皮草连身裙的表现

R373 RV363 E435 E436 B325 RV209 BG82 CG268 B112 E133 BV108 B196 V335 V336

完整色卡展示

1. 绘制线稿。先画一个正面行走的人体动态，然后画头部、五官和头发的轮廓（头发轮廓高于头部轮廓），再画出皮草裙和靴子的轮廓。

2. 细化线稿。在人体动态的基础上画出皮草裙里侧的皮草线条和腰部结构线，然后细化靴子内侧的褶皱线。

3. 先用COPIC 0.05号棕色勾线笔勾出五官、颈部、手臂和手部的轮廓；然后用吴竹灰色软头勾线笔勾出皮草裙、裤子和靴子的轮廓，也可以用黑色软头勾线笔代替；再用浅肤色马克笔R373依次绘制头部、颈部、手臂和手部的颜色。

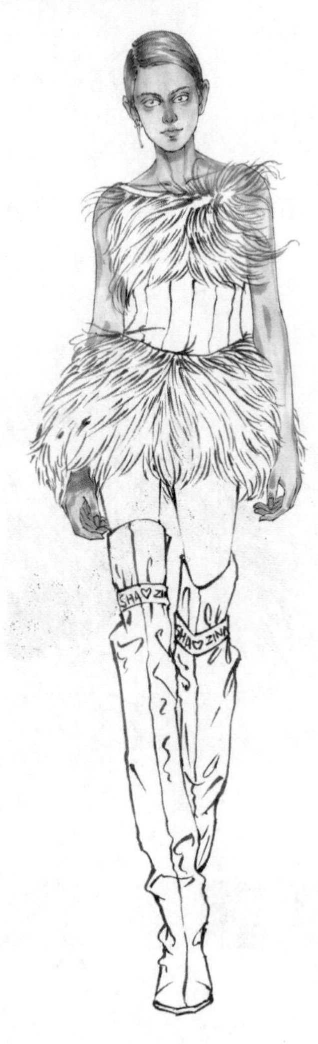

4. 添加皮肤暗部和头发的颜色。先用肤色马克笔RV363加深五官、颈部、锁骨、腋下、手臂和手部的阴影区域，然后用棕色马克笔E435填充头发的颜色。五官阴影主要集中在眼窝、鼻底和嘴唇的位置，颈部阴影主要集中在下巴和颈部连接的位置，手臂阴影主要集中在手臂两侧和手肘的位置。

5. 绘制头发和皮草裙的暗部。先用棕色马克笔E436绘制头发的暗部，深色主要集中在头发两侧和分缝的位置，然后用蓝色马克笔B325绘制皮草裙的颜色，再用深肤色马克笔RV209加深皮肤的暗部。

6. 先用蓝绿色马克笔BG82绘制眼球，再用冷灰色马克笔CG268绘制裤子的颜色，然后用蓝色马克笔B325绘制靴子的颜色，并用深蓝色马克笔B112绘制皮草裙的暗部（主要是领口和腰部的位置），最后用黑色彩铅499加深五官的细节。

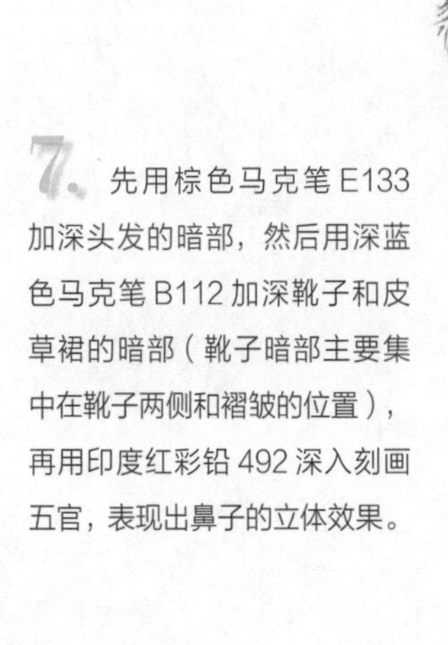

7. 先用棕色马克笔E133加深头发的暗部，然后用深蓝色马克笔B112加深靴子和皮草裙的暗部（靴子暗部主要集中在靴子两侧和褶皱的位置），再用印度红彩铅492深入刻画五官，表现出鼻子的立体效果。

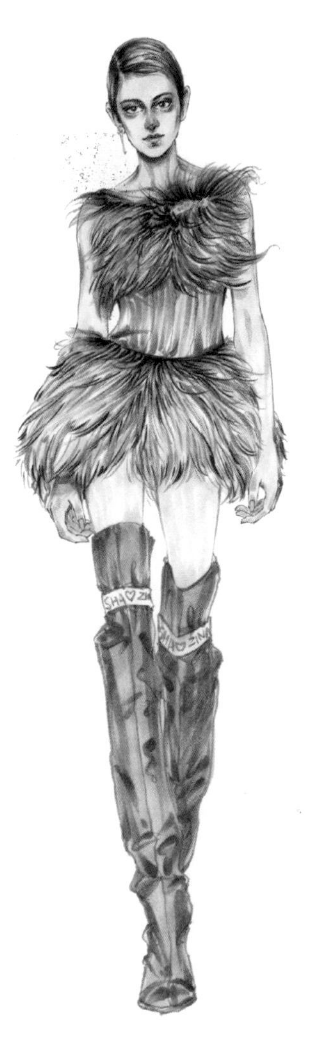

8. 继续加深皮草裙和靴子的暗部，用蓝紫色马克笔 BV108 加深皮草尖端的位置，让皮草裙的层次更加丰富。

9. 用颜色更深的深蓝色马克笔 B196 继续加深皮草裙和靴子的暗部，然后增加服装的细节，画出皮草裙腰部表层的面料纹理。

10. 绘制高光。先用白色高光笔或者白色颜料添加五官和头发的高光，再继续添加皮草裙和靴子的高光（皮草裙的高光主要在深色线条的表层，靴子的高光主要在靴子分割线和褶皱的位置）。

11. 添加背景色。先用浅紫色马克笔 V335 在画面的左侧上色，然后用深紫色马克笔 V336 在浅紫色的表层画装饰性的点和线，靠近皮草边缘位置的线条可以画得灵活一些，不用画成一根完整的线条。

4.4.2 皮草短外套的表现

完整色卡展示

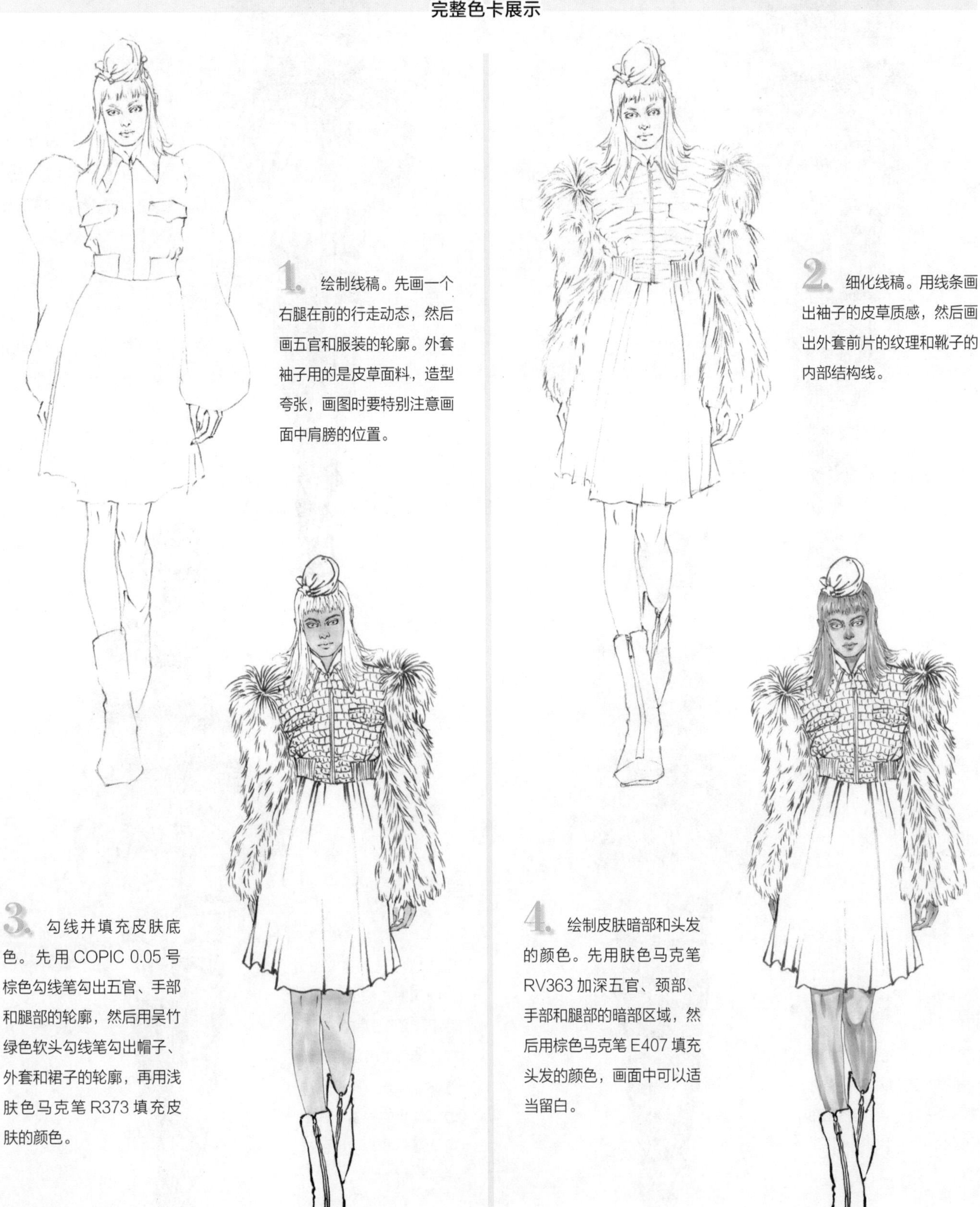

1. 绘制线稿。先画一个右腿在前的行走动态，然后画五官和服装的轮廓。外套袖子用的是皮草面料，造型夸张，画图时要特别注意画面中肩膀的位置。

2. 细化线稿。用线条画出袖子的皮草质感，然后画出外套前片的纹理和靴子的内部结构线。

3. 勾线并填充皮肤底色。先用COPIC 0.05号棕色勾线笔勾出五官、手部和腿部的轮廓，然后用吴竹绿色软头勾线笔勾出帽子、外套和裙子的轮廓，再用浅肤色马克笔R373填充皮肤的颜色。

4. 绘制皮肤暗部和头发的颜色。先用肤色马克笔RV363加深五官、颈部、手部和腿部的暗部区域，然后用棕色马克笔E407填充头发的颜色，画面中可以适当留白。

5. 加深皮肤和头发的暗部，并填充鞋子的颜色。先用深肤色马克笔 RV209 加深五官、颈部、手部和腿部的暗部，然后用棕色马克笔 E407 填充右脚靴子的颜色，再用棕色马克笔 E408 填充左脚靴子的颜色，并继续用棕色马克笔 E408 加深头发的暗部。

6. 先用棕色马克笔 E168 加深头发和左脚靴子的暗部，然后用棕色马克笔 E408 加深右脚靴子的暗部，再用黑色彩铅 499 加深五官细节和颈部的暗部，最后用黄绿色马克笔 YG23 填充外套的颜色。

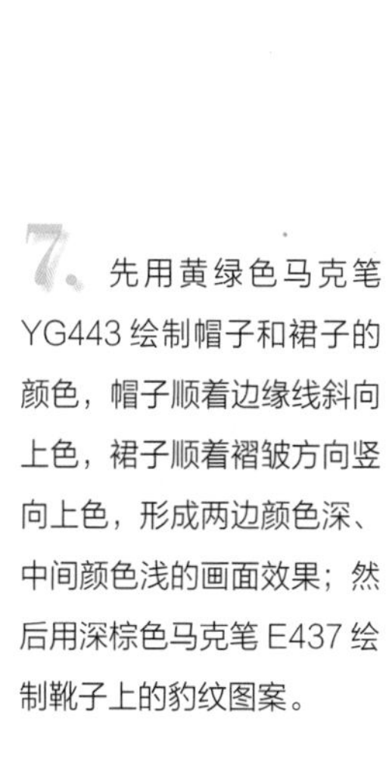

7. 先用黄绿色马克笔 YG443 绘制帽子和裙子的颜色，帽子顺着边缘线斜向上色，裙子顺着褶皱方向竖向上色，形成两边颜色深、中间颜色浅的画面效果；然后用深棕色马克笔 E437 绘制靴子上的豹纹图案。

8. 加深帽子、外套和裙子的暗部。先用黄绿色马克笔 YG455 加深外套前片每个小格子的暗部，然后用黄绿色马克笔 YG456 加深帽子和裙子的暗部。

9. 继续加深皮草的暗部。先用黄绿色马克笔 YG456 加深外套的暗部，然后用蓝绿色马克笔 BG82 填充眼球的颜色，再用黑色彩铅 499 加深头发的暗部，最后用黑色马克笔 191 或者黑色勾线笔强调服装的部分轮廓线。

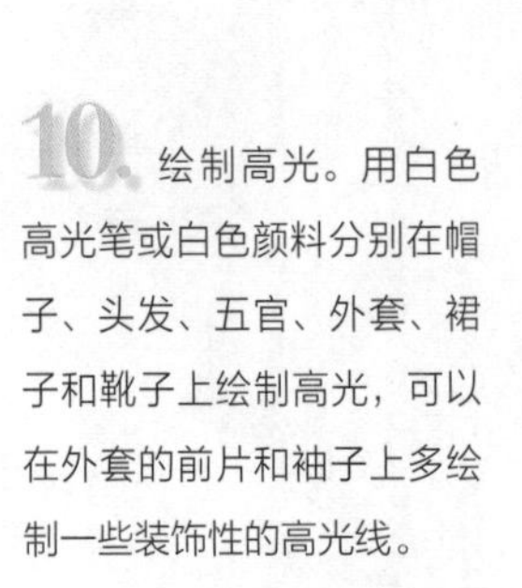

10. 绘制高光。用白色高光笔或白色颜料分别在帽子、头发、五官、外套、裙子和靴子上绘制高光，可以在外套的前片和袖子上多绘制一些装饰性的高光线。

11. 添加背景色。用蓝紫色马克笔 BV110 在画面的左侧上色。背景色也是画面的一部分，颜色的选择需要考虑整体的画面效果。

4.4.3 皮草面料绘制练习

VEGGA. 2017.06.04.

4.5 PVC 面料表现技法

PVC 是一种塑料材料，分为硬 PVC 和软 PVC 两种，主要用于地板、天花板及皮革的表层。近几年采用 PVC 面料的服装也逐渐出现在服装秀场中，现在市面上能够看到的服装上的 PVC 材质基本都是小面积的应用，画 PVC 面料主要是画它的透明质感和光泽感。

PVC 面料小样手绘表现

1. 绘制线稿，用简单的线条表现材质的特点。
2. 绘制 PVC 面料里层的面料颜色。
3. 直接在里层面料颜色的表层覆盖一层 PVC 面料的颜色。
4. 增加 PVC 面料的暗部颜色。
5. 用深色马克笔继续加深 PVC 面料的暗部，以丰富过渡的层次。
6. 绘制高光，PVC 面料的高光区域非常多。

4.5.1 PVC 连身裙的表现

R373 R375 RV363 RV209 E248 WG464 E12 WG466 Y224 NG276 NG279 Y2 TG253

完整色卡展示

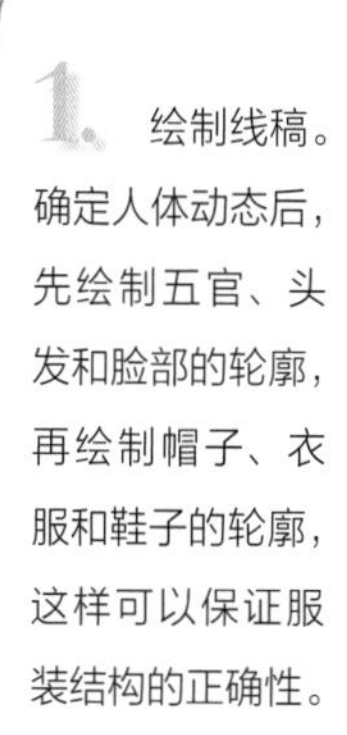

1. 绘制线稿。确定人体动态后，先绘制五官、头发和脸部的轮廓，再绘制帽子、衣服和鞋子的轮廓，这样可以保证服装结构的正确性。

2. 开始勾线。先用 COPIC 0.05 号棕色勾线笔勾出五官、头发、手臂和腿部的轮廓，然后用慕娜美灰色硬头勾线笔勾出帽子、服装和鞋子的轮廓。

3. 填充皮肤色。用浅肤色马克笔 R373 填充头部、颈部、躯干、手臂和小腿的颜色，躯干部分主要填充锁骨和腰部。

4、添加皮肤暗部的颜色。用COPIC浅肤色马克笔R01或者法卡勒三代浅肤色马克笔R375加深五官、颈部、手臂、腰部和小腿的暗部。

5、继续加深皮肤的暗部。先用颜色浅一些的肤色马克笔RV363依次加深内眼角、外眼角、鼻底、嘴唇、上臂、腰部和小腿的暗部，然后用深肤色马克笔RV209再加深一遍上述位置。

6、添加头发和PVC面料的颜色。先用棕色马克笔E248填充头发的颜色，再用暖灰色马克笔WG464绘制帽子、衣服和鞋子的颜色。因为暖灰色马克笔WG464的颜色特别浅，所以上色时不用过多考虑上色技巧和笔触方向，直接用马克笔的宽头进行大面积上色即可。

7、绘制头发和PVC面料的暗部。先用棕色马克笔E12绘制头发的暗部，然后用暖灰色马克笔WG466绘制帽子、衣服和鞋子的暗部（暗部颜色主要集中在侧面、结构线和转折的位置），再用黑色彩铅499依次加深眉毛、上眼线、下眼线、瞳孔、鼻孔和嘴唇闭合线。

8. 添加里层服装的颜色。先用黄色马克笔 Y224 绘制上衣里层和裙子内侧的颜色，然后继续用 Y224 绘制腰部两侧的图案颜色，再用中灰色 NG276 和 NG279 两个颜色加深 PVC 面料和鞋子的暗部。

9. 用黄色马克笔 Y2 加深里层服装的暗部，再用黑色彩铅 499 加深 PVC 面料的暗部。彩铅笔的笔触细腻，可以用来深入刻画细节。

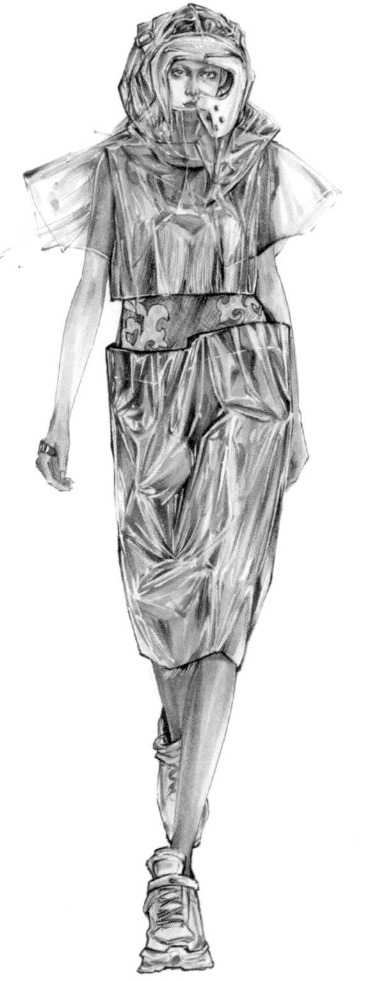

10. 绘制高光。因为使用了很多黑色彩铅笔上色，而高光笔在彩铅笔上不易上色，所以用白色高光颜料绘制 PVC 面料的高光。PVC 面料本身的高光区域非常多，需要在表层绘制大量的高光线。

11. 添加背景色。先用碳灰色马克笔 TG253 在人体的一侧添加颜色，再用 COPIC 黄色宽头马克笔 Y15 或者法卡勒三代黄色马克笔 Y2 在身体的两侧添加颜色，完成绘制。

4.5.2 PVC 风衣外套的表现

完整色卡展示

1. 绘制线稿。先画出服装里层的人体动态，再画出五官、帽子、外套、腰带和鞋子的轮廓，以及外套内部的结构线，保持线稿和画面整洁。

2. 继续用铅笔画出外套里层服装上的圆点图案，以方便后期上色，然后用 COPIC 0.05 号棕色勾线笔勾出五官、手部和腿部的轮廓。

3. 填充皮肤色。用 COPIC 浅肤色马克笔 R000 或法卡勒三代浅肤色马克笔 R373 绘制头部、手部和腿部的颜色，用马克笔的软头上色。

4. 添加皮肤暗部的颜色。用 COPIC 浅肤色马克笔 R01 或者法卡勒三代浅肤色马克笔 R375 先加深一遍五官、颈部、手部和腿部的暗部，再用深肤色马克笔 RV209 加深一遍上述位置。

5. 填充服装和鞋子的颜色。用冷灰色马克笔 CG268 填充帽子、外套和鞋子的颜色。帽子的上色技巧是，用马克笔的斜头或者软头顺着帽子的弧线边缘进行运笔和上色，线条不要画成直线。

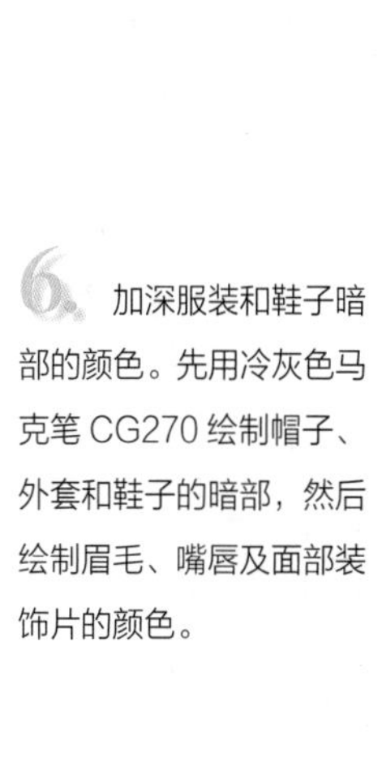

6. 加深服装和鞋子暗部的颜色。先用冷灰色马克笔 CG270 绘制帽子、外套和鞋子的暗部，然后绘制眉毛、嘴唇及面部装饰片的颜色。

7. 先用绿色马克笔 G80 分别在面部、肩部、袖子和衣摆的位置添加少量绿色，然后用蓝色马克笔 B240 和 B241 分别在领口、腰带、袖口和衣摆的位置添加少量蓝色，再用冷灰色马克笔 CG271 加深帽子、外套和鞋子的暗部。

8. 用冷灰色马克笔CG272继续加深五官、帽子、外套和鞋子的暗部。

9. 先用黑色彩铅499加深五官的细节，然后用深灰色马克笔CG274加深帽子、外套和鞋子的暗部，再用蓝绿色马克笔BG84填充眼球，并在外套的领口、胸部、袖子上添加部分蓝绿色线条，以增强画面效果。

10. 用深蓝色马克笔B291继续加深帽子和外套的暗部，然后用黑色彩铅499深入刻画五官、帽子和外套的暗部区域，主要加深PVC面料的暗部。

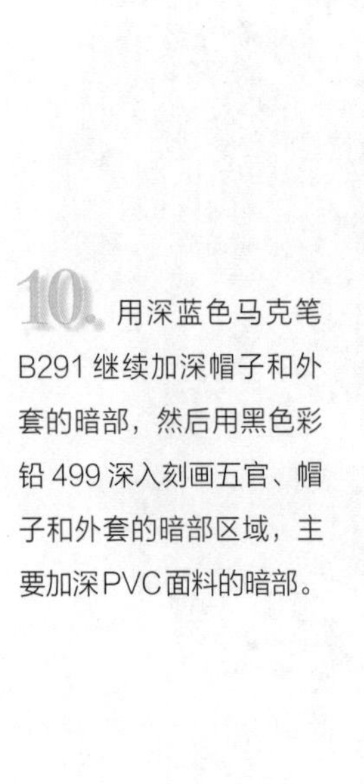

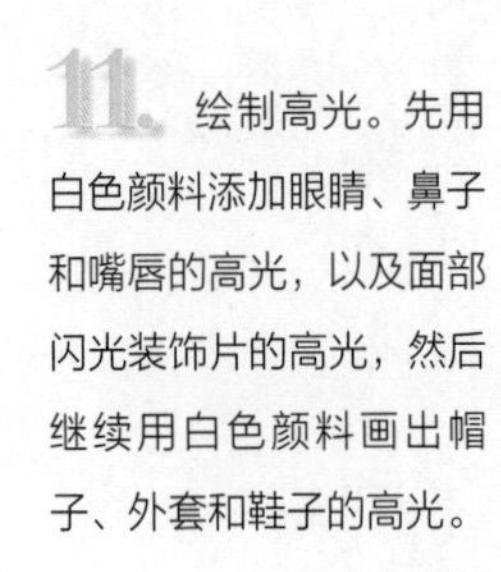

11. 绘制高光。先用白色颜料添加眼睛、鼻子和嘴唇的高光，以及面部闪光装饰片的高光，然后继续用白色颜料画出帽子、外套和鞋子的高光。

12. 添加背景色。为了更好地呼应画面，可以选择服装中出现的颜色作为背景色。服装整体颜色偏灰，可以选择蓝色系的B290和B291，既能提亮画面，又能和画面起到很好的呼应作用。

4.5.3 PVC 面料绘制练习

4.6 薄纱面料表现技法

薄纱面料的质地轻薄、透明，手感柔顺且富有弹性，具有良好的透气性和悬垂性，穿着飘逸、舒适，主要用来制作夏季服装。薄纱是一种半透明面料，面料透明度的高低由面料本身的厚度决定，面料越薄，透明度越高。薄纱面料服装效果图的表现技法是先画里层服装或面料的颜色，再画表层薄纱面料的颜色。

薄纱面料小样手绘表现

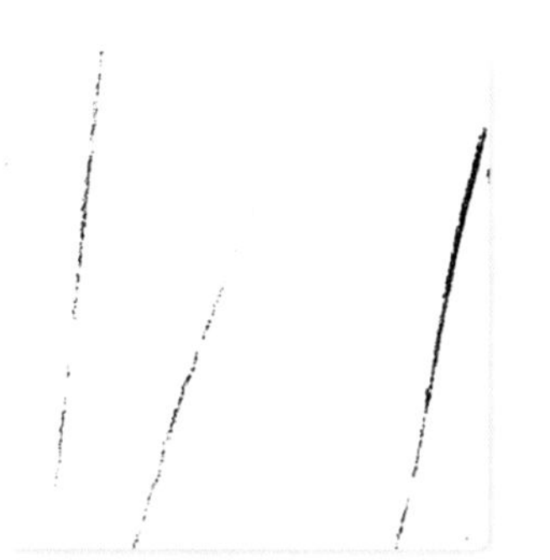

1 绘制简单的线稿。

2 用彩色勾线笔进行勾线。

3 用马克笔均匀绘制底色。

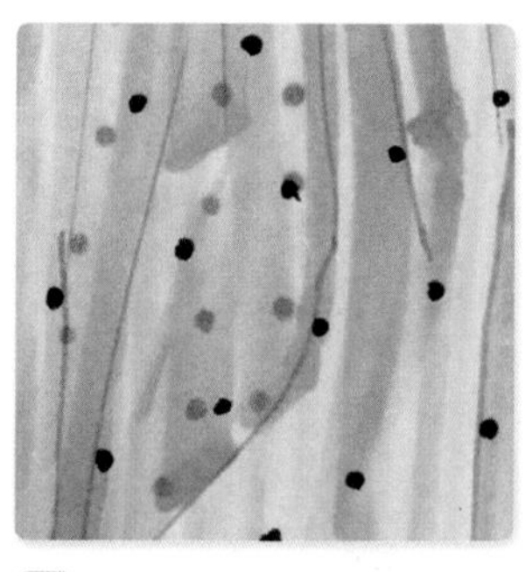

4 绘制面料上的图案，用颜色来区分表层和里层的关系，表层颜色深，里层颜色浅。

4.6.1 薄纱连身压褶裙的表现

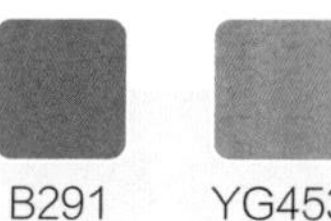

R373 R375 RV209 BG82 E435 E436 E133 B290 YG228 B291 YG453 B292

完整色卡展示

1. 绘制线稿。先画人体动态图，再画服装和鞋子的轮廓。服装的层次较多，外层是PVC胸衣，中间是薄纱连衣裙，里层是打底裤，表层和中间服装都是透明材质，所以起型时要将3层服装的轮廓线都画出来。

2. 开始勾线。先用COPIC 0.05号棕色勾线笔勾出五官、头发、颈部、手臂、手部、打底裤和腿部的轮廓，然后用慕娜美翠绿色勾线笔勾出最外层的胸衣轮廓，再用慕娜美蓝色勾线笔勾出连衣裙和鞋子的轮廓。

3. 填充皮肤色。用浅肤色马克笔R373填充头部、颈部、躯干、手臂、手部、打底裤和腿部的颜色。因为表层服装都是透明材质，颜色也是偏浅的绿色和蓝色，遮不住里层皮肤的颜色，所以上色时要先将里面的皮肤颜色画出来，再添加表层服装的颜色。

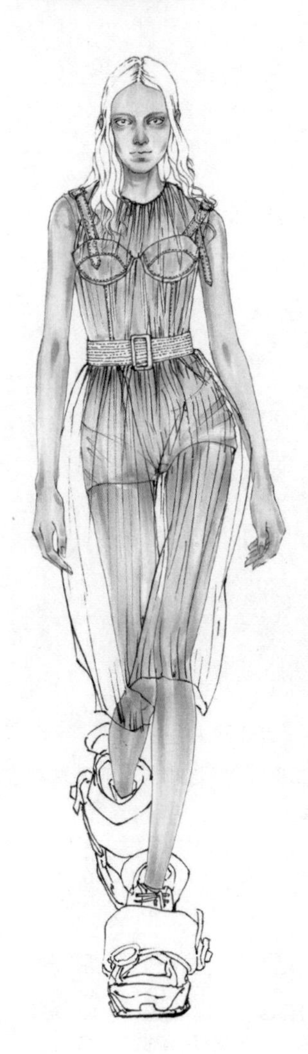

4. 填充皮肤暗部的颜色。用COPIC浅肤色马克笔R01或者法卡勒三代浅肤色马克笔R375绘制皮肤的暗部，分别加深五官、颈部、手臂、躯干和腿部的阴影区域。

5. 继续加深皮肤的暗部。先用深肤色马克笔RV209再加深一遍皮肤的暗部，主要加深颈部、腰部、裆底部和辅助腿小腿的位置；然后用蓝绿色马克笔BG82填充眼球的颜色。

6. 绘制头发的颜色。先用棕色马克笔E435填充头发的颜色，头顶两侧的高光可以直接留白；然后在嘴唇上点缀一些绿色和黄色，可以用彩铅笔或者慕娜美彩色勾线笔绘制。

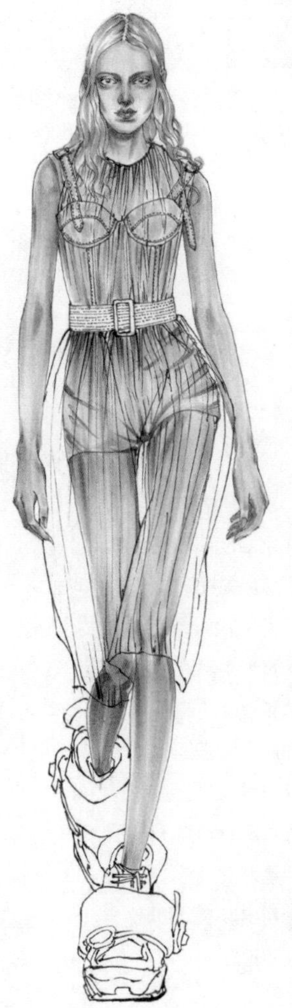

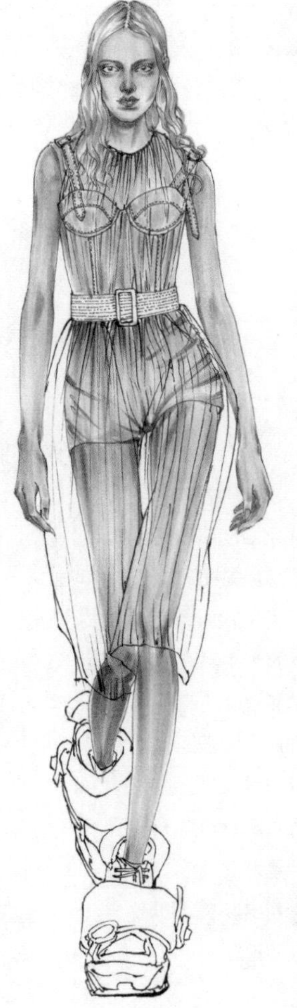

7. 先用棕色马克笔E436绘制头发的暗部，再用深棕色马克笔E133加深一遍头发的暗部，然后用黑色彩铅499加深上眼线、下眼线、瞳孔、鼻孔和嘴唇闭合线，最后用蓝色马克笔B290绘制连衣裙和鞋子的颜色。

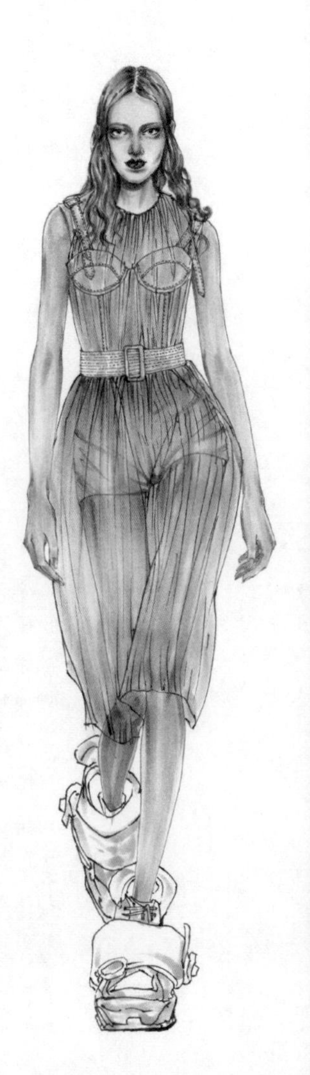

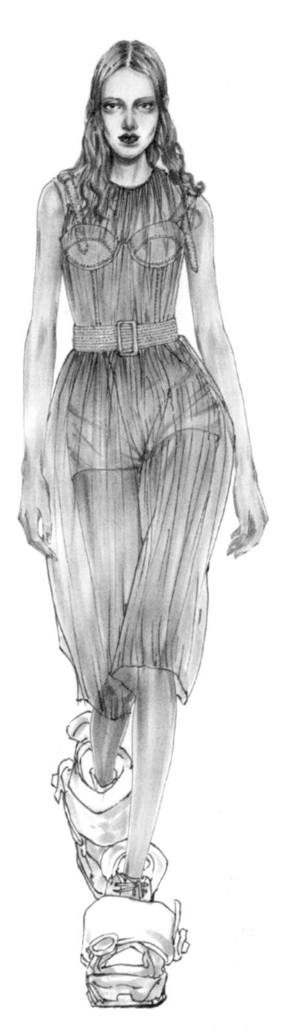

8. 添加 PVC 材质胸衣的颜色。用黄绿色马克笔 YG228 顺着胸衣的结构进行上色，肩带竖向上色，胸部弧线上色，腰部横向上色，中间竖向上色。

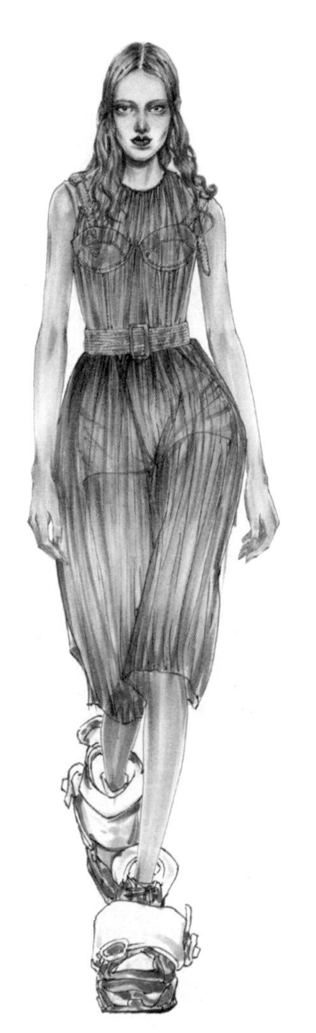

9. 用蓝色马克笔 B291 加深连衣裙和鞋子的暗部，然后用黄绿色马克笔 YG453 加深胸衣的暗部。

10. 继续加深连衣裙和鞋子的暗部。用蓝色马克笔 B292 分别在领口、腰部、裙摆两侧和鞋子的位置进行上色，以增强画面的对比。

11. 绘制高光。用白色颜料先画出五官和头发的高光，然后画出胸衣、连衣裙和鞋子的高光。胸衣是 PVC 材质，可以在表面多画一些高光线。

12. 添加背景色。用淡蓝色马克笔 B290 的宽头绘制背景，背景线条可以围绕在身体的两侧。

4.6.2 薄纱连身透明裙的表现

完整色卡展示

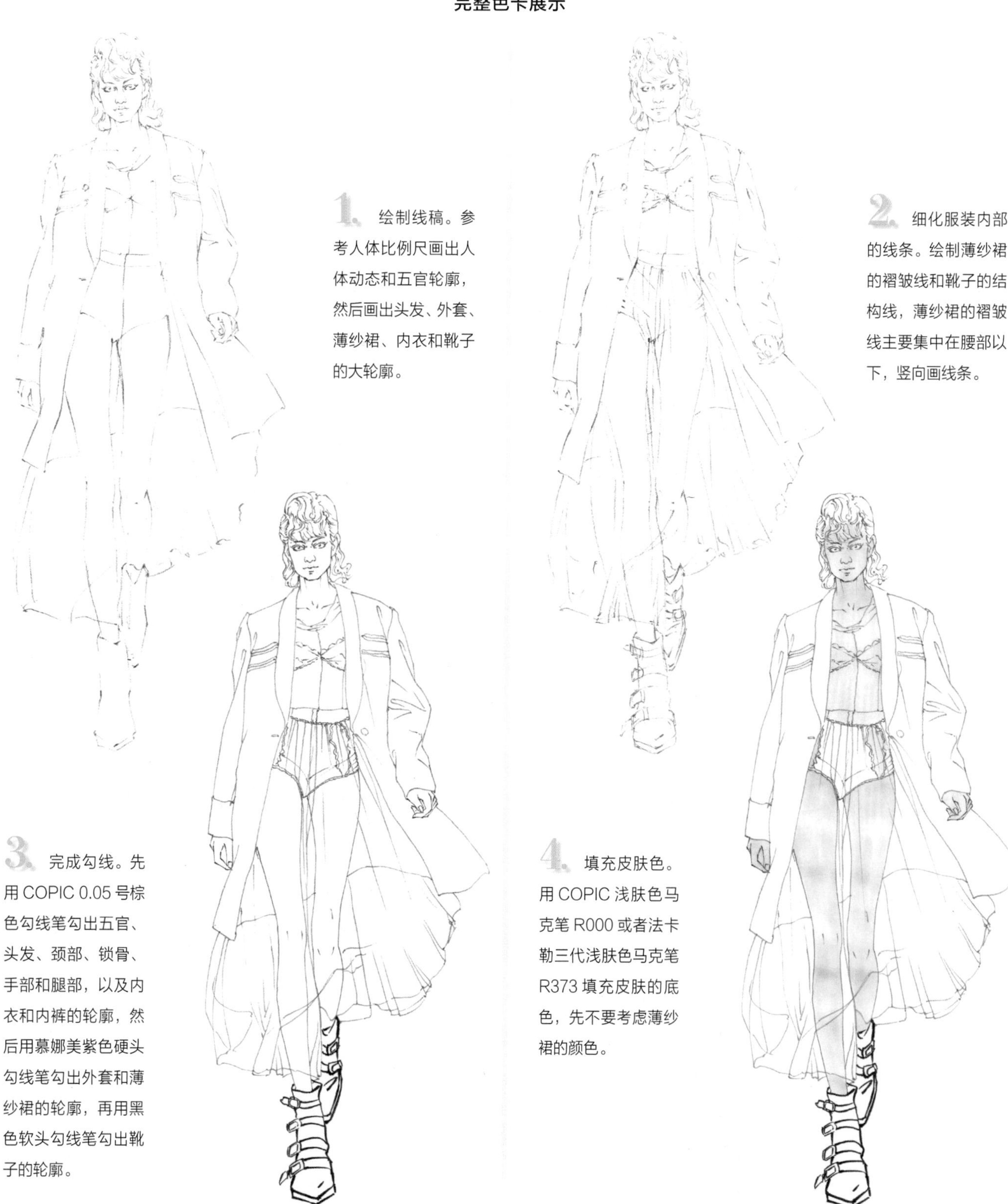

1. 绘制线稿。参考人体比例尺画出人体动态和五官轮廓，然后画出头发、外套、薄纱裙、内衣和靴子的大轮廓。

2. 细化服装内部的线条。绘制薄纱裙的褶皱线和靴子的结构线，薄纱裙的褶皱线主要集中在腰部以下，竖向画线条。

3. 完成勾线。先用 COPIC 0.05 号棕色勾线笔勾出五官、头发、颈部、锁骨、手部和腿部，以及内衣和内裤的轮廓，然后用慕娜美紫色硬头勾线笔勾出外套和薄纱裙的轮廓，再用黑色软头勾线笔勾出靴子的轮廓。

4. 填充皮肤色。用 COPIC 浅肤色马克笔 R000 或者法卡勒三代浅肤色马克笔 R373 填充皮肤的底色，先不要考虑薄纱裙的颜色。

5. 添加皮肤暗部的颜色。先用肤色马克笔 RV363 加深五官的暗部，然后继续加深颈部、胸部、手部、大腿根部、膝盖和小腿的暗部，以及外套在身体上所形成的阴影区域，主要加深辅助腿的小腿位置。

6. 填充头发和靴子的颜色。先用棕色马克笔 E435 绘制头发的颜色，直接留出头发的高光；然后用紫色马克笔 V334 填充靴子的颜色，用宽头在靴子的两侧竖向上色，笔触间略微留白，不用全部涂满。

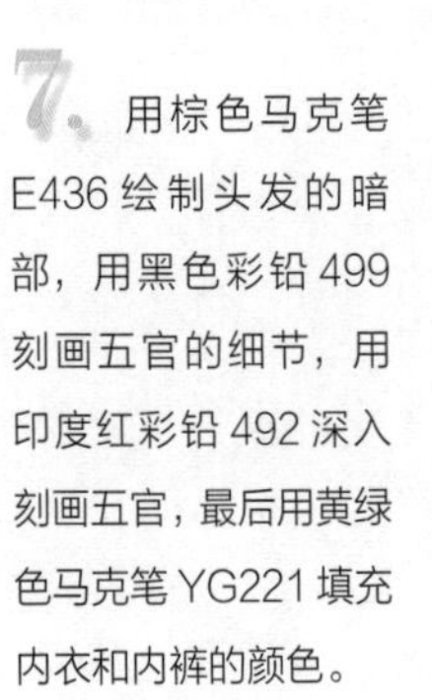

7. 用棕色马克笔 E436 绘制头发的暗部，用黑色彩铅 499 刻画五官的细节，用印度红彩铅 492 深入刻画五官，最后用黄绿色马克笔 YG221 填充内衣和内裤的颜色。

8. 填充外套和薄纱裙的颜色。用紫色马克笔 V332 的宽头根据衣服的结构进行上色，由于模特的左手臂弯曲，手肘位置会穿插横向的褶皱线，上色时可以横向运笔，其他位置则顺着衣服的结构竖向运笔，笔触之间适当留白。

9. 加深头发和内衣的暗部。先用深棕色马克笔 E133 加深头发的暗部，然后用黄绿色马克笔 YG14 加深内衣的暗部，再用蓝绿色马克笔 BG82 绘制眼球的颜色。

10. 加深皮肤的暗部。用深肤色马克笔 RV209 继续加深头部、颈部、胸部和腿部的暗部。

11. 绘制服装和靴子的暗部。先用紫色马克笔 V333 加深外套和薄纱裙的暗部，主要加深肩膀、领口、袖子内侧、外套后片和褶皱线的位置；然后用紫色马克笔 V125 加深靴子的暗部。

12. 继续加深服装和靴子的暗部。用紫色马克笔 V334 加深外套和薄纱裙的暗部，再用深紫色马克笔 V127 加深靴子的暗部。

13. 添加外套的轮廓线。因为外套和薄纱裙的颜色一样，为了更好地区分两件衣服的轮廓，可以用黑色软头勾线笔勾出部分外套的轮廓。

14. 绘制高光。用樱花 0.8 号白色高光笔先画出五官和头发的高光，再画出外套、薄纱裙和靴子的高光。薄纱裙的高光可以用一些竖向的高光线条表现，里层的内衣和内裤不需要绘制高光。

John Galliano Spring 2018
Ready-to-Wear.
VEGGA.
2018.10.26~

15. 添加背景色。用蓝紫色马克笔 BV319 和 BV320 两种颜色绘制背景。可以先用颜色浅一些的 BV319 围绕服装的外侧轮廓上色，上色时注意线条的笔触变化，再用颜色深一些的 BV320 在浅色的基础上添加部分装饰性的点和线，完成整体效果的绘制。

4.6.3 薄纱面料绘制练习

VEGGA

4.7 蕾丝面料表现技法

蕾丝面料的用途非常广，不仅出现在服装业，还覆盖了整个纺织业，例如内衣和家纺。蕾丝面料单薄、透气、层次感强，是夏季服装面料的最好选择。服装设计效果图中蕾丝面料的特点和薄纱面料相似，都是先画里层人体或服装的颜色，再画表层蕾丝的颜色和花纹。

蕾丝面料小样手绘

1 绘制线稿并画出蕾丝花纹的轮廓。

2 用红色勾线笔进行勾线，然后绘制里层皮肤的颜色。

3 绘制蕾丝面料的颜色。

4 绘制蕾丝面料的暗部，以丰富画面的层次。

4.7.1 蕾丝连身吊裙的表现

R373 R375 RV209 E435 E133 R358 R145 E134 RV208 RV152 191 CG268 CG270 CG271

完整色卡展示

1. 绘制线稿。先画出适合的人体动态，然后根据“三庭五眼”的比例位置画出头部和五官的轮廓，再画出帽子、连身吊裙和鞋子的轮廓。

2. 开始勾线。先用COPIC 0.05号棕色勾线笔勾出五官、颈部、手臂、手部和腿部的轮廓，然后用慕娜美红色和黑色两支硬头勾线笔勾出裙子的轮廓，再用慕娜美灰色勾线笔勾出帽子和鞋子的轮廓。

3. 填充皮肤色。用浅肤色马克笔 R373 绘制头部、颈部、上半身、手臂、手部、腰部、小腿和部分大腿的颜色。裙子表层是透明的 PVC 面料，上色时要特别注意透出来的人体部分。

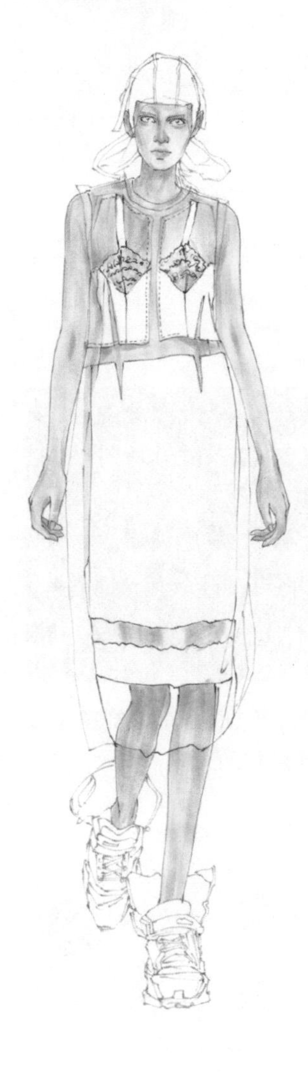

4. 填充皮肤暗部的颜色。用COPIC浅肤色马克笔R01或者法卡勒三代浅肤色马克笔R375绘制皮肤的暗部，主要加深五官、颈部、腋下和膝盖的位置。

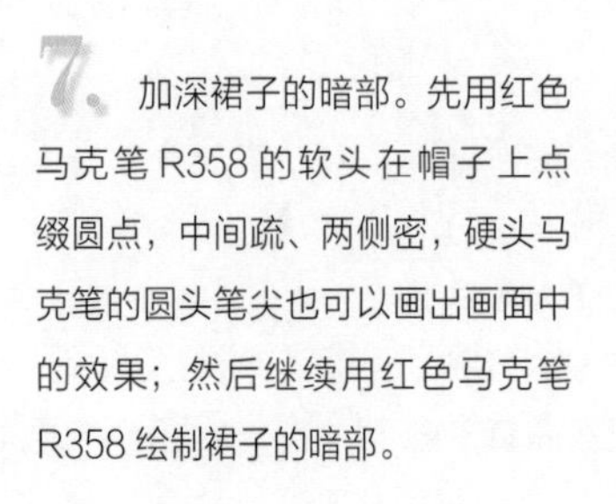

5. 继续加深皮肤的暗部。用深肤色马克笔RV209再加深一遍皮肤的暗部；然后用黑色彩铅499深入刻画五官的细节，以加强五官的立体效果；最后用棕色马克笔E435依次绘制肩带、胸部蕾丝、裙摆和鞋子里层的颜色。

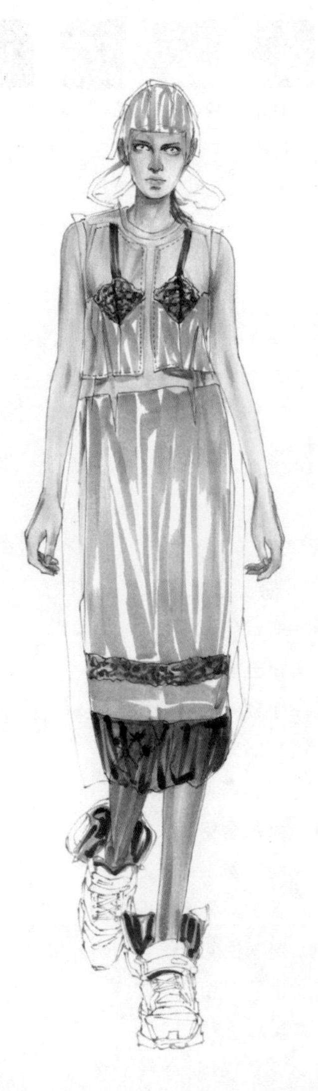

6. 用浅肤色马克笔R373绘制帽子和裙子的颜色，用深棕色马克笔E133加深肩带、胸部蕾丝、裙摆和鞋子的暗部，然后继续用深棕色马克笔E133绘制胸部和裙摆处蕾丝面料表层的花纹。

7. 加深裙子的暗部。先用红色马克笔R358的软头在帽子上点缀圆点，中间疏、两侧密，硬头马克笔的圆头笔尖也可以画出画面中的效果；然后继续用红色马克笔R358绘制裙子的暗部。

8. 继续加深裙子的暗部。用深红色马克笔 R145 加深帽子和裙子的暗部，帽子上的闪光效果还是用点的方式去表现，且两侧颜色最重；然后用深棕色马克笔 E134 再加深一遍肩带、胸部蕾丝和裙摆蕾丝的暗部，以及蕾丝上的花纹图案。

9. 用暗紫红色马克笔 RV208 和 RV152 继续加深裙子的暗部，然后用黑色马克笔 191 加深肩带、胸部蕾丝和裙摆蕾丝的暗部，颜色由浅到深，逐层叠加。

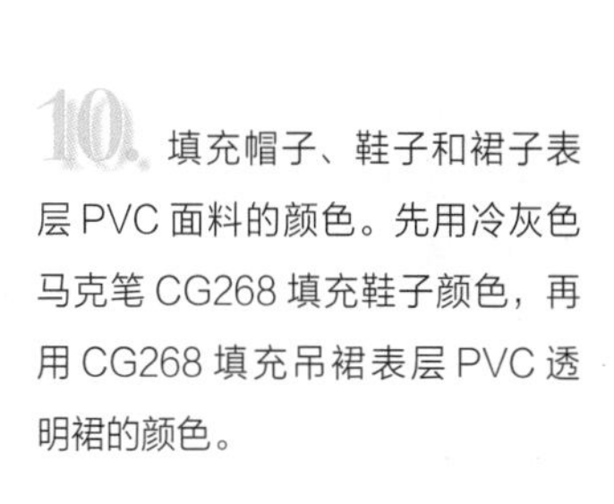

10. 填充帽子、鞋子和裙子表层 PVC 面料的颜色。先用冷灰色马克笔 CG268 填充鞋子颜色，再用 CG268 填充吊裙表层 PVC 透明裙的颜色。

11. 先用冷灰色马克笔 CG270 绘制帽子、鞋子和吊裙表层 PVC 面料的暗部，再用深一些的冷灰色马克笔 CG271 继续加深暗部颜色。

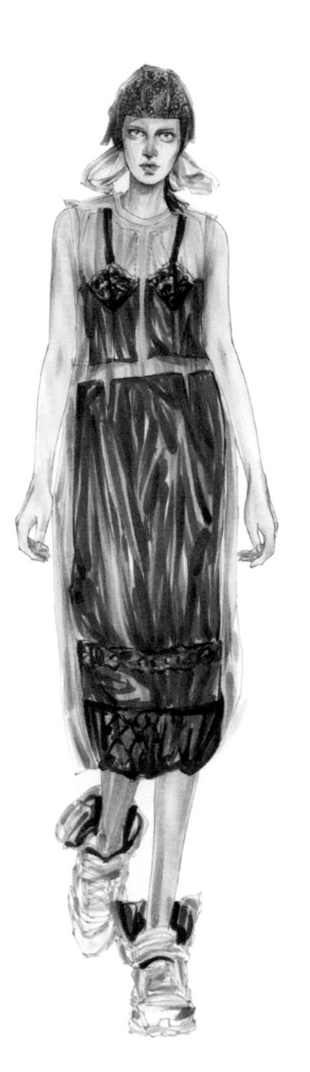

12. 绘制高光。用白色高光颜料先画出五官的高光，再画出帽子、裙子和鞋子的高光。注意，PVC 面料的光泽感强，需要适当增加帽子和裙子表层的高光面积。

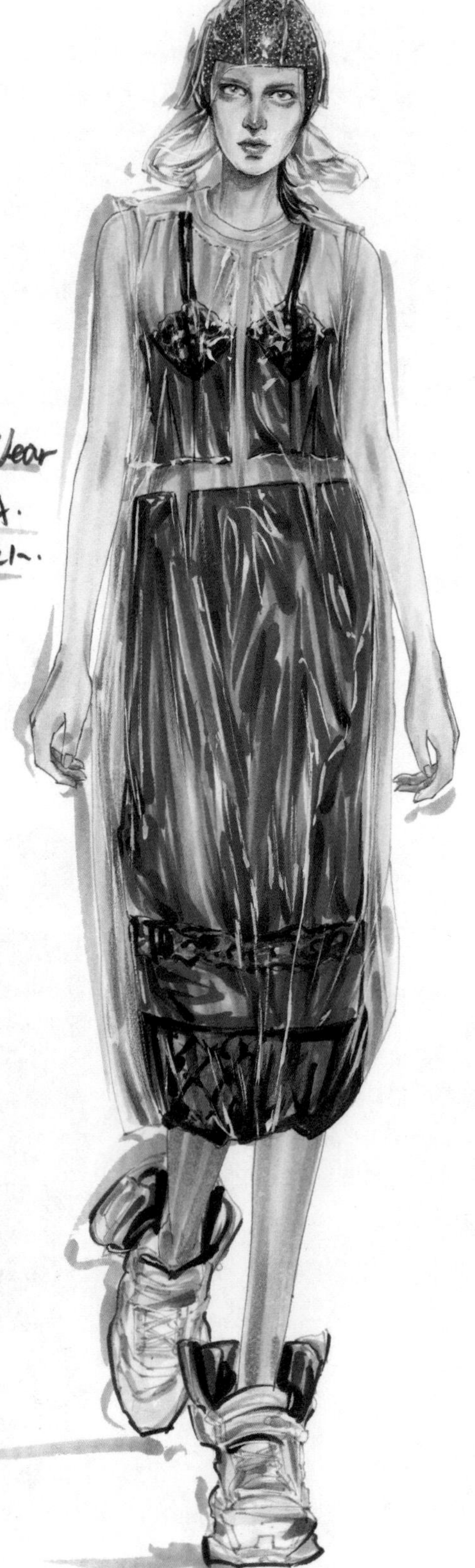

13. 添加背景色。背景色选用的是和 PVC 面料一样的冷灰色 CG270 和 CG271，在画面的左侧进行添加，先用浅色 CG270 绘制，再用深色 CG271 绘制。

4.7.2 蕾丝外搭内衣的表现

R373 RV363 RV209 V332 V333 V334 R144 V126 B305 V127 R355 B307 V121 B243 B115

完整色卡展示

1. 绘制线稿。根据所学知识绘制人体动态，然后根据“三庭五眼”的比例位置画出头部、五官和头发的轮廓，再根据人体动态图画出上衣、外搭内衣、裙子和鞋子的轮廓。

2. 先用 COPIC 0.05 号棕色勾线笔勾出五官和身体的轮廓，然后用慕娜美红色硬头勾线笔勾出外搭内衣和裙子里层蕾丝打底裙的轮廓，再用慕娜美深蓝色硬头勾线笔勾出裙子的轮廓，最后用慕娜美黑色软头勾线笔勾出上衣和鞋子的轮廓。

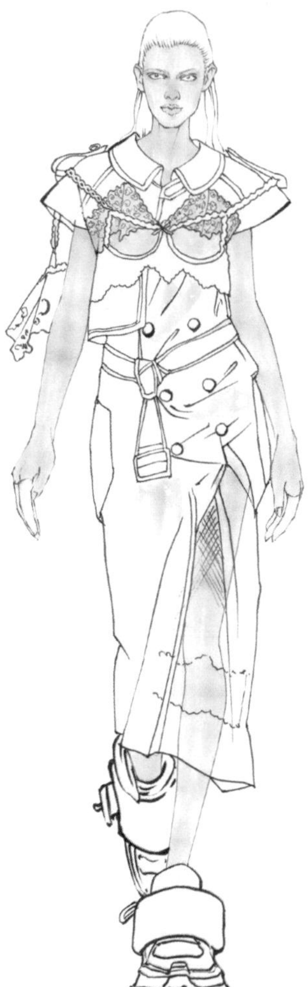
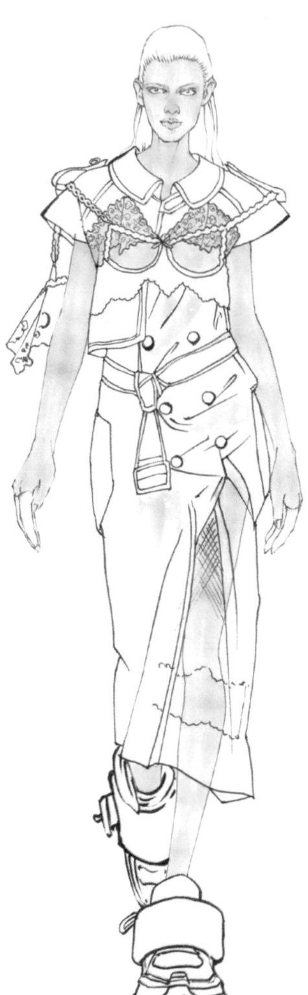

3. 填充皮肤色。用浅肤色马克笔 R373 填充头部、颈部、胸部、手臂、手部、重心腿和辅助腿小腿的颜色。因为裙子是半透明的 PVC 材质，会透出部分里面皮肤的颜色，所以在蓝色裙子上添加部分皮肤的颜色。

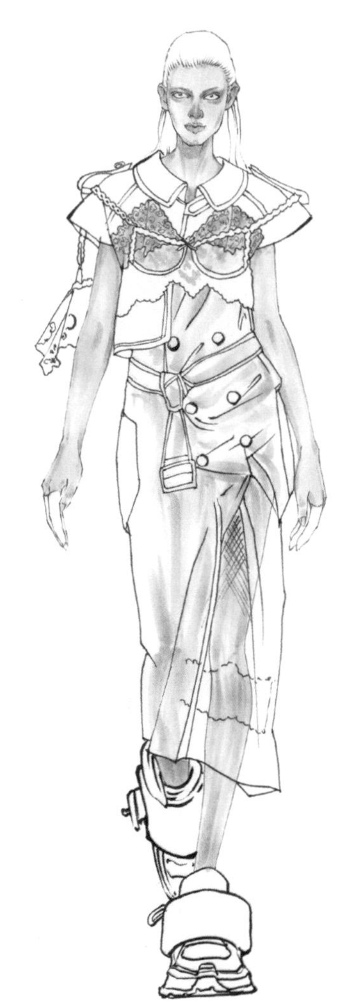

4. 填充皮肤的暗部。用肤色马克笔 RV363 加深五官、颈部、胸部、手臂和腿部的暗部。手臂的暗部主要集中在手臂两侧、腋下、手肘和手腕的位置；腿部的暗部主要集中在大腿和小腿两侧，以及膝盖和辅助腿小腿的位置。

5. 继续加深皮肤的暗部。用深肤色马克笔 RV209 对应步骤 4 中皮肤的暗部区域进行重复加深，重复绘制的暗部颜色面积小于之前绘制的暗部颜色面积；然后用肤色马克笔 RV363 继续加深蓝色裙子上的皮肤颜色。

6. 用黑色彩铅 499 依次加深眉毛、上眼线、下眼线、瞳孔、鼻孔、嘴唇和脸型轮廓线；然后用紫色马克笔 V332 的宽头填充头发、嘴唇、上衣和裙子的颜色，上衣领口和袖子斜向运笔，前片竖向运笔，裙子参考褶皱线的方向运笔和上色。

7. 用紫色马克笔 V333 加深头发的暗部，头发的暗部主要集中在画面的右侧，画面的左侧可以适当留白；然后再加深一下上衣和裙子的暗部。

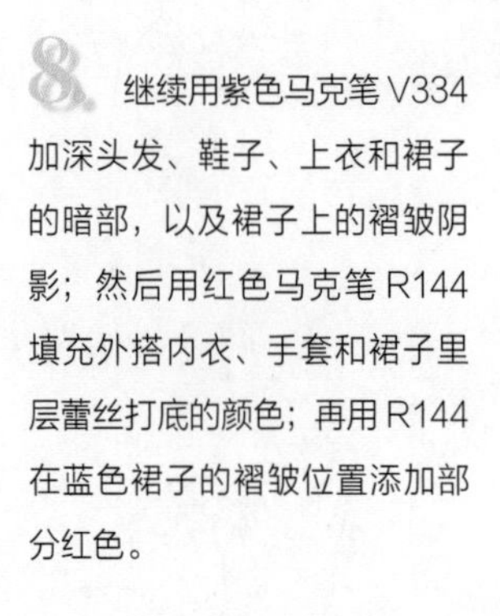

8. 继续用紫色马克笔 V334 加深头发、鞋子、上衣和裙子的暗部，以及裙子上的褶皱阴影；然后用红色马克笔 R144 填充外搭内衣、手套和裙子里层蕾丝打底的颜色；再用 R144 在蓝色裙子的褶皱位置添加部分红色。

9. 加深头发和服装的暗部。用深紫色马克笔 V126 先加深头发的暗部，主要加深发根、两侧鬓角、耳朵下方和颈部两侧的暗部区域；然后加深上衣领口、肩膀和袖口的位置；再继续加深裙子腰带、纽扣和侧面开叉的位置；最后加深鞋子的暗部。

10. 绘制裙子的颜色。先用蓝色马克笔 B305 填充裙子的颜色；然后根据裙子的结构和褶皱方向进行上色，腰部以上斜向运笔，腰带到开叉的位置横向运笔，裙摆竖向运笔。

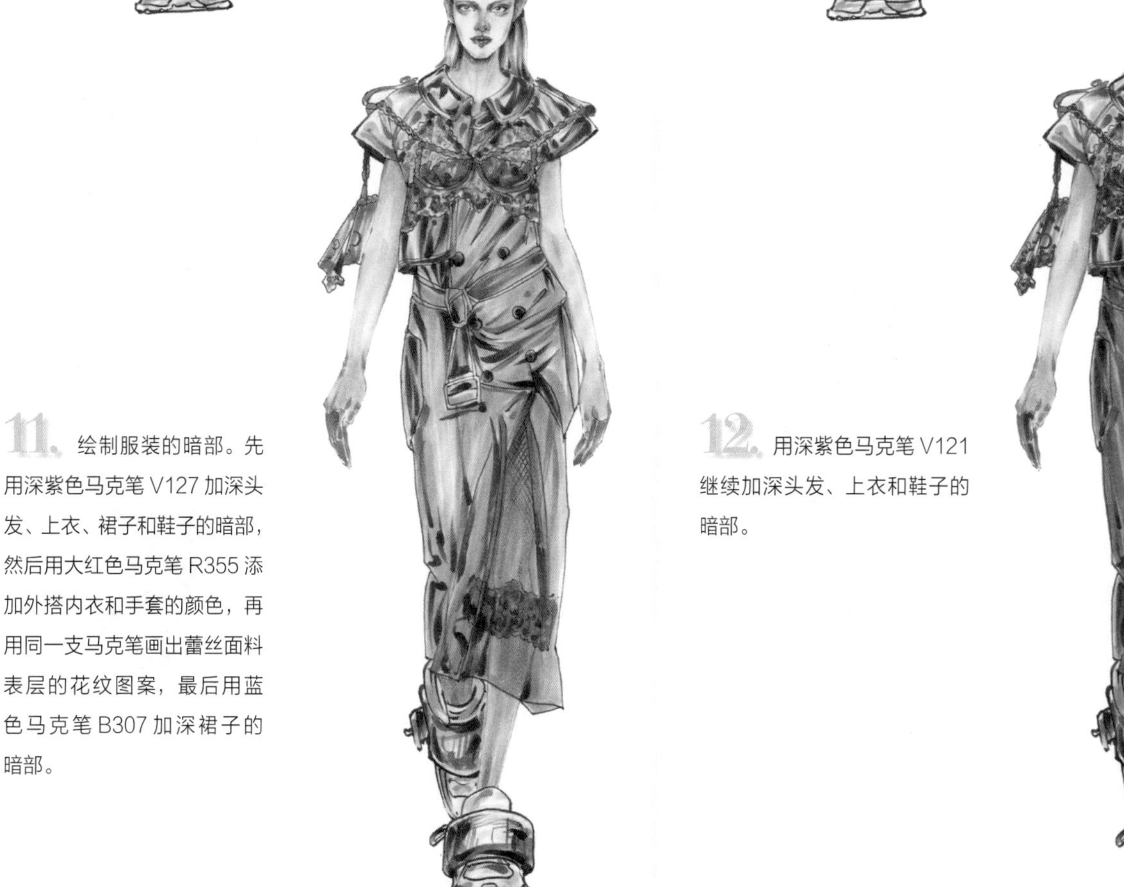

11. 绘制服装的暗部。先用深紫色马克笔 V127 加深头发、上衣、裙子和鞋子的暗部，然后用大红色马克笔 R355 添加外搭内衣和手套的颜色，再用同一支马克笔画出蕾丝面料表层的花纹图案，最后用蓝色马克笔 B307 加深裙子的暗部。

12. 用深紫色马克笔 V121 继续加深头发、上衣和鞋子的暗部。

13. 用深蓝色马克笔B243继续加深裙子的暗部，然后用深蓝色马克笔B115加深部分裙子轮廓的颜色。

14. 用深紫色马克笔V127加深头发、上衣和鞋子的暗部，然后用深蓝色马克笔B243在上衣的左上角添加几笔蓝色线条，以呼应画面。

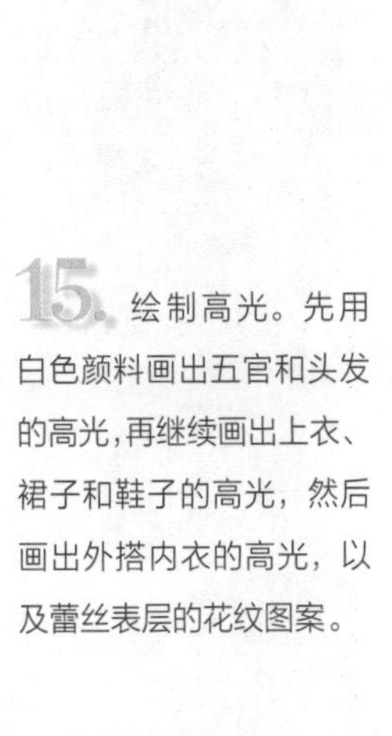

15. 绘制高光。先用白色颜料画出五官和头发的高光，再继续画出上衣、裙子和鞋子的高光，然后画出外搭内衣的高光，以及蕾丝表层的花纹图案。

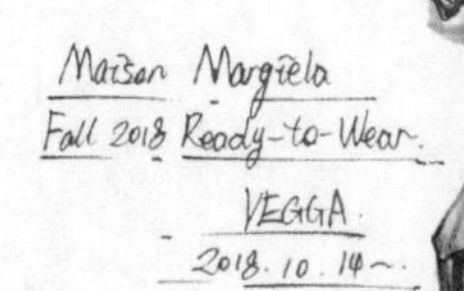

16. 添加背景色。用裙子上用过的蓝色马克笔B305绘制背景色，围绕画面的左侧并紧挨着服装的外轮廓上色。

4.7.3 蕾丝面料绘制练习

4.8 牛仔面料表现技法

牛仔面料是一种较粗厚的斜纹棉布，因为经纱的颜色深，一般为靛蓝色，纬纱的颜色浅，一般为浅灰色或者本白色，所以最终呈现出的牛仔面料的颜色非常独特。市场上除了靛蓝色牛仔面料以外，还有很多其他颜色，例如蓝黑色、淡蓝色和黑色，这些都是比较常见的牛仔面料的颜色。绘制牛仔面料时，先用马克笔大面积填充底色，再用彩铅笔深入刻画细节。

牛仔面料小样手绘表现

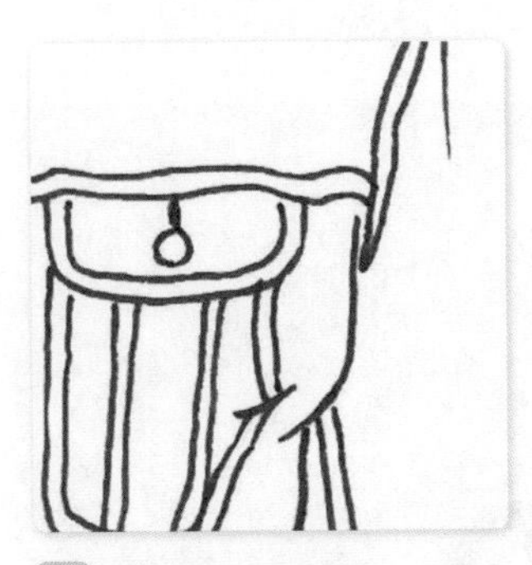

1 先用铅笔绘制线稿，再用蓝色勾线笔进行勾线。

2 用浅蓝色马克笔填充牛仔面料的颜色，画面中适当留白。

3 用深蓝色马克笔加深牛仔面料的暗部。

4 继续加深牛仔面料的暗部，并增加细节进行点缀。

4.8.1 牛仔马甲的表现

       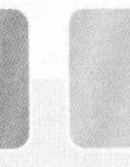     

R373 V332 V336 E407 E408 E168 B304 YG443 YG455 B325 B111 BV320 BG62 B240 BV108

完整色卡展示

1. 绘制线稿。先画人体动态图，然后参考“三庭五眼”的比例位置画出头部、五官和头发的轮廓，再参考人体动态图画出衬衫裙、马甲和鞋子的外轮廓。

2. 细化服装内部的线条。先用铅笔画出牛仔马甲的内部结构线和口袋轮廓线，然后画出衬衫裙的门襟、纽扣和内部褶皱线，再细化鞋子的内部结构。

3. 完成勾线。用COPIC 0.05号棕色勾线笔勾出五官、身体细节和鞋子的轮廓，然后用慕娜美绿色硬头勾线笔勾勒衬衫裙的轮廓，再用慕娜美深蓝色硬头勾线笔勾出牛仔马甲的轮廓。

4. 填充皮肤色。用 COPIC 浅肤色马克笔 R000 或者法卡勒三代浅肤色马克笔 R373 填充皮肤的底色，注意上色要均匀。

5. 添加皮肤暗部的颜色。先用紫色马克笔 V332 代替常用的肤色马克笔 RV363，分别在外眼角、内眼角、鼻底、嘴唇，以及颈部和腿部的阴影区域进行加深，使肤色偏紫。

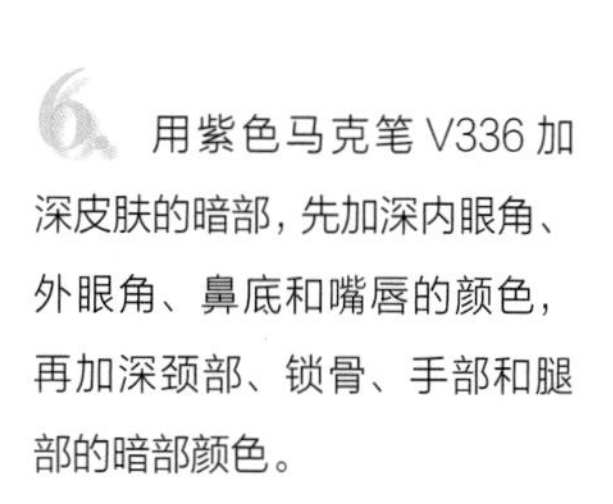

6. 用紫色马克笔 V336 加深皮肤的暗部，先加深内眼角、外眼角、鼻底和嘴唇的颜色，再加深颈部、锁骨、手部和腿部的暗部颜色。

7. 先用浅棕色马克笔 E407 填充头发的颜色，然后用棕色马克笔 E408 和 E168 绘制头发的暗部，再用蓝色马克笔 B304 绘制牛仔马甲的颜色，并用黑色彩铅 499 刻画五官的细节，最后用印度红彩铅 492 加深五官的暗部。

8. 填充衬衫裙的颜色并加深头发的暗部。先用黄绿色马克笔 YG443 绘制衬衫裙的颜色，直接用马克笔的宽头顺着衣服的结构进行上色，笔触之间可以适当留白；然后用黑色彩铅 499 加深头发分缝的位置，以及颈部两侧的阴影区域。

9. 绘制服装的暗部。先用黄绿色马克笔 YG455 加深衬衫裙的暗部，然后用蓝色马克笔B325加深牛仔马甲的暗部，再用紫色马克笔 V332 填充鞋子的颜色。第一层暗部颜色画好后，继续用蓝色马克笔 B111 加深牛仔马甲的暗部，用蓝紫色马克笔 BV320 加深鞋子的暗部。

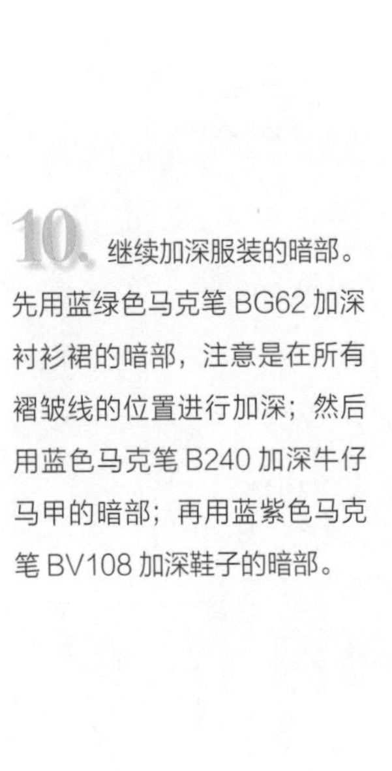

10. 继续加深服装的暗部。先用蓝绿色马克笔 BG62 加深衬衫裙的暗部，注意是在所有褶皱线的位置进行加深；然后用蓝色马克笔 B240 加深牛仔马甲的暗部；再用蓝紫色马克笔 BV108 加深鞋子的暗部。

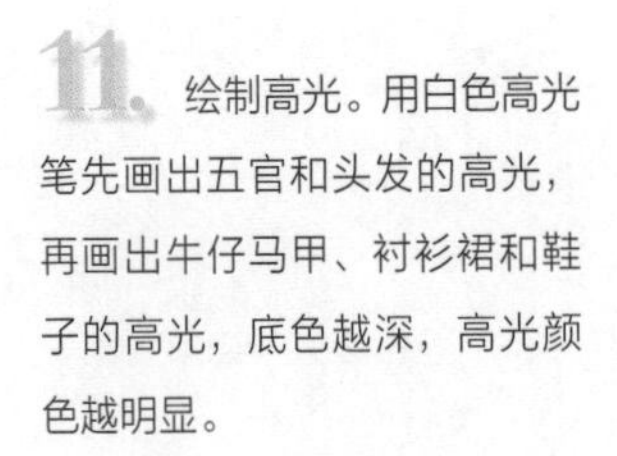

11. 绘制高光。用白色高光笔先画出五官和头发的高光，再画出牛仔马甲、衬衫裙和鞋子的高光，底色越深，高光颜色越明显。

12. 添加背景色。用蓝紫色马克笔BV320和BV108两种颜色绘制背景，浅色作为铺垫，深色刻画细节。背景色用硬头马克笔或者软头马克笔画都可以，虽然笔触不同，但都有其各自的特点。

4.8.2 牛仔外套的表现

R373	RV363	B305	E406	E408	YR167	RV344	V334	B307	R146	YR176
B327	V126	BG82	E166	V127	V125	B240	B115	191	RV209	

完整色卡展示

1. 绘制人体动态图。参考人体比例尺调整人体动态，模特头部、颈部、肩部及重心脚的位置不变，将模特的腰部和胯部向画面的右侧进行调整。

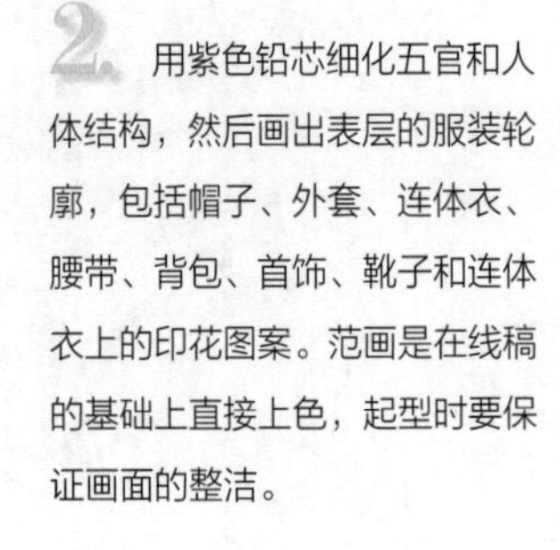

2. 用紫色铅芯细化五官和人体结构，然后画出表层的服装轮廓，包括帽子、外套、连体衣、腰带、背包、首饰、靴子和连体衣上的印花图案。范画是在线稿的基础上直接上色，起型时要保证画面的整洁。

3. 填充皮肤色。用 COPIC 浅肤色马克笔 R000 或者法卡勒三代浅肤色马克笔 R373 填充皮肤的底色。用软头马克笔根据头部、手臂和大腿的结构进行上色，上色前先用紫色铅芯标注出所有皮肤的高光位置，以便在上色时尽量避开。用软头马克笔上色要特别注意运笔的力度和方向。

4. 绘制皮肤暗部的颜色并填充头发和外套的颜色。用肤色马克笔 RV363 填充皮肤的暗部，着重加深面部、颈部、左手臂和右腿的暗部。将模特靠前的右手和左腿设定成亮部，靠后的左手和右腿设定成暗部，然后用颜色进行区分。用蓝色马克笔 B305 绘制牛仔外套的颜色。

5. 头发的上色原理同上。先将头发的左右两侧分成一明一暗，然后用浅棕色马克笔 E406 填充画面左侧头发亮部的颜色，再用稍微深一些的棕色马克笔 E408 填充画面右侧头发暗部的颜色，最后用黄红色马克笔 YR167 绘制眼影（主要加深内、外眼角）。

6. 加深皮肤和外套的暗部并填充帽子和连体衣的颜色。先用黄红色马克笔 YR167 加深皮肤暗部，然后用紫红色马克笔 RV344 和紫色马克笔 V334 填充皮肤暗部、头发、帽子、连体衣和靴子的颜色，再用蓝色马克笔 B307 加深右侧的牛仔外套，最后用暗红色马克笔 R146 画出帽子上的字母。

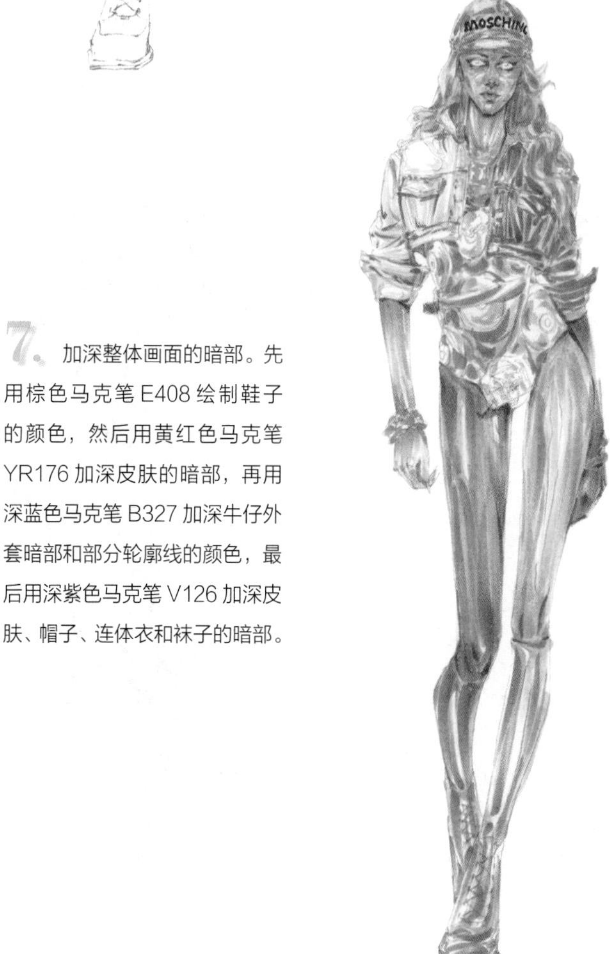

7. 加深整体画面的暗部。先用棕色马克笔 E408 绘制鞋子的颜色，然后用黄红色马克笔 YR176 加深皮肤的暗部，再用深蓝色马克笔 B327 加深牛仔外套暗部和部分轮廓线的颜色，最后用深紫色马克笔 V126 加深皮肤、帽子、连体衣和袜子的暗部。

8. 先用蓝绿色马克笔 BG82 绘制眼球的颜色，然后用深棕色马克笔 E166 加深头发的暗部，再用蓝色马克笔 B327 加深牛仔外套的暗部，最后用深紫色马克笔 V127 加深帽子、帽子轮廓、首饰轮廓和画面右侧头发的暗部。

9. 先用深紫色马克笔 V125 加深帽子、连体衣和袜子的暗部，然后用蓝色马克笔 B240 加深画面左侧牛仔外套的暗部，再用深蓝色马克笔 B115 进行整体加深（主要加深牛仔外套、连体衣、帽子和袜子的轮廓）。

10. 先用黑色马克笔 191 再加深一遍牛仔外套、连体衣、帽子、袜子和鞋子的轮廓，然后用深肤色马克笔 RV209 和紫色马克笔 V125 继续加深皮肤和衣服的颜色。

11. 绘制高光和字母图案。先用白色颜料绘制五官、耳坠和头发的高光，再绘制帽子、外套、连体衣和袜子的高光，然后添加腰带和袜子上的白色字母图案。

12. 用黄红色马克笔 YR167 和 YR176 添加背景色，背景色主要添加在画面的左侧。注意背景也是画面的组成部分，所以颜色要与画面主体和谐搭配。

4.8.3 牛仔面料绘制练习

4.9 科技面料表现技法

服装设计效果图中科技面料的颜色非常丰富且光泽感强。科技面料是通过多种不同颜色的组合来表现画面效果的，主要包括淡紫色、天蓝色、柠檬黄色、橘红色、玫红色、紫红色、黄绿色等多种纯度高且艳丽的颜色，以产生强烈的视觉冲击。

科技面料小样手绘表现

1 先绘制线稿再勾线，然后添加柠檬黄色和天蓝色。

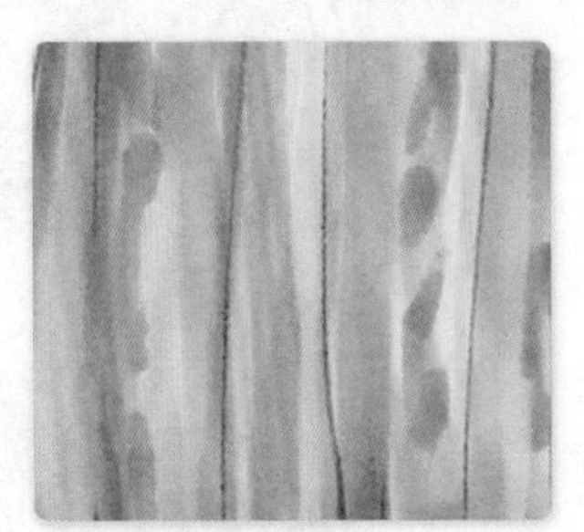

2 继续在画面中添加玫红色和深蓝色。

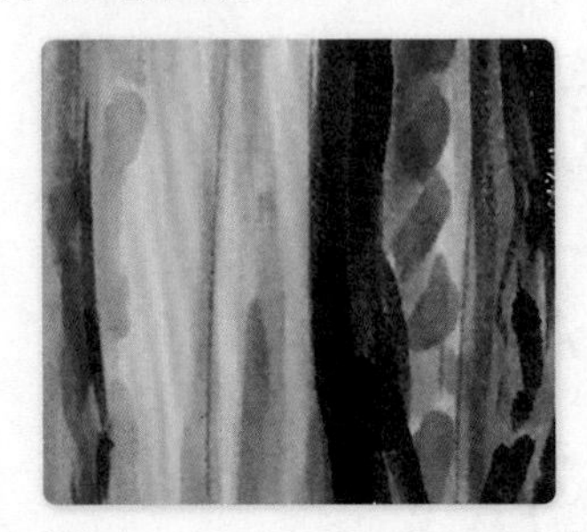

3 绘制暗部。用深蓝色和深紫色继续加深画面。

4 绘制高光。在画面的表层添加高光线条。

4.9.1 科技分身套装的表现

完整色卡展示

1. 绘制线稿。先参考人体比例尺画出调整后的人体动态图，然后根据“三庭五眼”的比例位置画出头部和五官的轮廓，再根据人体动态画出帽子、外套、包、裙子和鞋子的轮廓。

2. 开始勾线。先用 COPIC 0.05 号棕色勾线笔勾出五官、手腕、手部和小腿的轮廓，然后用慕娜美灰色硬头勾线笔勾出外套和裙子的轮廓，再用黑色软头勾线笔勾出帽子、包和鞋子的轮廓。

3. 填充黑色皮肤色。先用棕色马克笔 E173 绘制皮肤的底色，然后直接用马克笔的软头填充面部、手腕、手部、膝盖和小腿的位置。

4. 加深皮肤暗部的颜色。先用棕色马克笔E174加深五官的暗部，主要加深眼窝、鼻底、嘴唇，以及帽子在面部所形成的阴影区域；然后加深手部和小腿的暗部颜色。

5. 刻画皮肤的暗部。先用熟褐色彩铅476加深五官和帽子在头部的阴影；然后用蓝色彩铅453填充眼球；再用黑色彩铅499加深眼线、瞳孔、鼻孔和嘴唇闭合线；嘴唇用橙黄色409、紫色437、松石色460、孔雀蓝453、钴蓝444和黑色499来画；最后用冷灰色马克笔CG268填充帽子、包和鞋子的颜色。

6. 先用冷灰色马克笔CG269加深帽子、包和鞋子的暗部，暗部主要集中在侧面和褶皱的位置；然后用同一支笔填充部分外套和裙子的颜色。

7. 先用蓝紫色马克笔BV108加深帽子、包和鞋子的暗部，然后用棕色马克笔E430填充帽子里层的针织衫和部分鞋子的颜色。

8. 先用深蓝色马克笔 B327 和 B196 继续加深帽子、包和鞋子的暗部；然后根据人体结构和服装结构填充外套和裙子的颜色，按照顺序依次填充蓝紫色 BV317、绿色 G230、蓝绿色 BG83、黄绿色 YG14，具体上色位置可以参考范画。

9. 用紫色马克笔 V119 继续添加外套和裙子的颜色，颜色主要集中在外套的袖子、袖口、口袋和纽扣等位置，裙子上的颜色相对要少一些。

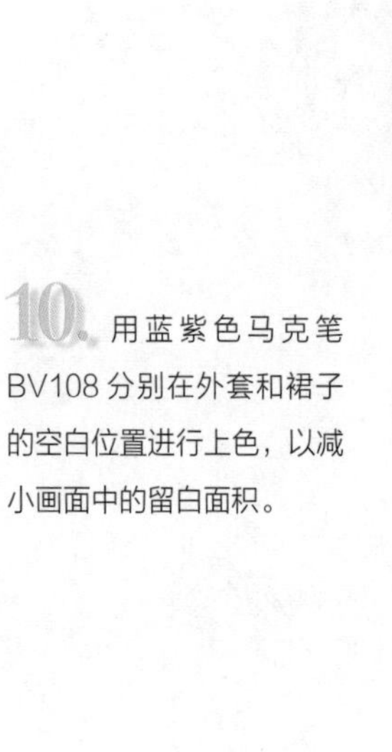

10. 用蓝紫色马克笔 BV108 分别在外套和裙子的空白位置进行上色，以减小画面中的留白面积。

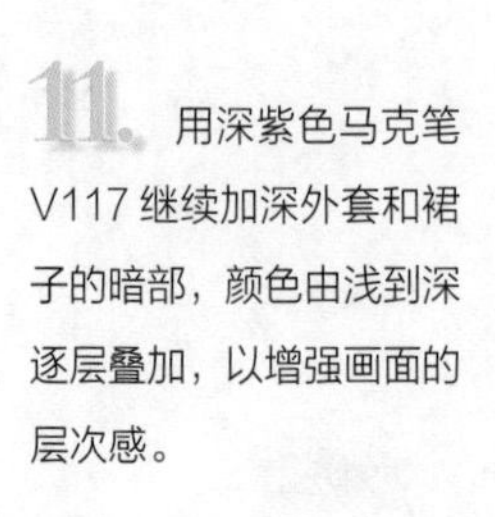

11. 用深紫色马克笔 V117 继续加深外套和裙子的暗部，颜色由浅到深逐层叠加，以增强画面的层次感。

12. 先用深蓝色马克笔 B196 加深外套和裙子的暗部，然后用 B196 加深服装部分的轮廓线，再用黄红色马克笔 YR372、蓝绿色马克笔 BG233 和紫色马克笔 V119 继续在外套和裙子的表层绘制颜色。

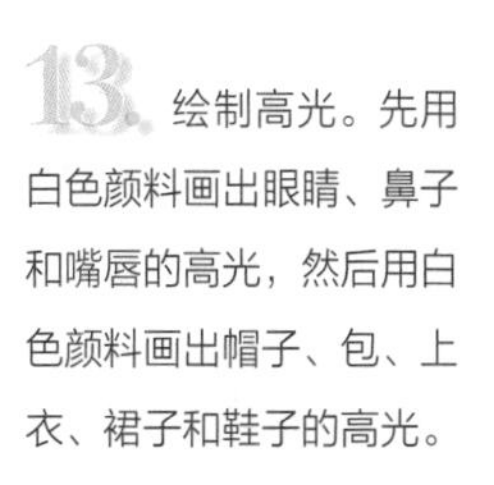

13. 绘制高光。先用白色颜料画出眼睛、鼻子和嘴唇的高光，然后用白色颜料画出帽子、包、上衣、裙子和鞋子的高光。

14. 添加背景色。用蓝绿色马克笔 BG309 和 BG87 在画面的左侧绘制背景色。科技面料的颜色丰富，背景色可以用一些简单且有规律的线条表现。

4.9.2 科技短裙的表现

R373	R375	B240	B241	YG441	Y390	Y2	YG386	YG18	YR220	R143	BV317
B234	YG36	SG474	SG475	B112	B115	BV194	BV110	RV345	B196	B327	Y225

完整色卡展示

1. 绘制线稿。参考人体比例尺画出人体动态，然后根据“三庭五眼”的比例画出头部和五官的轮廓，再根据人体动态画出帽子、外套、裙子和鞋子的轮廓。

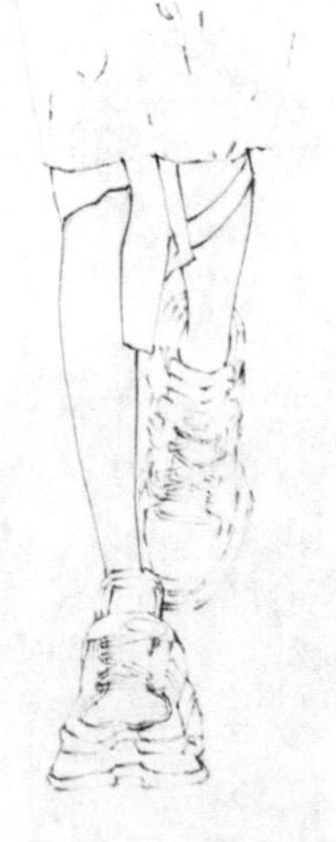

2. 开始勾线。先用COPIC 0.05号棕色勾线笔依次勾出五官、帽子、袖子、手部和小腿的轮廓，然后用慕娜美灰色硬头勾线笔勾出裙子和鞋子的轮廓，再用黑色软头勾线笔勾出上衣的轮廓。

3. 填充皮肤和嘴唇的颜色。先用COPIC浅肤色马克笔R000或者法卡勒三代浅肤色马克笔R373填充头部、手部和小腿的颜色，然后用蓝色彩铅443填充嘴唇的颜色。

4. 绘制皮肤的暗部。先用浅肤色马克笔R375加深五官、手部和小腿的暗部，然后用黑色彩铅499加深眼线、瞳孔和鼻孔，再用熟褐色彩铅476、印度红彩铅492深入刻画五官，最后用蓝色彩铅443加深嘴唇的暗部，也可以用蓝色马克笔B240和B241填充嘴唇的颜色。

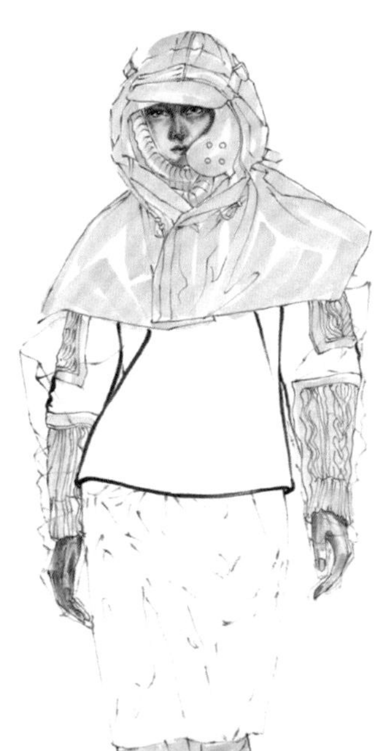
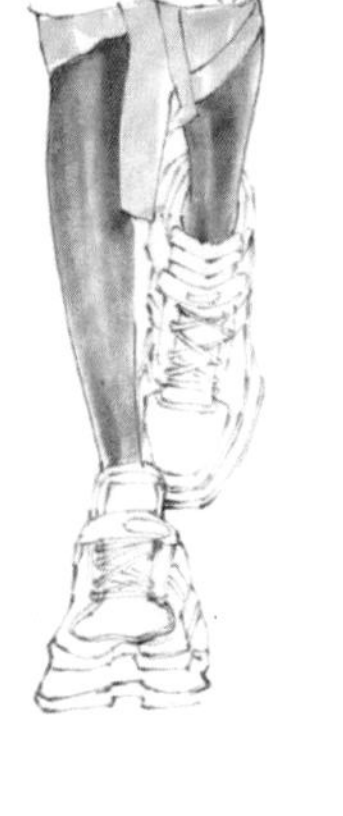

5. 先用黄绿色马克笔YG441填充帽子里层针织毛衣的颜色，然后用黄色马克笔Y390填充帽子和袖子的颜色，直接用马克笔的宽头进行上色，画面中适当留白。

6. 加深帽子和袖子的暗部。用黄色马克笔Y2分别在帽子两侧、肩膀边缘、袖子内侧，以及褶皱的位置进行上色。

7. 绘制帽子的亮部和暗部。先用黄绿色马克笔YG386提亮帽子的亮部，然后用黄绿色马克笔YG18加深帽子的暗部。

8. 填充上衣和裙子的颜色。先用黄红色马克笔YR220、红色马克笔R143、蓝紫色马克笔BV317、蓝色马克笔B234和黄绿色马克笔YG36绘制裙子里层科技面料的颜色，然后用银灰色马克笔SG474绘制上衣、鞋子和裙子表层PVC面料的颜色，再用银灰色马克笔SG475加深上衣、袖子、裙子和鞋子的暗部颜色。

9. 绘制上衣的暗部并添加科技面料的颜色。先用蓝色马克笔 B112 和 B115 加深上衣的暗部，再用蓝紫色马克笔 BV194 和 BV110、紫红色马克笔 RV345 继续添加裙子和裙子里层科技面料的颜色。

10. 用深蓝色马克笔 B196 和黑色软头勾线笔勾出帽子、上衣、袖子、裙子和鞋子的部分轮廓。

11. 绘制高光。先用白色高光笔分别在帽子、上衣、袖子和鞋子上添加高光，然后用白色高光颜料添加 PVC 材质裙子的高光。

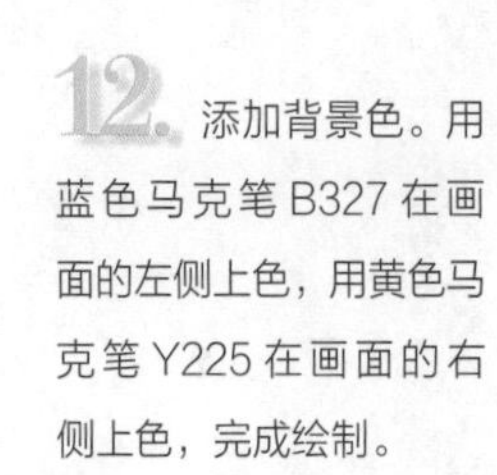

12. 添加背景色。用蓝色马克笔 B327 在画面的左侧上色，用黄色马克笔 Y225 在画面的右侧上色，完成绘制。

4.9.3 科技面料绘制练习

Maison Margiela
Spring 2018 Couture.
Maison Margiela
Fall 2018 Ready-to-Wear.
VEGGA.
2018.09.04.
VEGGA.
2018.08.23.

Chapter 05

服装经典图案表现技法

图案就是以不同形式和手法出现在服装面料中的纹样，是服装设计中的一个重要环节，能够对服装设计起到很好的装饰性和辅助性作用。本章主要对常见的经典图案绘制进行详细的步骤讲解，主要包括植物图案、水果图案、几何图案、动物纹图案和一些趣味性图案。植物图案近几年备受关注，除了一直深受大家喜爱的花卉图案以外，还新增了绿色植物印花图案。

5.1 植物和水果图案表现技法

植物图案是服装设计中最常用的印花图案，深受广大设计师的喜爱，也是秀场上经常出现的图案。植物图案一般以花卉图案为主，近几年也开始流行绿色植物图案，看起来非常清爽，主要用于夏季服装。水果图案更是夏季服装的必选图案，因为水果给人一种清新、凉爽的感觉，例如西瓜、樱桃、柠檬等。

5.1.1 花卉图案的表现

花卉图案在印花中呈上升趋势，在过去几季的服装设计中人气越来越高，丝毫没有衰退的迹象。设计服装时可以在深色服装中画一些色彩亮丽的花卉，也可以在浅色服装中画一些小清新的花卉。花卉图案是经久不衰的时尚经典，代表着热情、浪漫和青春，是时装周上各大服装品牌的宠儿。

菊花图案小样手绘表现

1 用彩色铅芯起型，画出花卉图案的轮廓。

2 不用勾线，直接绘制面料底层的颜色。

3 参考轮廓线均匀绘制菊花和叶子的颜色。

4 加深菊花暗部的颜色，以展现出层次感。

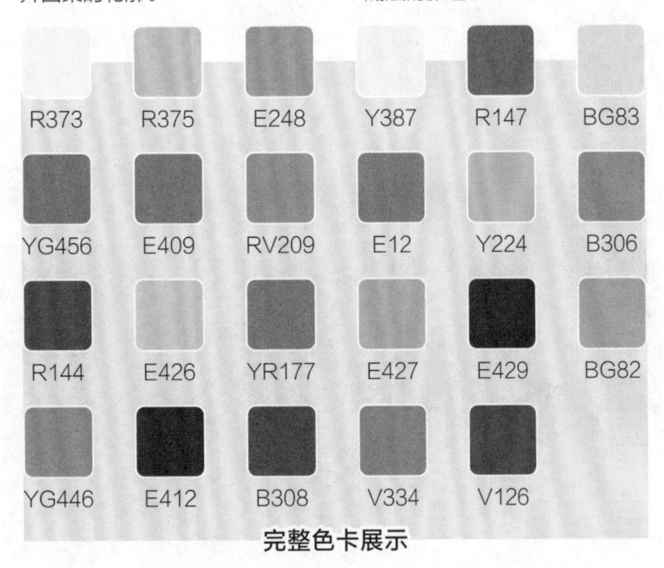

完整色卡展示

1. 绘制线稿。参考人体比例尺画出行走中的人体动态图，然后参考“三庭五眼”的比例位置画出头部、五官和头发的轮廓，再根据人体轮廓依次画出帽子、耳坠、包、外套、裙子和鞋子的外轮廓，画图时注意帽子边缘和头发边缘的位置关系。

2. 细化线稿。先画出包和鞋子的内侧结构线，再画出帽子和服装上的印花图案，印花图案只要标注大小和位置即可。

3. 勾线并填充皮肤的颜色。先用COPIC 0.05棕色勾线笔勾出五官和身体的轮廓，然后用白金牌咖啡色软头勾线笔依次勾出服装配饰的轮廓。皮肤色用浅肤色马克笔R373的软头均匀填充。

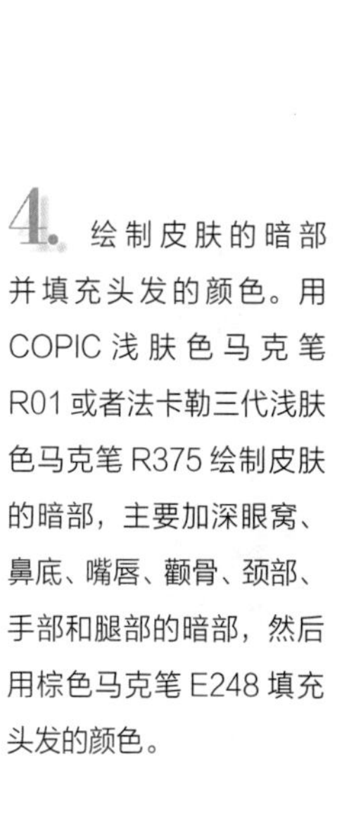

4. 绘制皮肤的暗部并填充头发的颜色。用COPIC浅肤色马克笔R01或者法卡勒三代浅肤色马克笔R375绘制皮肤的暗部，主要加深眼窝、鼻底、嘴唇、颧骨、颈部、手部和腿部的暗部，然后用棕色马克笔E248填充头发的颜色。

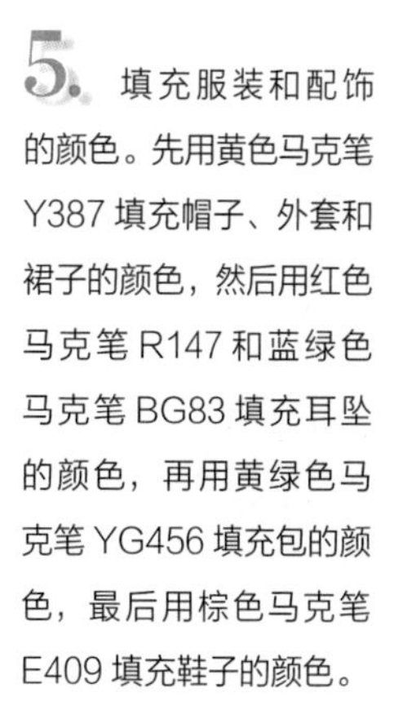

5. 填充服装和配饰的颜色。先用黄色马克笔Y387填充帽子、外套和裙子的颜色，然后用红色马克笔R147和蓝绿色马克笔BG83填充耳坠的颜色，再用黄绿色马克笔YG456填充包的颜色，最后用棕色马克笔E409填充鞋子的颜色。

6. 加深皮肤、头发和服装的暗部。先用深肤色马克笔 RV209 加深内眼角、外眼角、鼻底和嘴唇的颜色，再继续加深颈部、手部和腿部的暗部，然后用棕色马克笔 E12 加深包的暗部，并用棕色马克笔 E12 和黄色马克笔 Y224 加深帽子、外套和裙子的暗部。

7. 加深耳坠和鞋子的暗部，并添加外套印花图案的颜色。先用蓝色马克笔 B306 和红色马克笔 R144 绘制耳坠的暗部，然后用棕色马克笔 E426 绘制鞋子的暗部，再用蓝色马克笔 B306 添加帽子和外套上花卉图案的颜色，最后用黄红色马克笔 YR177 绘制印花图案的深色部分。

8. 加深服装的暗部并深入刻画五官。先用棕色马克笔 E427 加深帽子、外套和裙子的暗部，然后用深棕色马克笔 E429 加深帽子和头发的轮廓线，再用蓝绿色马克笔 BG82 填充眼球，并用黑色彩铅 499 加深五官的轮廓线，最后用印度红彩铅 492 加深五官的暗部。

9. 绘制包、鞋子和花卉图案的暗部。先用黄绿色马克笔 YG446 绘制包的暗部，然后用深棕色马克笔 E412 绘制鞋子的暗部，再用蓝色马克笔 B308 绘制帽子、外套和裙子上花卉图案的暗部。

10. 绘制高光。先用白色高光颜料画出五官、头发、包和鞋子的高光，再画出帽子、外套和裙子的高光。可以在花卉图案的表层多画一些高光点，以起到装饰画面的作用。

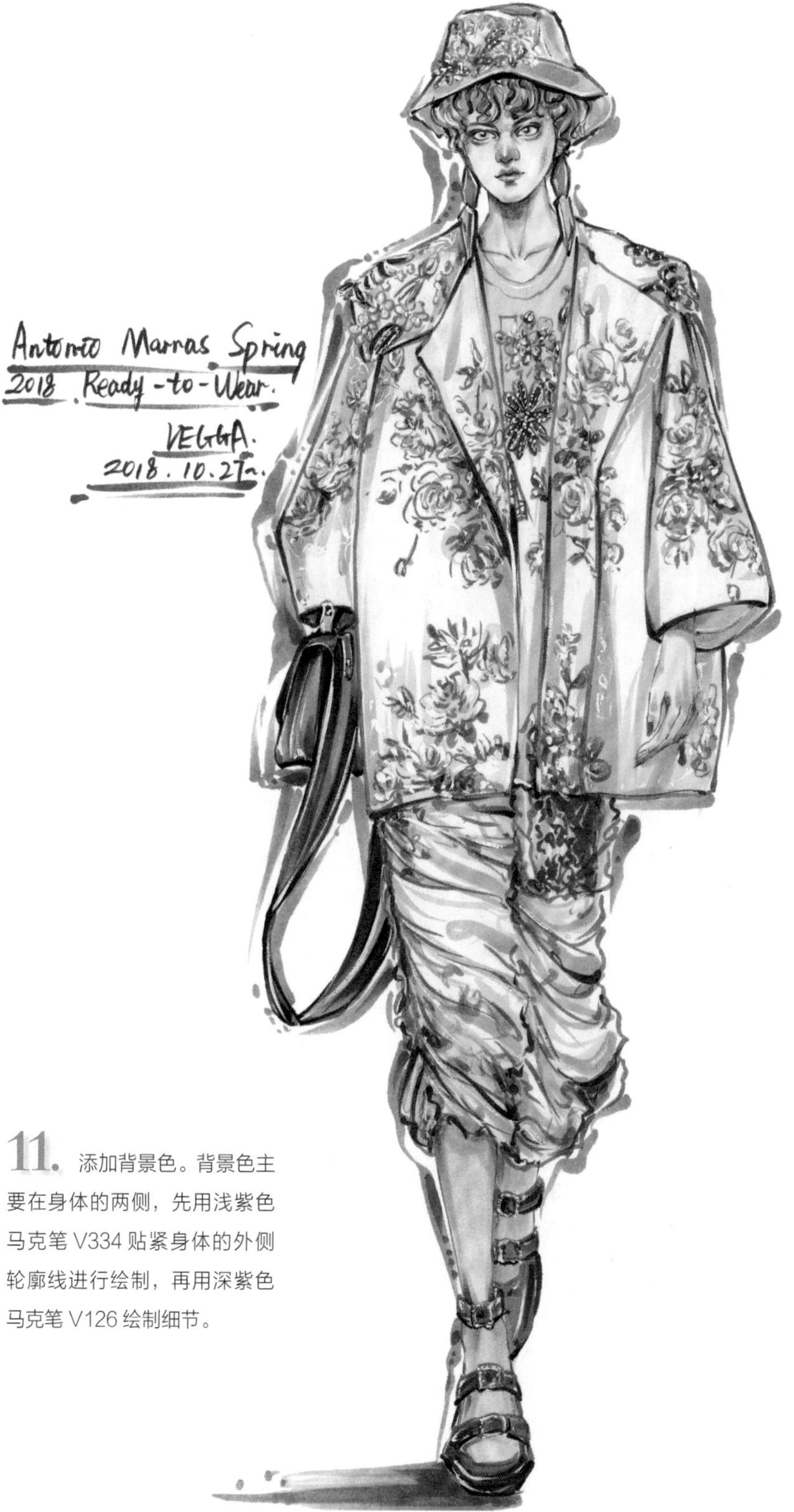

11. 添加背景色。背景色主要在身体的两侧，先用浅紫色马克笔 V334 贴紧身体的外侧轮廓线进行绘制，再用深紫色马克笔 V126 绘制细节。

5.1.2 叶子图案的表现

植物印花图案多以花卉图案为主，近几年秀场上开始出现绿色叶子图案，无论是在深底色面料上，还是在浅底色面料上都有出现。用马克笔上色时需注意：深底色面料上的叶子图案需先画叶子图案，再画面料底色；浅底色面料上的叶子图案需先画面料底色，再画叶子图案。

叶子图案小样手绘表现

1 用彩色铅芯起型，画出叶子的轮廓。

2 在铅笔稿的基础上直接填充叶子的颜色。

3 绘制叶子的暗部。

4 继续加深叶子的暗部。

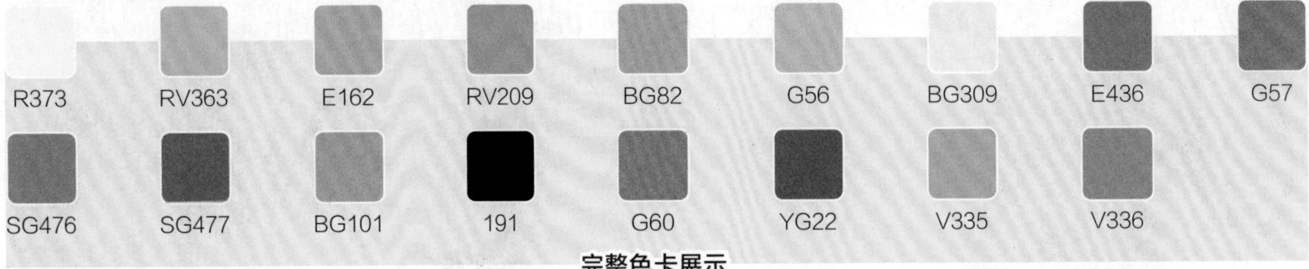

完整色卡展示

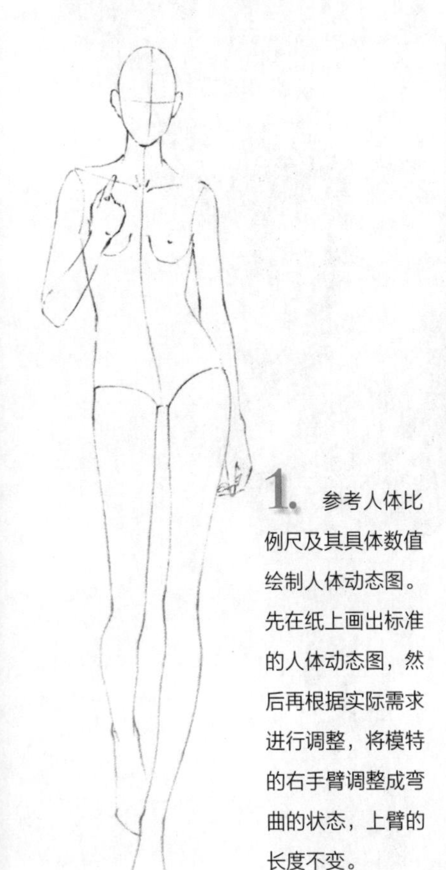

1. 参考人体比例尺及其具体数值绘制人体动态图。先在纸上画出标准的人体动态图，然后再根据实际需求进行调整，将模特的右手臂调整成弯曲的状态，上臂的长度不变。

2. 绘制线稿。先画出头部和五官的轮廓，再画出帽子、头发、外套、腰带、背包、裤子和鞋子的轮廓，以及所有服装内部的结构线和褶皱线。

3. 绘制服装图案并勾线。先用铅笔画出帽子、外套和裤子上叶子图案的轮廓，然后用COPIC 0.05号棕色勾线笔勾出五官、脸型、头发、颈部、锁骨、手部和脚踝的轮廓，再用黑色软头勾线笔勾出所有服装的外轮廓线和内部褶皱线。

4. 勾勒叶子图案的轮廓，并填充皮肤的颜色。在线稿的基础上先用黑色软头勾线笔勾出叶子的轮廓，然后用 COPIC 浅肤色马克笔 R000 或者法卡勒三代浅肤色马克笔 R373 的软头均匀填充皮肤的颜色。

5. 添加皮肤暗部的颜色。先用肤色马克笔 RV363 加深五官的暗部，颜色主要集中在眼窝、鼻底、嘴唇、颧骨、耳朵，以及帽子在头部形成的阴影区域；然后加深颈部、锁骨、手部和脚踝的暗部颜色。

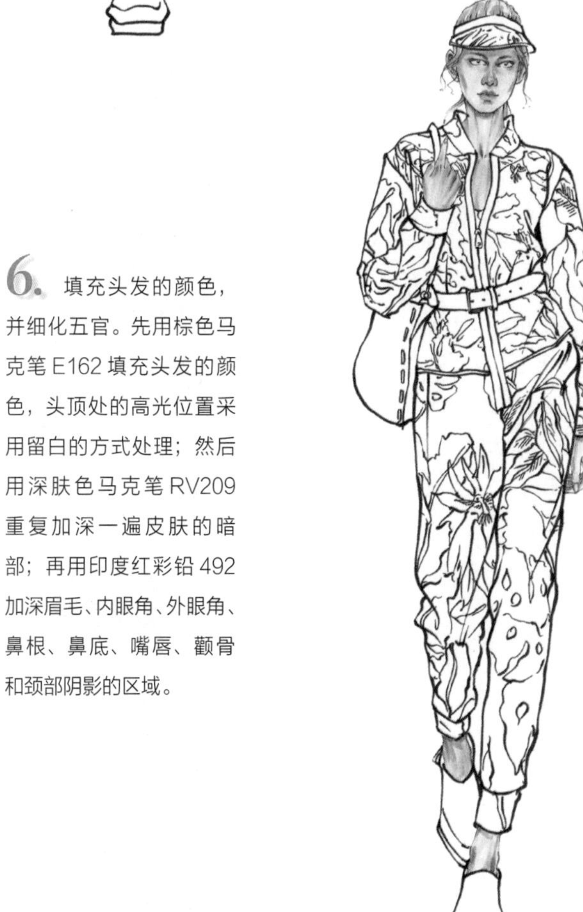

6. 填充头发的颜色，并细化五官。先用棕色马克笔 E162 填充头发的颜色，头顶处的高光位置采用留白的方式处理；然后用深肤色马克笔 RV209 重复加深一遍皮肤的暗部；再用印度红彩铅 492 加深眉毛、内眼角、外眼角、鼻根、鼻底、嘴唇、颧骨和颈部阴影的区域。

7. 填充服装的颜色，并深入刻画五官。先用蓝绿色马克笔 BG82 填充眼球的颜色，然后用绿色马克笔 G56 填充背包的颜色，再用蓝绿色马克笔 BG309 填充帽子、外套和裤子的颜色，最后用棕色马克笔 E436 加深头发的暗部，并用黑色彩铅加深眼线、瞳孔、鼻孔、嘴唇闭合线、脸型轮廓线和颈部阴影。

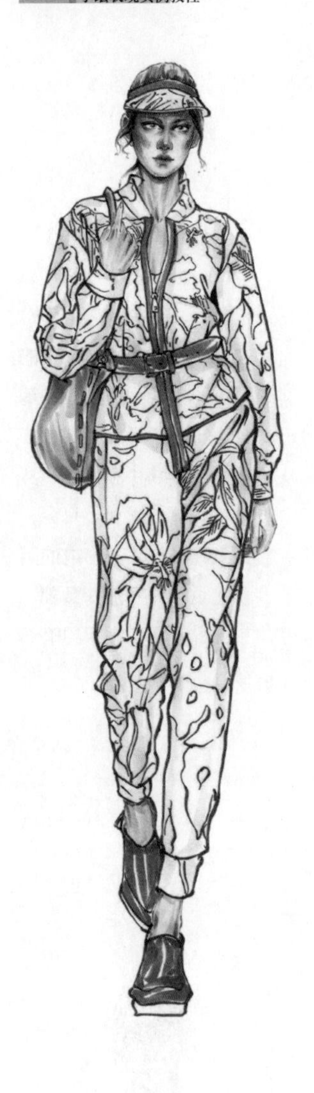

8. 绘制背包的暗部，并填充部分服装和鞋子的颜色。先用绿色马克笔G57绘制背包的暗部，然后用银灰色马克笔SG476依次填充帽子、外套拉链、腰带和鞋子的颜色。

9. 填充叶子图案的颜色。先用绿色马克笔G56分别填充帽子、外套和裤子上的叶子图案，颜色填充在叶子图案轮廓线的内侧；然后用银灰色马克笔SG477加深帽子、外套拉链、腰带和鞋子的暗部。

10. 继续添加叶子图案的颜色，以及部分服装暗部的颜色。先用蓝绿色马克笔BG101在外套和裤子上继续添加叶子图案的颜色，然后用黑色马克笔191继续加深帽子、外套拉链、腰带和鞋子的暗部。

11. 用绿色马克笔G60继续添加画面中叶子图案的颜色，颜色比较分散，分别在帽子、外套和裤子的位置。

12. 用黄绿色马克笔 YG22 绘制叶子图案的暗部颜色，主要集中在袖子内侧、腰带附近和膝盖附近。

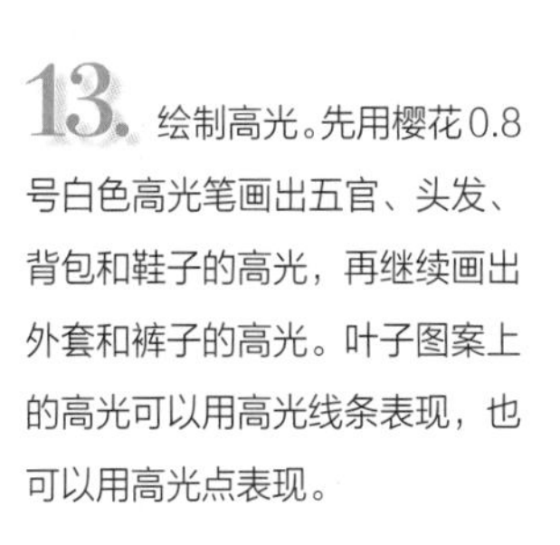

13. 绘制高光。先用樱花 0.8 号白色高光笔画出五官、头发、背包和鞋子的高光，再继续画出外套和裤子的高光。叶子图案上的高光可以用高光线条表现，也可以用高光点表现。

14. 添加背景色。背景色可以选择和服装完全相反的颜色，例如红色系、粉色系、紫色系，但颜色不要太重，范画用的是紫色系 V335 和 V336，画面中色彩和谐。

5.1.3 樱桃图案的表现

水果图案一直与流行元素保持着紧密联系，并赋予时尚界很多创作灵感。早在 18 世纪就有人穿着绣有浆果的马甲，在 20 世纪 60 年代设计师们则将水果元素以印花的形式运用到夏季服装中，使水果图案被大众所熟知。红色樱桃图案既浪漫又甜美，是适合夏季服装的图案。

猕猴桃图案小样手绘表现

1 用彩色铅芯绘制线稿，画出猕猴桃切片的圆形轮廓和叶子的轮廓。

2 在铅笔稿的基础上直接填充猕猴桃和叶子的颜色。

3 绘制猕猴桃切片的细节和叶子的暗部。

4 画出黑色猕猴桃籽，并加深叶子的暗部。

R373 RV363 E415 E416 PG43 E20 RV209 PG38 E417 YG49 R140 BG89 V334 R145 G56 G47

完整色卡展示

1. 绘制线稿。先参考人体比例尺画出人体动态，然后根据“三庭五眼”的比例位置画出头部、五官和头发的轮廓，再根据人体轮廓画出裙子和鞋子的轮廓，以及裙子的内部结构线和褶皱线。

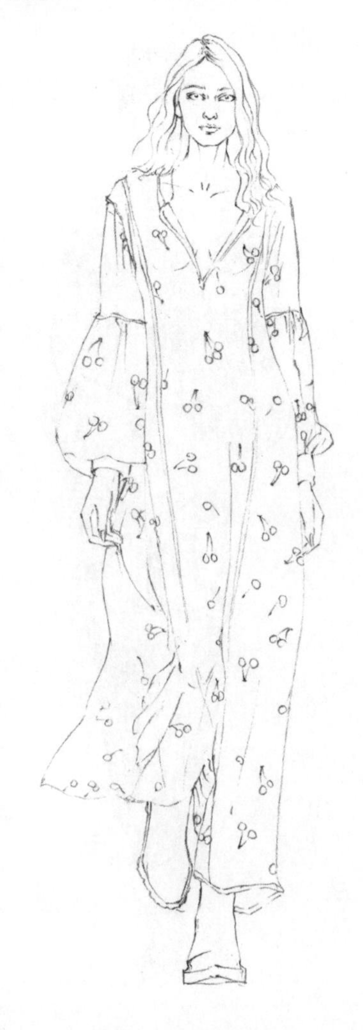

2. 细化线稿。用铅笔画出裙子上所有樱桃图案的轮廓，每组樱桃图案都可以简化成两个圆圈和两根线条。

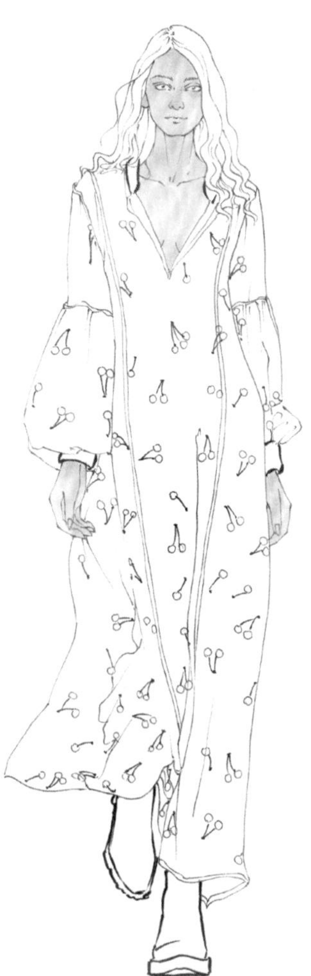

3. 开始勾线，并填充皮肤的颜色。用 COPIC 0.05 号棕色勾线笔勾出五官、脸型、头发、颈部、锁骨、手部的轮廓和所有樱桃图案的圆形轮廓，然后用慕娜美橄榄绿硬头勾线笔勾出所有樱桃图案的绿色枝干，再用黑色软头勾线笔勾出领口和靴子的轮廓，最后用浅肤色马克笔 R373 的软头均匀填充头部、颈部和手的颜色。

4. 加深皮肤暗部的颜色。用法卡勒三代肤色马克笔 RV363 依次加深五官、颈部和手部的暗部。五官的暗部主要集中在内眼角、外眼角、鼻根、鼻底和嘴唇阴影的位置；颈部的暗部主要集中在下巴下方、颈部两侧和锁骨的位置；手部的暗部主要集中在袖口和手掌内侧的位置。

5. 用棕色马克笔 E415 填充头发的颜色。填充颜色时注意头发的层次和明暗关系，可以先将头顶两侧和大波浪的高光区域留出来，以体现头发的立体效果，然后用浅肤色马克笔 R373 在皮肤的表层添加一层过渡色。

6. 绘制五官和头发的暗部，先用蓝绿色马克笔 BG89 填充眼球的颜色，然后用棕色马克笔 E416 绘制头发的暗部，再用黑色彩铅 499 加深眉毛、上眼线、下眼线和瞳孔的颜色，最后用印度红彩铅 492 加深五官、颈部和手部的暗部颜色。

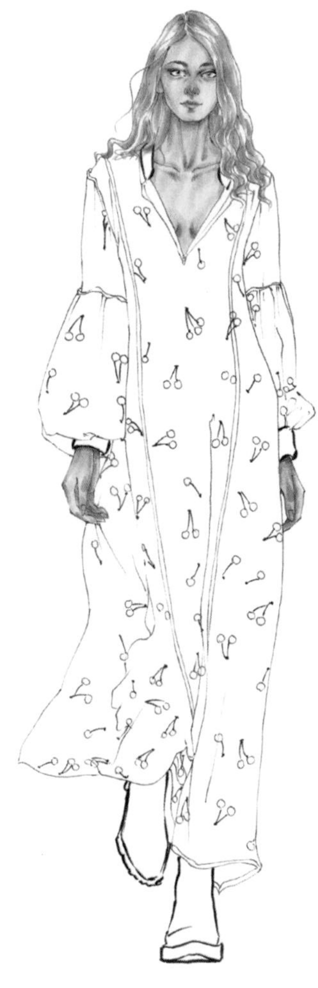

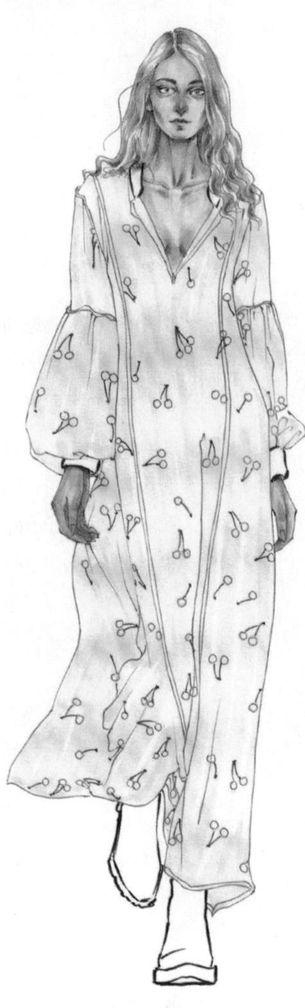

7. 填充裙子的颜色，并绘制五官和头发的暗部。先用紫灰色马克笔 PG43 填充裙子的颜色，用宽头竖向填充袖子、裙子的中片和右片，裙子的左片顺着裙子内部的褶皱方向填充；然后用棕色马克笔 E20 加深头发的暗部，集中在分缝位置、颈部两侧和所有曲线凹进去的位置；再用深肤色马克笔 RV209继续加深皮肤的暗部。

8. 绘制裙子和头发的暗部。先用紫灰色马克笔 PG38 绘制裙子的暗部，暗部主要集中在腋下、胸部、袖子内侧、袖口、两腿之间、辅助腿，以及所有褶皱线的位置；然后用深棕色马克笔 E417 继续加深头发的暗部；再用黄绿色马克笔 YG49绘制领口和袖口的颜色。

9. 填充樱桃图案的颜色，并绘制领口和袖口的暗部。先用红色马克笔 R140 填充樱桃图案的颜色，然后用蓝绿色马克笔 BG89 加深裙子领口和袖口的暗部，再用黑色彩铅 499 加深头发阴影和部分轮廓线。

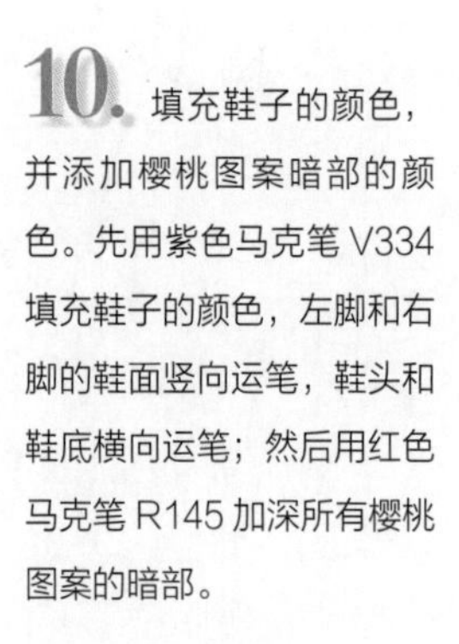

10. 填充鞋子的颜色，并添加樱桃图案暗部的颜色。先用紫色马克笔 V334 填充鞋子的颜色，左脚和右脚的鞋面竖向运笔，鞋头和鞋底横向运笔；然后用红色马克笔 R145 加深所有樱桃图案的暗部。

11. 绘制高光。用樱花 0.8 号白色高光笔先画出五官和头发的高光，再画出领口、袖口和鞋子的高光，然后在每个樱桃图案的左上角点缀一个高光点。

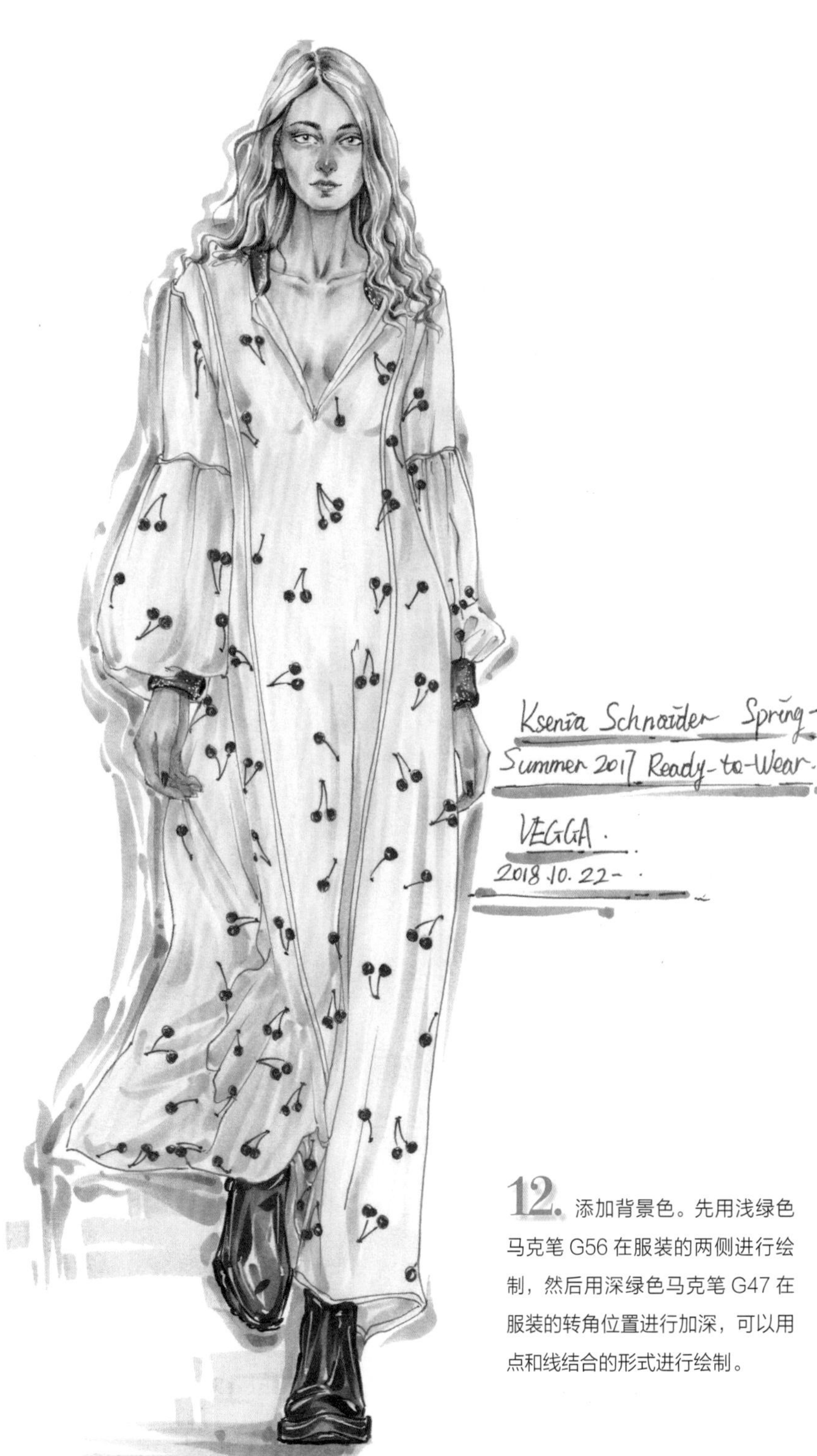

12. 添加背景色。先用浅绿色马克笔 G56 在服装的两侧进行绘制，然后用深绿色马克笔 G47 在服装的转角位置进行加深，可以用点和线结合的形式进行绘制。

5.1.4 西瓜图案的表现

水果图案是夏季潮流之一，它的多变和多彩让整个夏天充满了风情，相比其他图案更显活力。西瓜图案在炎热的夏天给人以凉爽的感觉，散发着青春的气息。

柠檬图案小样手绘表现

1 用彩色铅芯绘制柠檬图案的线稿。

2 在线稿的基础上均匀填充底层的颜色。

3 绘制黄色柠檬的颜色。

4 继续添加黄绿色柠檬的颜色，并用黑色勾线笔进行勾线。

R373 RV363 E436 RV209 E133 CG268 E134 CG270 R145 R210 R359 RV342 RV152 RV204 Y3

完整色卡展示

1. 绘制线稿。参考人体比例尺画出人体动态，然后画出头部、五官和头发的轮廓，再画出上衣、包、裤子和鞋子的轮廓，以及服装内部的所有结构线和褶皱线。

2. 绘制西瓜的图案。用铅笔画出裤子上呈半圆形的西瓜图案的轮廓，每个西瓜图案都是由一条直线和一条弧线组成的。

3. 勾线并填充皮肤的颜色。用COPIC 0.05号棕色勾线笔勾出五官、手臂和手部的轮廓，用慕娜美绿色硬头勾线笔或吴竹绿色软头勾线笔勾出所有西瓜图案的轮廓，用黑色软头勾线笔勾出上衣和裤子的轮廓，以及内部的结构线和褶皱线，最后用浅肤色马克笔R373均匀填充皮肤的颜色。

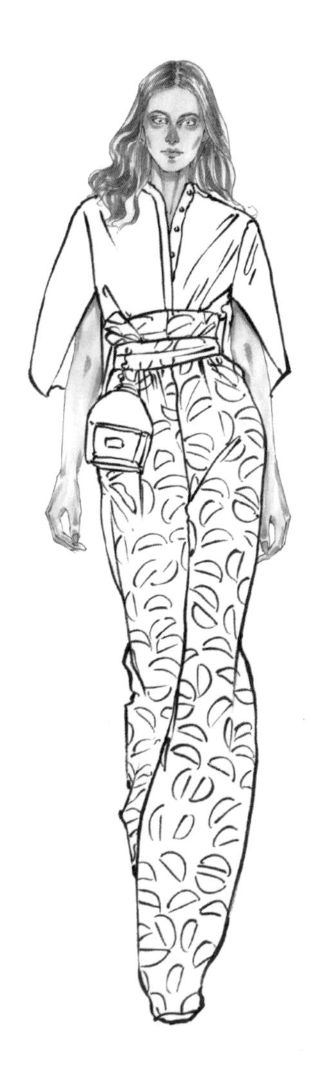

4. 填充头发的颜色，并绘制皮肤的暗部。先用棕色马克笔 E436 填充头发的颜色，高光位置留白处理；然后用肤色马克笔 RV363 加深皮肤的暗部；再用深肤色马克笔 RV209 继续加深皮肤的暗部。如果觉得皮肤的明暗对比太强，可以用浅肤色马克笔 R373 在皮肤的表层添加一层过渡色。

5. 绘制头发的暗部，并深入刻画五官的细节。先用深棕色马克笔 E133 绘制头发的暗部，然后用黑色彩铅 499 加深眉毛、双眼皮线、上下眼线和瞳孔的颜色，再用印度红彩铅 492 和玫瑰红彩铅 427 加深五官的暗部和颈部的阴影，最后用冷灰色马克笔 CG268 绘制裤子的颜色。

6. 绘制头发、裤子暗部和上衣的颜色。先用深棕色马克笔 E134 加深头发的暗部；再用冷灰色马克笔 CG270 加深裤子的暗部，裤子的暗部主要集中在腰部、裆底部和辅助腿的小腿位置；然后用红色马克笔 R145 绘制上衣的颜色，用马克笔的宽头快速上色，画面中可以适当留白。

7. 绘制上衣暗部和西瓜图案。先用红色马克笔 R210 加深上衣的暗部，主要加深肩膀、腋下、上衣后片和褶皱线的位置；然后用红色马克笔 R359 在每个西瓜图案轮廓的内侧进行填充，轮廓的边缘距离弧线的边缘要有一定的距离。

8. 填充包的颜色，并绘制部分高光。先用紫红色马克笔 RV342 填充包的颜色，然后用樱花 0.8 号白色高光笔画出五官、头发和上衣的高光，再用高光笔在门襟两侧闪光面料的表层添加高光点。因为面料本身的颜色较深，所以高光线和高光点都非常明显。

9. 绘制上衣和包的暗部。先用紫红色马克笔 RV152 加深上衣的暗部，上色时尽量避开高光线；然后继续用紫红色马克笔 RV152 绘制西瓜图案中西瓜籽的颜色；再用紫红色马克笔 RV204 加深包的暗部。

10. 绘制高光。用白色高光笔先画出玫红色包和裤子的高光，再画出每个西瓜图案上的高光。

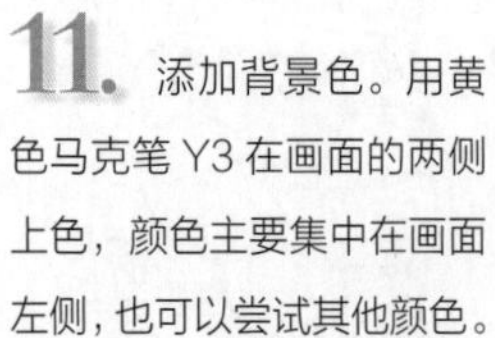

11. 添加背景色。用黄色马克笔 Y3 在画面的两侧上色，颜色主要集中在画面左侧，也可以尝试其他颜色。

5.1.5 植物和水果图案绘制练习

5.2 几何图案表现技法

几何图案抽象又不失时尚感，是服装设计的重要元素之一。它经久不衰，组合方法多样，随着时代的进步不断变化。在服装设计中，巧妙地运用几何图案可以更好地体现服装的特点。服装中的几何图案主要包括条纹图案、方格图案、交叉格纹图案、千鸟纹图案、圆点图案，以及它们之间相互组合而形成的图案。

5.2.1 条纹图案的表现

条纹的历史可追溯到1858年，条纹衫最早是水手出海时穿着的服装。自1917年Coco Chanel女士推出航海系列的服装之后，便彻底将条纹带进了时尚圈，并使其成为现在时尚圈的经典元素。绘制条纹图案时需注意条纹的曲线变化。

条纹图案小样手绘表现

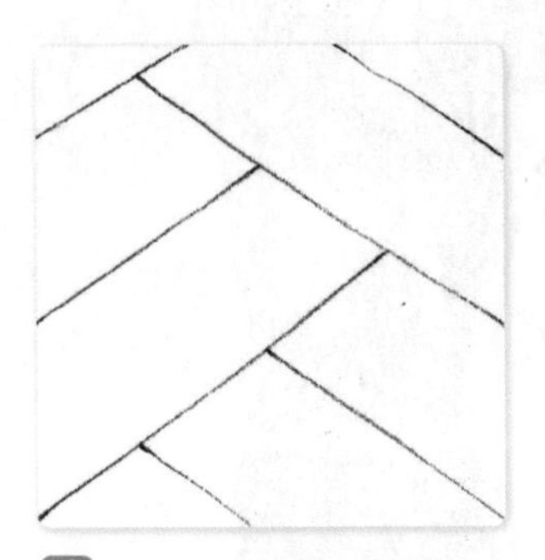

1 绘制辅助线稿。

2 用深蓝色马克笔绘制不同粗细的条纹。

3 用红色马克笔继续绘制条纹，粗细可以适当变化。

4 用红色勾线笔绘制细条纹。

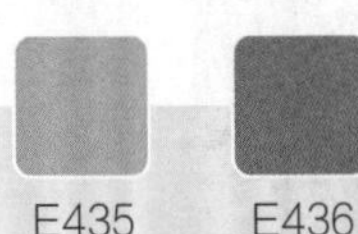

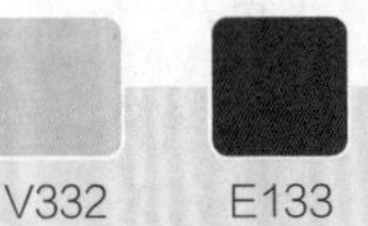

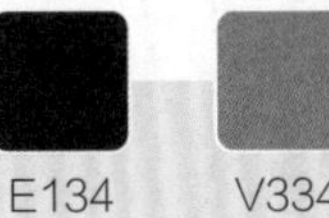

R373 E173 E174 E435 E436 V332 E133 V333 E134 V334 BG62 BG106

完整色卡展示

1. 绘制线稿。先参考人体比例尺画出人体动态和五官轮廓，然后画出头发、外套、打底衣、短裤和手包的轮廓。

2. 完善线稿并细化服装的内部结构。先用铅笔画出完整的外套轮廓和鞋子轮廓，然后画出打底衣和短裤的内部褶皱线，再画出外套和短裤内侧的条纹图案。

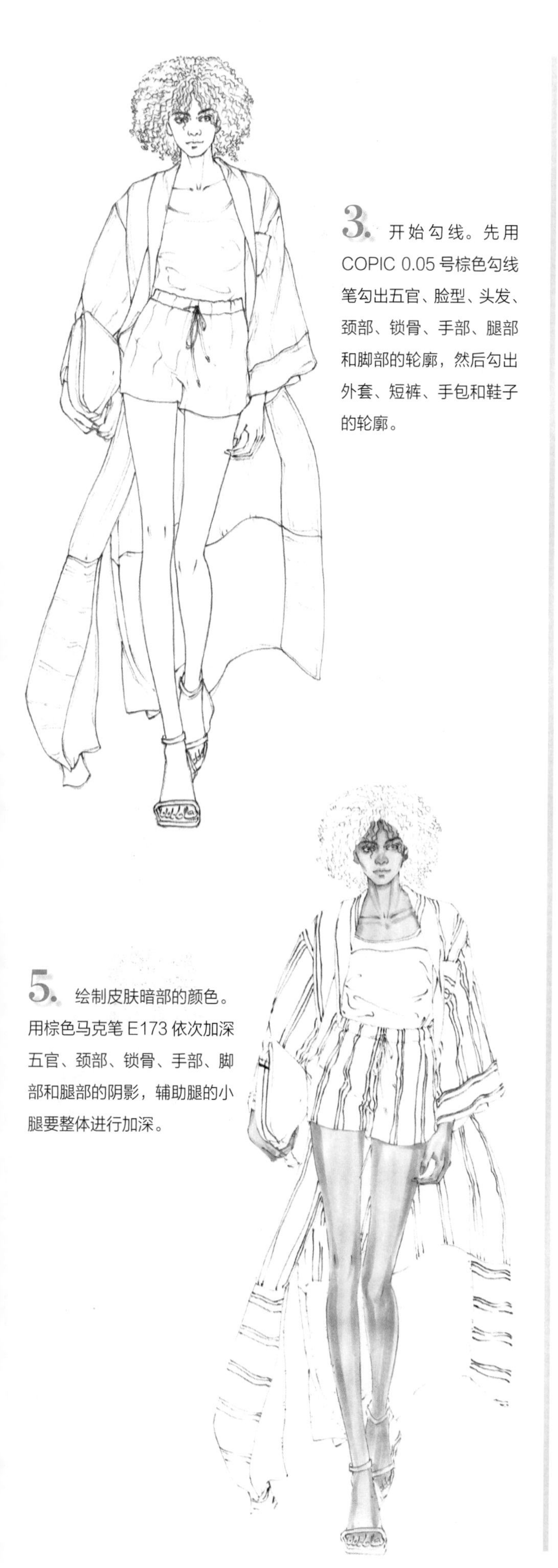

3. 开始勾线。先用 COPIC 0.05 号棕色勾线笔勾出五官、脸型、头发、颈部、锁骨、手部、腿部和脚部的轮廓，然后勾出外套、短裤、手包和鞋子的轮廓。

4. 完成勾线并填充皮肤的颜色。先用慕娜美或三菱黑色硬头勾线笔勾出外套和短裤内侧的竖向条纹，然后用慕娜美灰色硬头勾线笔勾出外套底摆后面的横向条纹，再用浅肤色马克笔 R373 均匀填充头部、颈部、手部、腿部和脚部的皮肤颜色。

5. 绘制皮肤暗部的颜色。用棕色马克笔 E173 依次加深五官、颈部、锁骨、手部、脚部和腿部的阴影，辅助腿的小腿要整体进行加深。

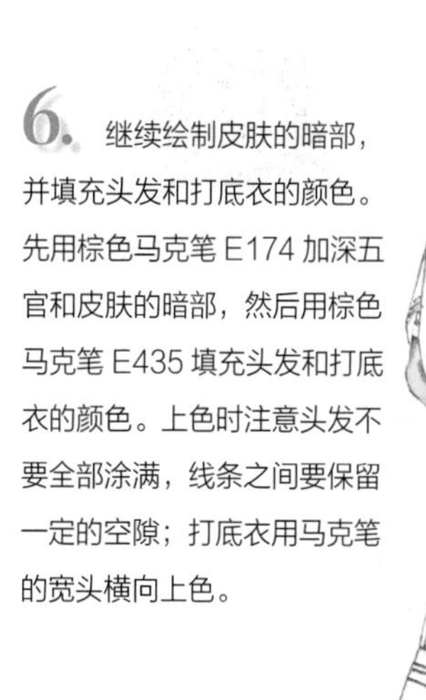

6. 继续绘制皮肤的暗部，并填充头发和打底衣的颜色。先用棕色马克笔 E174 加深五官和皮肤的暗部，然后用棕色马克笔 E435 填充头发和打底衣的颜色。上色时注意头发不要全部涂满，线条之间要保留一定的空隙；打底衣用马克笔的宽头横向上色。

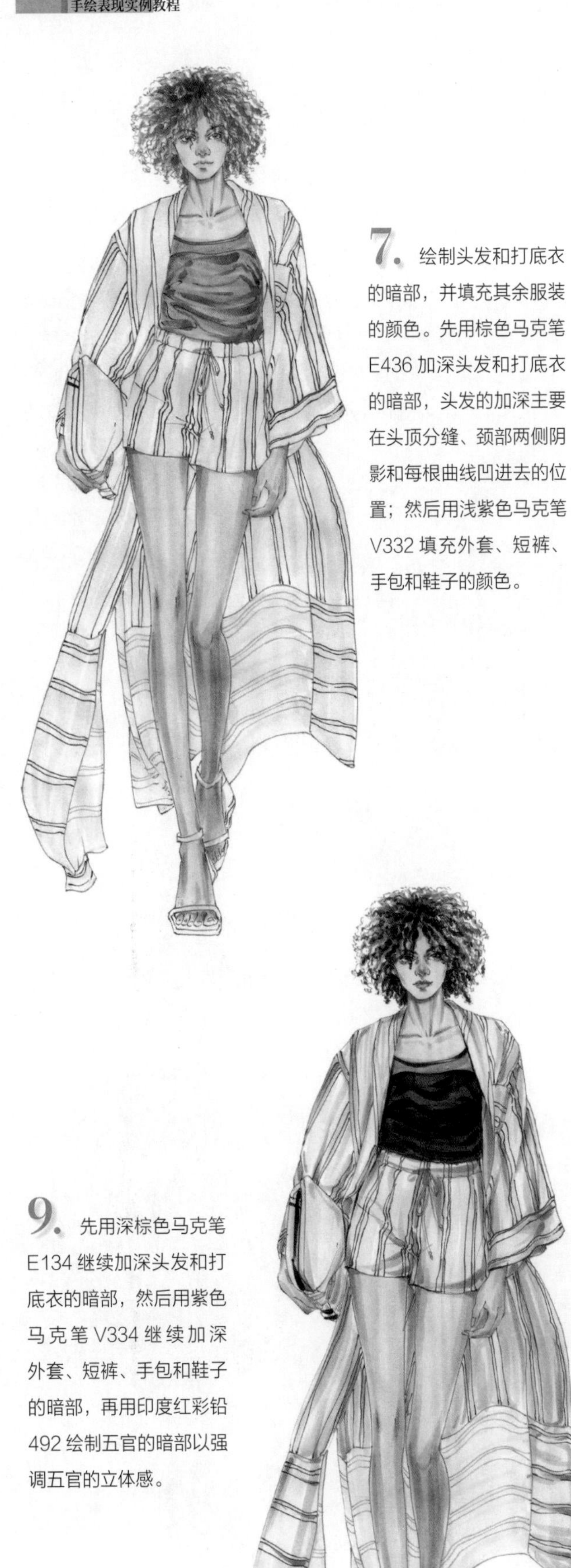

7. 绘制头发和打底衣的暗部，并填充其余服装的颜色。先用棕色马克笔E436加深头发和打底衣的暗部，头发的加深主要在头顶分缝、颈部两侧阴影和每根曲线凹进去的位置；然后用浅紫色马克笔V332填充外套、短裤、手包和鞋子的颜色。

8. 继续加深头发和服装的暗部。先用深棕色马克笔E133加深头发和打底衣的暗部；然后用紫色马克笔V333加深外套、短裤、手包和鞋子的暗部，外套底摆的内侧不用加深；再用黑色彩铅499加深上下眼线、瞳孔、鼻孔、嘴唇闭合线和脸型轮廓线。

9. 先用深棕色马克笔E134继续加深头发和打底衣的暗部，然后用紫色马克笔V334继续加深外套、短裤、手包和鞋子的暗部，再用印度红彩铅492绘制五官的暗部以强调五官的立体感。

10. 绘制高光。用白色高光颜料先画出五官和头发的高光，再画出打底衣、手包和鞋子的高光。

11. 添加背景色。用蓝绿色马克笔 BG62 和 BG106 集中在画面的左侧上色，先用浅蓝绿色马克笔 BG62 的宽头上色，再用深蓝绿色马克笔 BG106 的软头笔尖在表层添加装饰性的点和线。

5.2.2 交叉格纹图案的表现

交叉格纹图案基本是近些年每年秀场上都会出现的元素，占领了巨大的市场。在交叉格纹的展示上，从细致的小交叉格纹到标准的苏格兰格纹，再到今天的西装格纹，应有尽有；配色上也千变万化，除了经典的黑白配和红蓝配以外，还有很多其他颜色的搭配，可以根据设计风格的不同进行选择。

交叉格纹图案小样手绘表现

1 绘制辅助线稿。

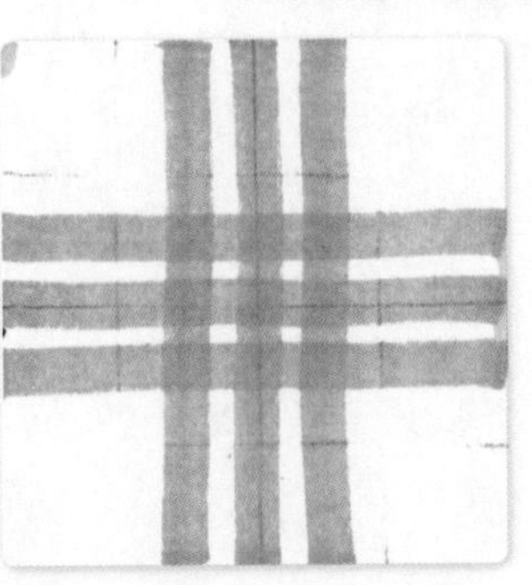

2 用灰色马克笔的宽头横竖各画 3 条直线，以形成交叉格纹图案。

3 用深灰色马克笔加深交叉位置的颜色。

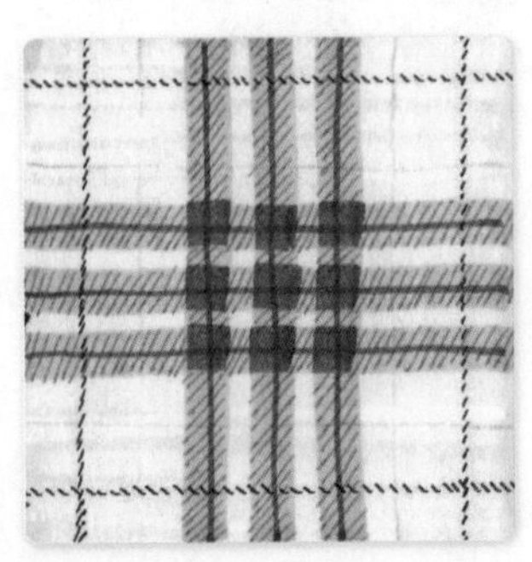

4 先用浅灰色马克笔填充画面，然后用深灰色勾线笔绘制交叉格纹上的斜纹，再用红色勾线笔绘制周边的红色斜纹。

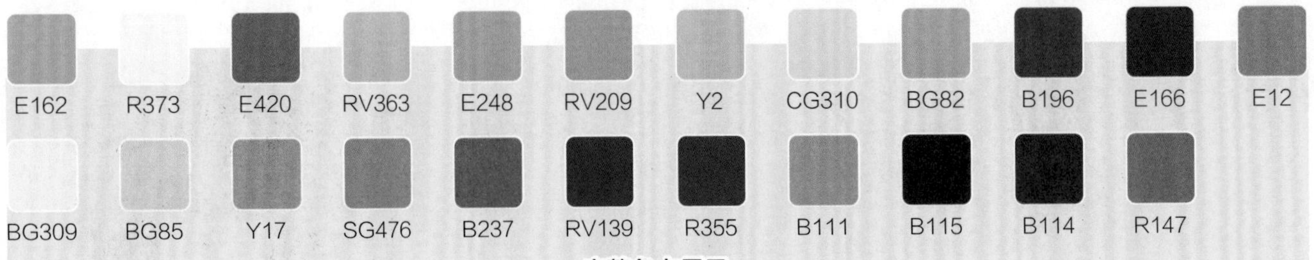

完整色卡展示

1. 先绘制适合的人体动态，本例中模特的头部微侧，中心线偏向画面的右侧，起型时要注意五官的比例和位置关系；然后画出头发、颈部、锁骨和手部的轮廓；再画出上衣、裙子和靴子的轮廓。

2. 细化服装的内部结构。先画出上衣、裤子和靴子的内部褶皱线，上衣的褶皱主要集中在腋下和腰部的位置，裤子的褶皱主要集中在裆底部、两腿之间和裙摆的位置；然后画出上衣和裤子上的交叉格纹图案。

3. 开始勾线。本例全部是用 COPIC 0.05 号棕色勾线笔完成的，先勾出五官、颈部和头发的轮廓，再按照顺序依次勾出上衣、上衣印花图案、裙子、裙子交叉格纹图案和鞋子的轮廓。

4. 填充头发和皮肤的颜色。先用浅棕色马克笔E162填充头发和上衣印花图案的颜色，为头发上色时注意笔触之间的留白面积；然后用COPIC浅肤色马克笔R000或者法卡勒三代浅肤色马克笔R373填充头部、颈部和手部的颜色，用马克笔的软头均匀上色。

5. 绘制头发和皮肤的暗部，并填充靴子的颜色。先用棕色马克笔E420绘制头发的暗部；然后加深上衣印花图案中头发的暗部颜色；再用肤色马克笔RV363绘制皮肤的暗部，主要加深眼角、鼻子、嘴唇阴影、颧骨、颈部、锁骨和手部的阴影位置；最后用棕色马克笔E248绘制靴子的颜色。

6. 继续加深皮肤的颜色，并填充裙子的颜色。先用深肤色马克笔RV209加深皮肤的暗部，主要加深眉毛、内眼角、外眼角、鼻底、上嘴唇和颈部的阴影；然后用黄色马克笔Y2的宽头横向填充表层裙子的颜色，笔触之间可以适当留白。

7. 填充上衣和裙子的颜色。用绿灰色马克笔GG310填充上衣和内侧裙子的颜色，用宽头顺着服装的外轮廓和内部褶皱线进行绘制；然后用黄色马克笔Y2的宽头竖向绘制表层裙子的颜色，注意笔触之间的宽度，与横向绘制的笔触组成交叉格纹图案。

8. 绘制头发和服装的暗部。用蓝绿色马克笔BG82绘制眼球，用蓝色马克笔B196绘制裙子侧面的格子，用棕色马克笔E166绘制头发的暗部，用棕色马克笔E12绘制靴子的暗部，用蓝绿色马克笔BG309和BG85绘制上衣和里层裙子的暗部并填充印花图案，最后用黄色马克笔Y17加深表层的交叉格纹。

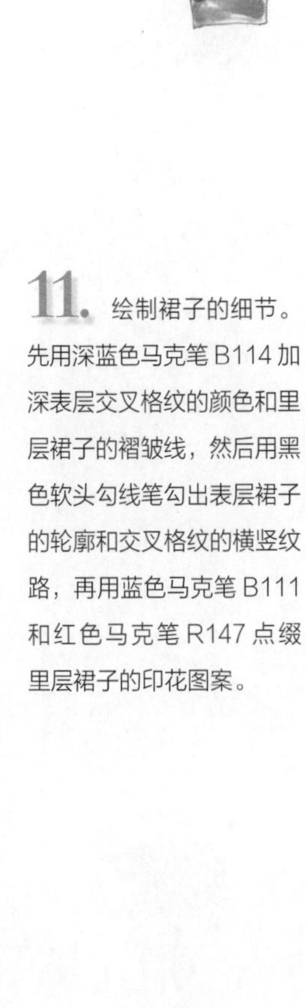

9. 细化五官和印花图案。先用黑色彩铅499加深上下眼线、瞳孔、嘴唇闭合线和脸型轮廓线，然后用银灰色马克笔SG476、蓝色马克笔B237、紫红色马克笔RV139填充上衣的印花图案，再用大红色马克笔R355绘制裙子侧面的格子，最后用银灰色马克笔SG476绘制鞋底。

10. 用蓝色马克笔B111绘制表层交叉格纹和里层裙子的暗部，然后用深蓝色马克笔B115加深上衣的印花图案和鞋底暗部的颜色。

11. 绘制裙子的细节。先用深蓝色马克笔B114加深表层交叉格纹的颜色和里层裙子的褶皱线，然后用黑色软头勾线笔勾出表层裙子的轮廓和交叉格纹的横竖纹路，再用蓝色马克笔B111和红色马克笔R147点缀里层裙子的印花图案。

12. 绘制高光。先用白色高光颜料画出眼睛、鼻子和嘴唇的高光，然后画出头发、上衣、裙子和靴子的高光。

13. 添加背景色。用黄色马克笔 Y2 的软头在服装的左侧进行绘制，笔触随着轮廓线的转折位置发生变化。

5.2.3 方格图案的表现

随着近些年复古风的流行，很多经典元素纷纷涌现，方格图案也不甘落后。除了传统的表现形式以外，方格图案还被赋予了更多的可能性，例如用不同的格子图案组合出新的图案，再或者用格子图案搭配不同材质的面料出现。发展至今，方格图案已成为经典元素中不可缺少的一部分。

方格图案小样手绘表现

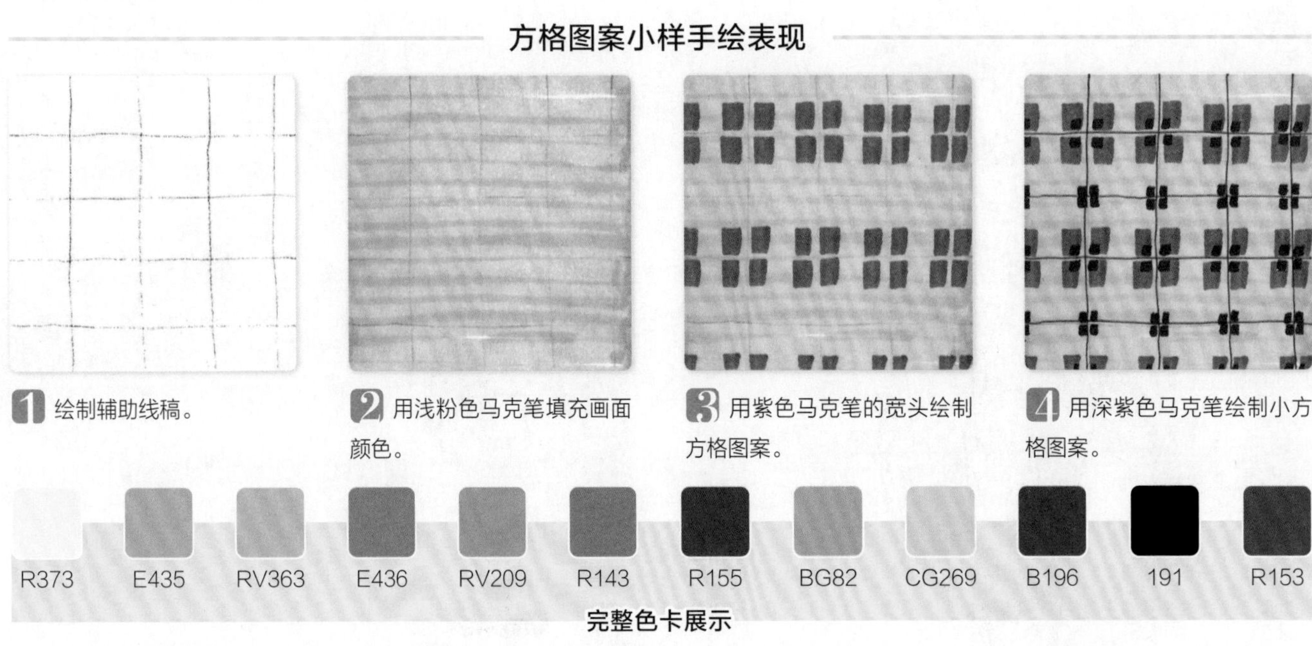

1 绘制辅助线稿。

2 用浅粉色马克笔填充画面颜色。

3 用紫色马克笔的宽头绘制方格图案。

4 用深紫色马克笔绘制小方格图案。

完整色卡展示

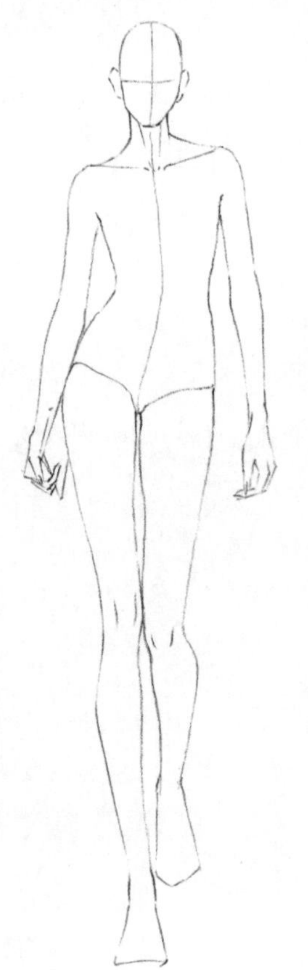

1. 绘制人体动态图。参考人体比例尺在纸上画出调整后的人体动态，标注出头部中心线和人体动态线。

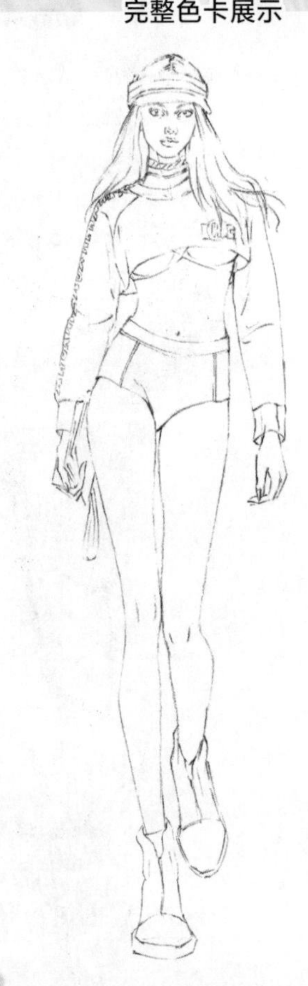

2. 绘制五官和服装的轮廓。先画出五官和头发的轮廓，然后画出帽子、上衣、内衣、内裤、手包和鞋子的轮廓，以及所有服装内侧的结构线。

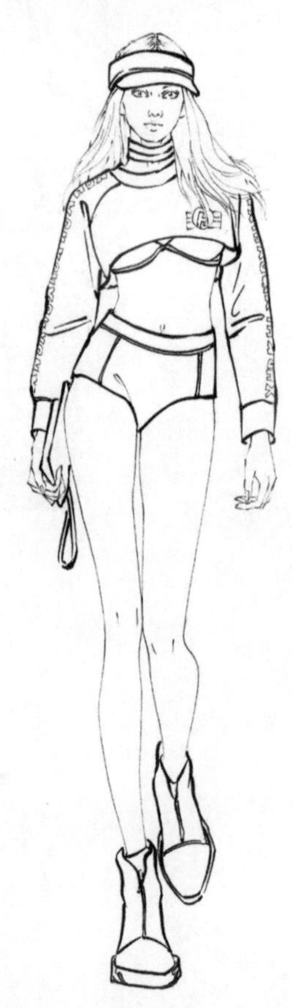

3. 开始勾线。先用 COPIC 0.05 号棕色勾线笔勾出五官、脸型、头发、颈部、腰部、手部和腿部的轮廓，然后用吴竹黑色软头勾线笔或者金万年小楷勾出帽子、上衣、内衣、内裤、手包和鞋子的轮廓。

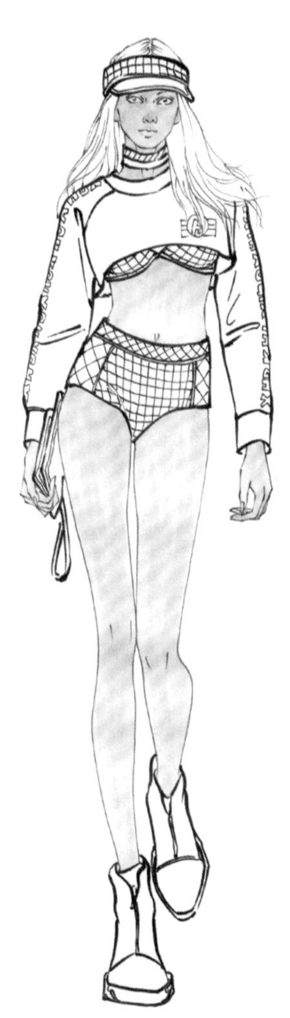

4. 填充皮肤的颜色。用COPIC浅肤色马克笔R000或者法卡勒三代浅肤色马克笔R373均匀填充头部、颈部、腰部、手部和腿部的颜色。

5. 添加头发和皮肤暗部的颜色。先用棕色马克笔E435绘制头发的颜色，笔触之间适当留白；再用肤色马克笔RV363加深皮肤的暗部，主要加深五官暗部、颈部阴影、胸部下方、大腿根部、大腿和小腿两侧、膝盖和辅助腿小腿的位置。

6. 继续加深头发和皮肤的暗部，并填充上衣的颜色。先用棕色马克笔E436绘制头发的暗部，主要加深分缝位置和颈部两侧；然后用深肤色马克笔RV209分别加深眉毛、内眼角、外眼角、鼻底、嘴唇、嘴唇阴影、颈部阴影、胸部下方、大腿根部、膝盖和辅助腿小腿两侧的位置；再用红色马克笔R143填充帽檐和上衣的颜色，以及手包和内裤的部分颜色。

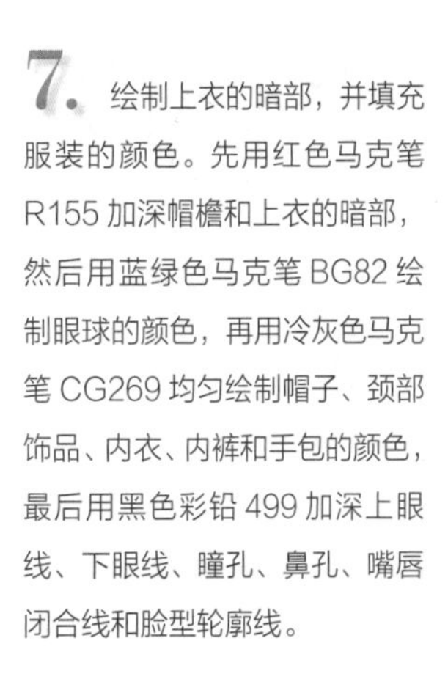

7. 绘制上衣的暗部，并填充服装的颜色。先用红色马克笔R155加深帽檐和上衣的暗部，然后用蓝绿色马克笔BG82绘制眼球的颜色，再用冷灰色马克笔CG269均匀绘制帽子、颈部饰品、内衣、内裤和手包的颜色，最后用黑色彩铅499加深上眼线、下眼线、瞳孔、鼻孔、嘴唇闭合线和脸型轮廓线。

8. 填充方格图案和鞋子的颜色。用深蓝色马克笔 B196 绘制帽子、颈部饰品、内衣、内裤和手包上较深的颜色；然后继续用 B196 绘制鞋子的颜色，鞋面竖向运笔，鞋头横向运笔，注意适当留白。

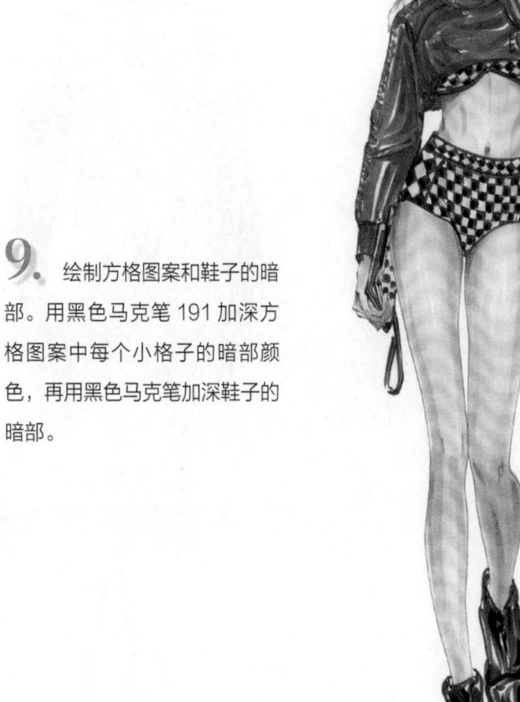

9. 绘制方格图案和鞋子的暗部。用黑色马克笔 191 加深方格图案中每个小格子的暗部颜色，再用黑色马克笔加深鞋子的暗部。

Tommy Hilfiger Spring 2
Ready-to-Wear.
VEGGA.
2018.10.28~.

10. 绘制高光，并填充背景色。先用樱花 0.8 号白色高光笔画出五官、头发、帽子、服装和鞋子的高光，然后用红色马克笔 R153 在画面的左侧添加背景色。

5.2.4 圆点图案的表现

近些年圆点图案在秀场上逐年增多，各大品牌都借着复古风潮推出圆点系列。生活中的圆点图案经常出现在裙子、外套和打底衫上，最经典的就是黑白圆点，穿着时髦且凸显气质。

圆点图案小样手绘表现

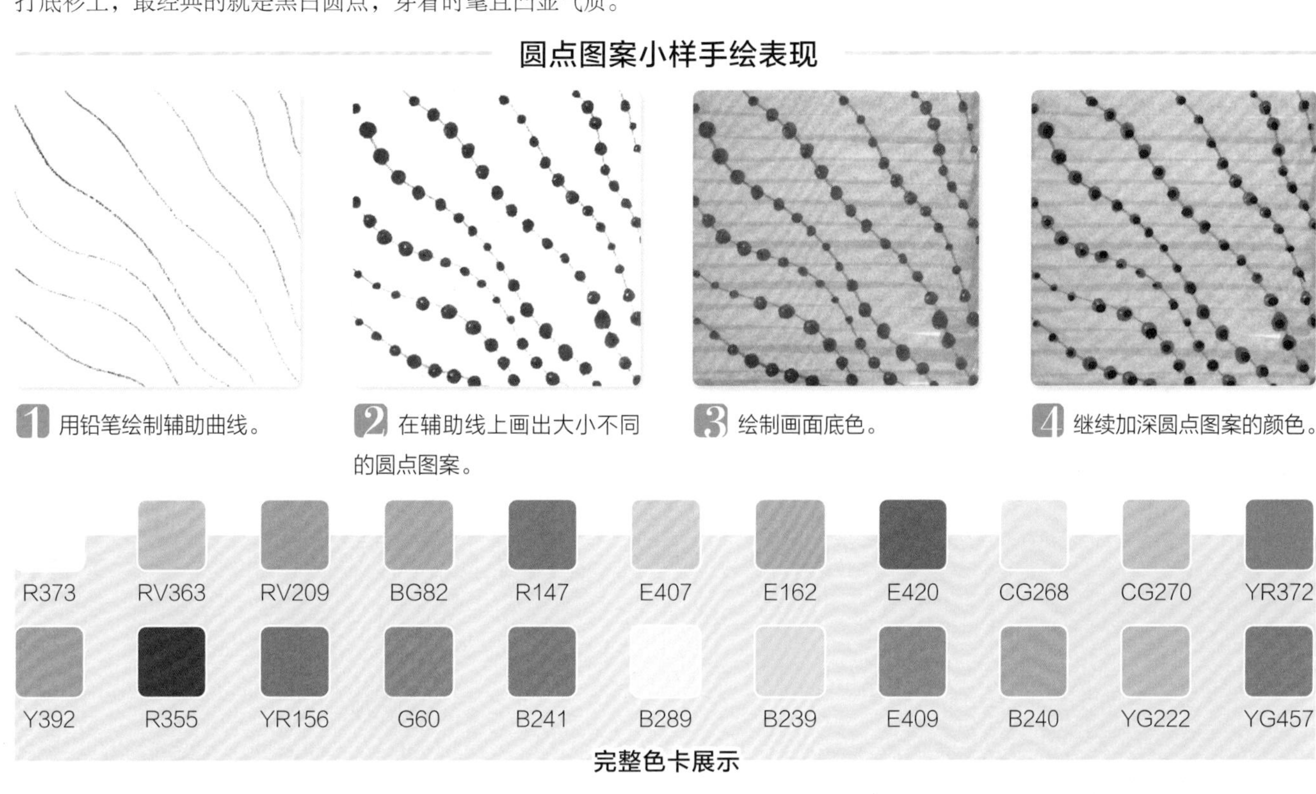

1 用铅笔绘制辅助曲线。

2 在辅助线上画出大小不同的圆点图案。

3 绘制画面底色。

4 继续加深圆点图案的颜色。

完整色卡展示

1. 绘制线稿。先画出人体动态，然后根据“三庭五眼”的比例位置画出头部、五官和头发的轮廓，再根据人体动态图画出服装和鞋子的轮廓。

2. 绘制服装上的印花图案。先画出上衣上的圆点图案，再画出裙子上的木屋和椰子树图案。

3. 开始勾线。先用COPIC 0.05号棕色勾线笔勾出五官、脸型、头发、颈部、腰部、手部和腿部的轮廓，然后用黑色勾线笔勾出帽子、上衣、内衣、内裤、手包和鞋子的轮廓。

4. 填充皮肤的颜色。用COPIC浅肤色马克笔R000或者法卡勒三代浅肤色马克笔R373均匀填充头部、颈部、腰部、手部和腿部的颜色。

5. 绘制皮肤暗部的颜色。用肤色马克笔RV363依次加深五官、颈部、手臂、手部、腿部和脚部的暗部，五官主要加深内眼角、外眼角、鼻头、鼻底、嘴唇、嘴唇阴影、颧骨和耳朵的位置。

6. 继续加深皮肤的暗部。先用深肤色马克笔RV209重复加深一遍皮肤的暗部，然后用蓝绿色马克笔BG82绘制眼球的颜色，再用红色马克笔R147绘制嘴唇的颜色。

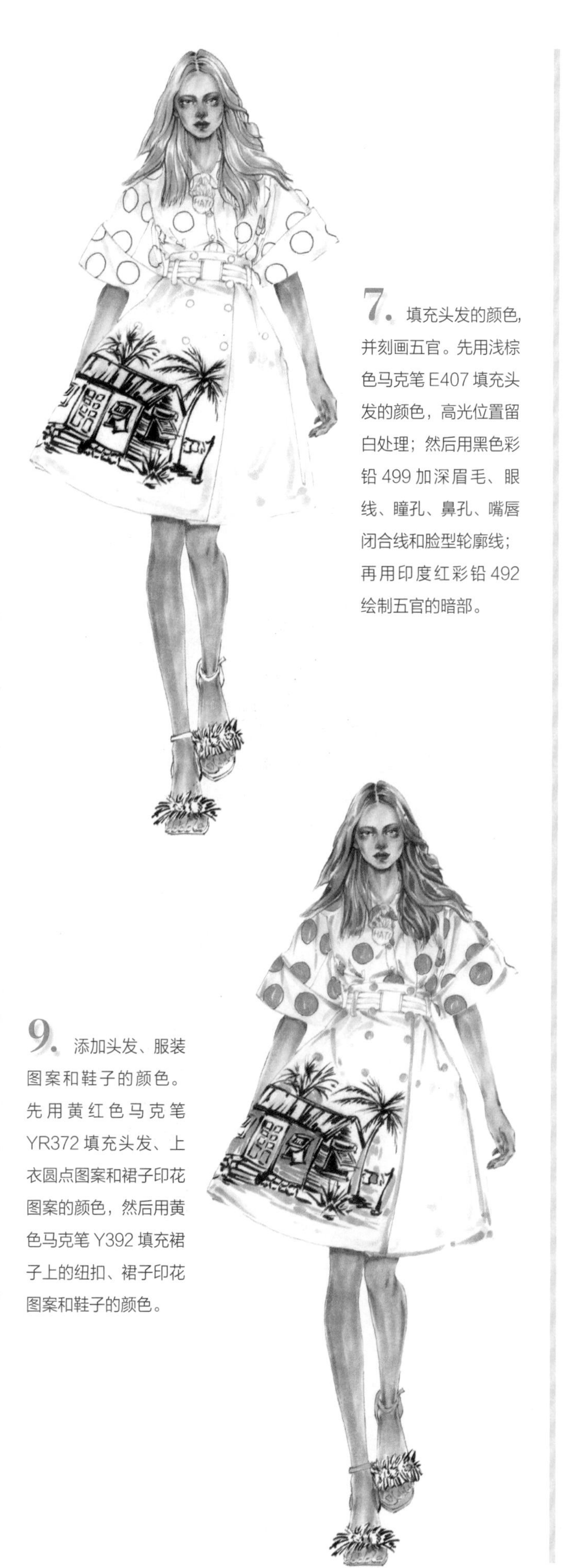

7. 填充头发的颜色，并刻画五官。先用浅棕色马克笔 E407 填充头发的颜色，高光位置留白处理；然后用黑色彩铅 499 加深眉毛、眼线、瞳孔、鼻孔、嘴唇闭合线和脸型轮廓线；再用印度红彩铅 492 绘制五官的暗部。

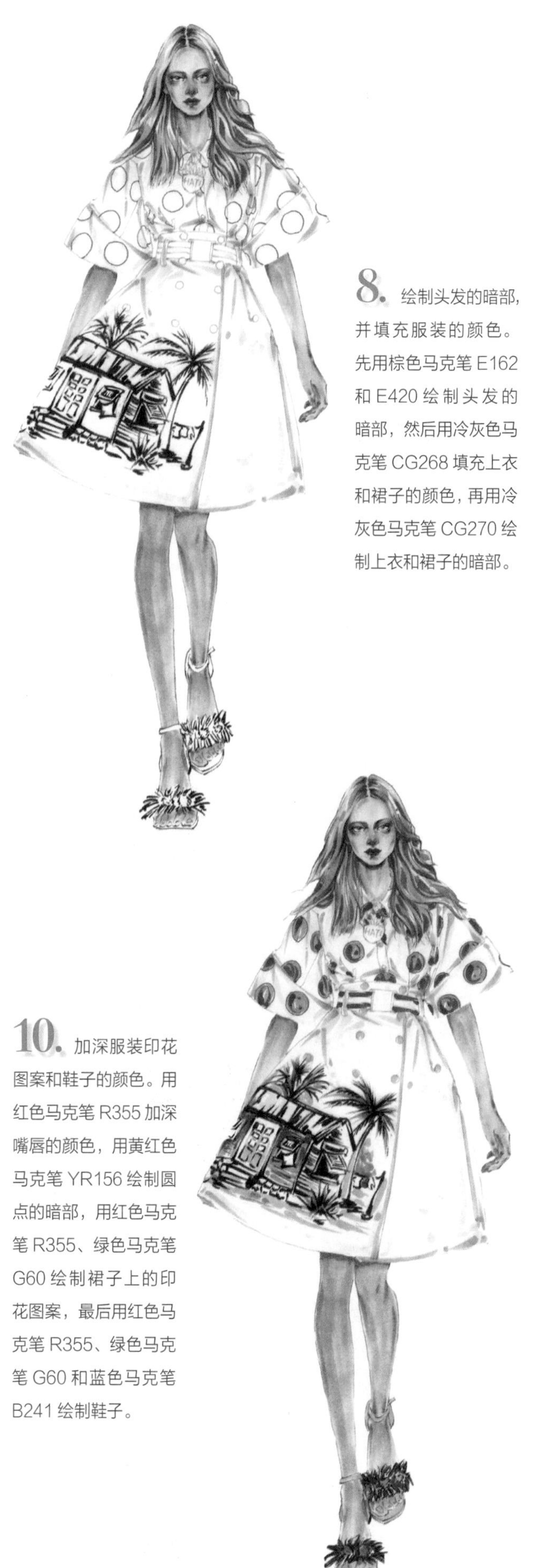

8. 绘制头发的暗部，并填充服装的颜色。先用棕色马克笔 E162 和 E420 绘制头发的暗部，然后用冷灰色马克笔 CG268 填充上衣和裙子的颜色，再用冷灰色马克笔 CG270 绘制上衣和裙子的暗部。

9. 添加头发、服装图案和鞋子的颜色。先用黄红色马克笔 YR372 填充头发、上衣圆点图案和裙子印花图案的颜色，然后用黄色马克笔 Y392 填充裙子上的纽扣、裙子印花图案和鞋子的颜色。

10. 加深服装印花图案和鞋子的颜色。用红色马克笔 R355 加深嘴唇的颜色，用黄红色马克笔 YR156 绘制圆点的暗部，用红色马克笔 R355、绿色马克笔 G60 绘制裙子上的印花图案，最后用红色马克笔 R355、绿色马克笔 G60 和蓝色马克笔 B241 绘制鞋子。

11. 添加裙子上印花图案的颜色。用淡蓝色马克笔 B289 和 B239 绘制蓝天的颜色，然后用棕色马克笔 E409 绘制木屋的颜色，再用大红色马克笔 R355 加深腰带条纹的颜色。

12. 继续添加裙子上印花图案的颜色。分别在画面中添加绿色 B240、黄绿色 YG222 和 YG457。

13. 绘制高光，并添加背景色。先用黑色软头勾线笔勾出部分服装的轮廓，主要强调服装的转角位置；然后用樱花 0.8 号白色高光笔画出头部、服装和鞋子的高光；再用黄红色马克笔 YR372 和 YR156 绘制背景色。

5.2.5 几何图案绘制练习

5.3 动物纹图案表现技法

动物纹是动物皮毛上与生俱来的纹路，自然而又富于变化，因此，深受时装设计师的喜爱。最开始被应用到服装中的是豹纹，随着时代的发展，现在市面上也可以看到斑马纹、奶牛纹、长颈鹿纹和蟒纹等，设计手法也更加夸张、大胆，例如炫彩豹纹、变异斑马纹、异域皮纹等。

5.3.1 豹纹图案的表现

豹纹是一种时尚元素，始于20世纪40年代。美国服装设计师Norman Norell在1943年设计了一款带有豹纹元素的“裘皮”大衣，开创了豹纹应用于时装的先河，现在有很多国际服装品牌都已经将豹纹作为品牌的主要元素。

彩色豹纹小样手绘表现

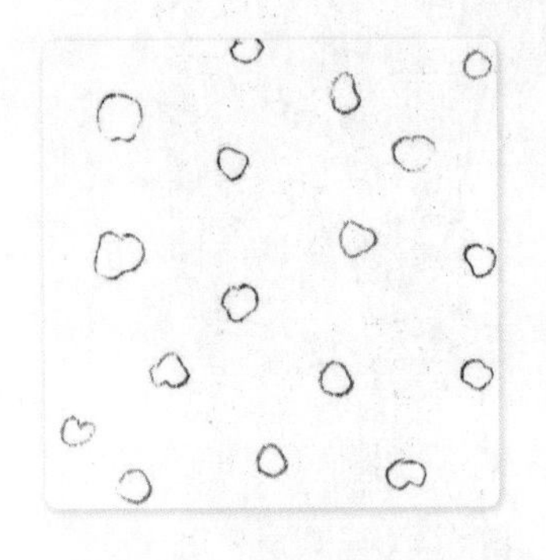

1 用铅笔标注豹纹位置。

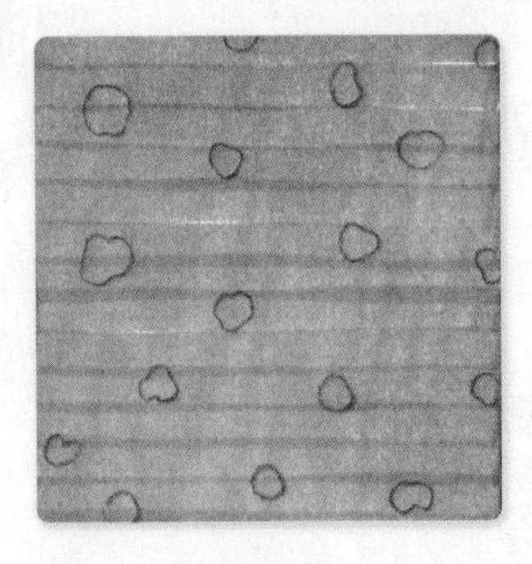

2 填充画面颜色。

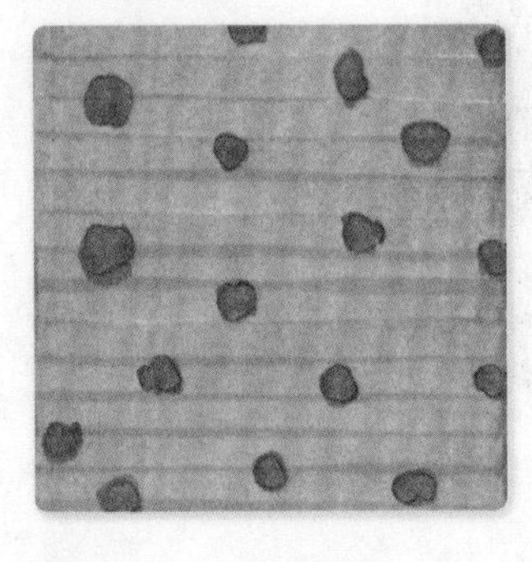

3 填充粉色豹纹。

4 绘制豹纹外圈深色。

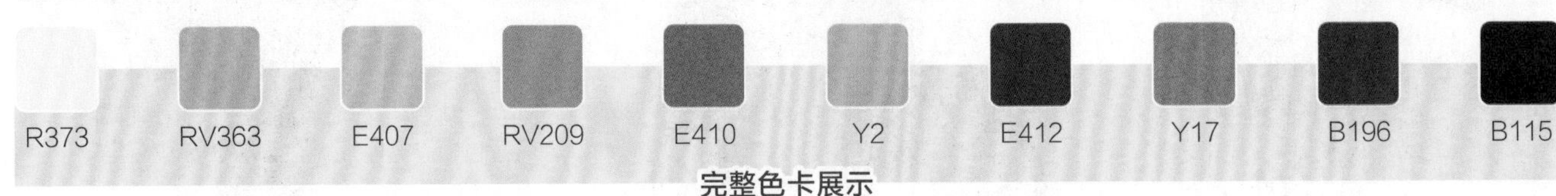

完整色卡展示

1. 绘制线稿。先画出服装里层的人体结构和动态，然后参考“三庭五眼”的比例位置画出头部、五官和头发的轮廓，再参考人体动态画出裙子和豹纹马甲的轮廓。

2. 完成勾线。先用COPIC 0.05号棕色勾线笔勾出五官、头发、颈部和手部的轮廓，然后用黑色软头勾线笔勾出裙子和马甲的轮廓，以及裙子的内部褶皱线。

3. 填充皮肤色。用COPIC浅肤色马克笔R000或者法卡勒三代浅肤色马克笔R373填充头部、颈部、手部和腿部的颜色，用软头笔尖均匀上色。

4. 绘制皮肤暗部的颜色，并填充头发和马甲的颜色。先用肤色马克笔RV363加深眼角、鼻子、嘴唇和颧骨的颜色，再继续加深颈部的阴影和腿部的暗部，然后用浅棕色马克笔E407填充头发和豹纹马甲。

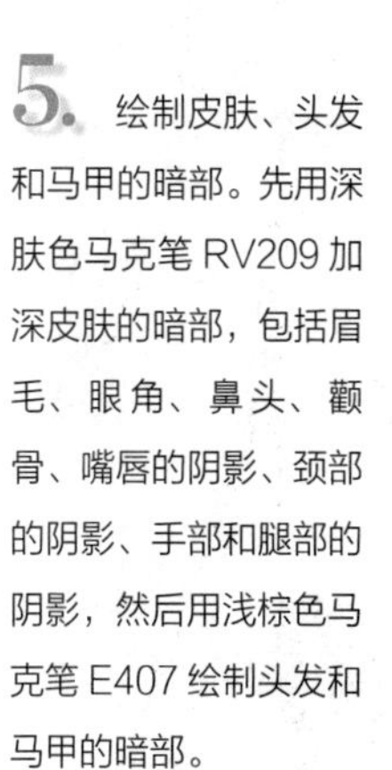

5. 绘制皮肤、头发和马甲的暗部。先用深肤色马克笔RV209加深皮肤的暗部，包括眉毛、眼角、鼻头、颧骨、嘴唇的阴影、颈部的阴影、手部和腿部的阴影，然后用浅棕色马克笔E407绘制头发和马甲的暗部。

6. 用棕色马克笔E410继续加深头发的暗部并绘制豹纹图案，头发的暗部主要集中在头发分缝、颈部两侧和曲线凹进去的位置。

7. 填充裙子的颜色，并刻画五官。先用黄色马克笔 Y2 填充裙子，然后用深棕色马克笔 E412 再加深一遍头发的暗部，再用黑色彩铅 499 依次加深眉毛、上下眼线、鼻孔和嘴唇闭合线，最后用印度红彩铅 492 加深眼影、鼻底、嘴唇和颧骨。

8. 绘制裙子暗部和边缘位置的颜色。先用黄色马克笔 Y17 绘制裙子的暗部，主要加深袖子内侧、袖口、膝盖弯曲的位置，以及所有褶皱线的位置；然后用深蓝色马克笔 B196 绘制领口、腰部和裙子开叉位置边缘的颜色。

9. 先用深蓝色马克笔 B115 绘制豹纹图案的深色部分，以及领口、腰部和裙子开叉位置边缘的暗部；然后用黑色软头勾线笔勾出部分头发的轮廓。

10. 绘制高光。先用樱花 0.8 号白色高光笔画出五官和头发的高光，头发的高光要顺着发丝的方向进行添加；然后画出裙子和豹纹图案的高光，高光线主要画在深色的表层。

11. 添加背景色。用黄色马克笔 Y2 分别在裙子的两侧进行上色，注意线条要飘逸、灵活。

5.3.2 奶牛纹的表现

动物纹一直是潮流时尚经久不衰的元素之一，其中，奶牛纹十分受设计师的喜爱，并被大量运用在服装、鞋子和一些服装配饰的设计中，经典的黑白花纹充满了纯真与童趣。

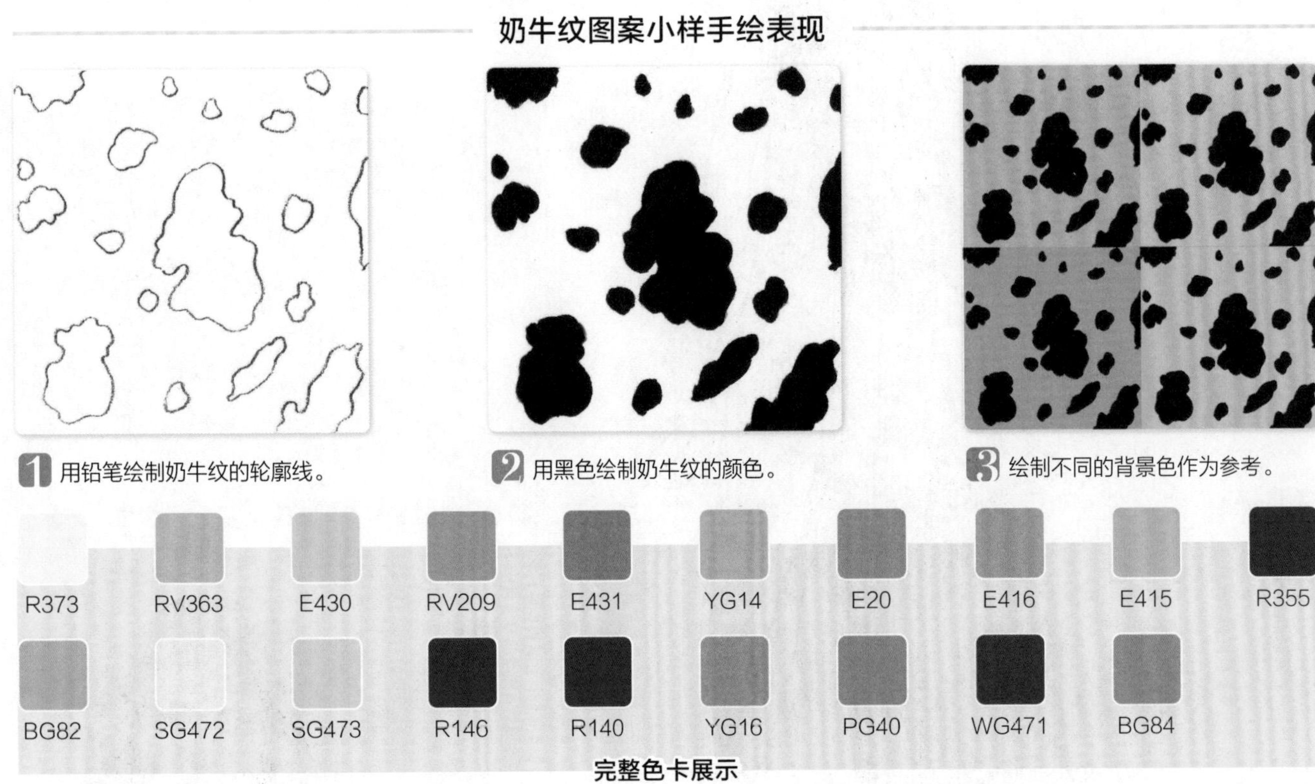

1. 参考人体比例尺绘制人体动态，然后根据“三庭五眼”的比例位置画出头部、五官和头发的轮廓，再根据人体动态画出外套、手拎包和鞋子的轮廓。

2. 细化服装结构线和印花图案，绘制外层外套的纽扣轮廓、里层外套的奶牛纹图案和鞋子内部的结构线。

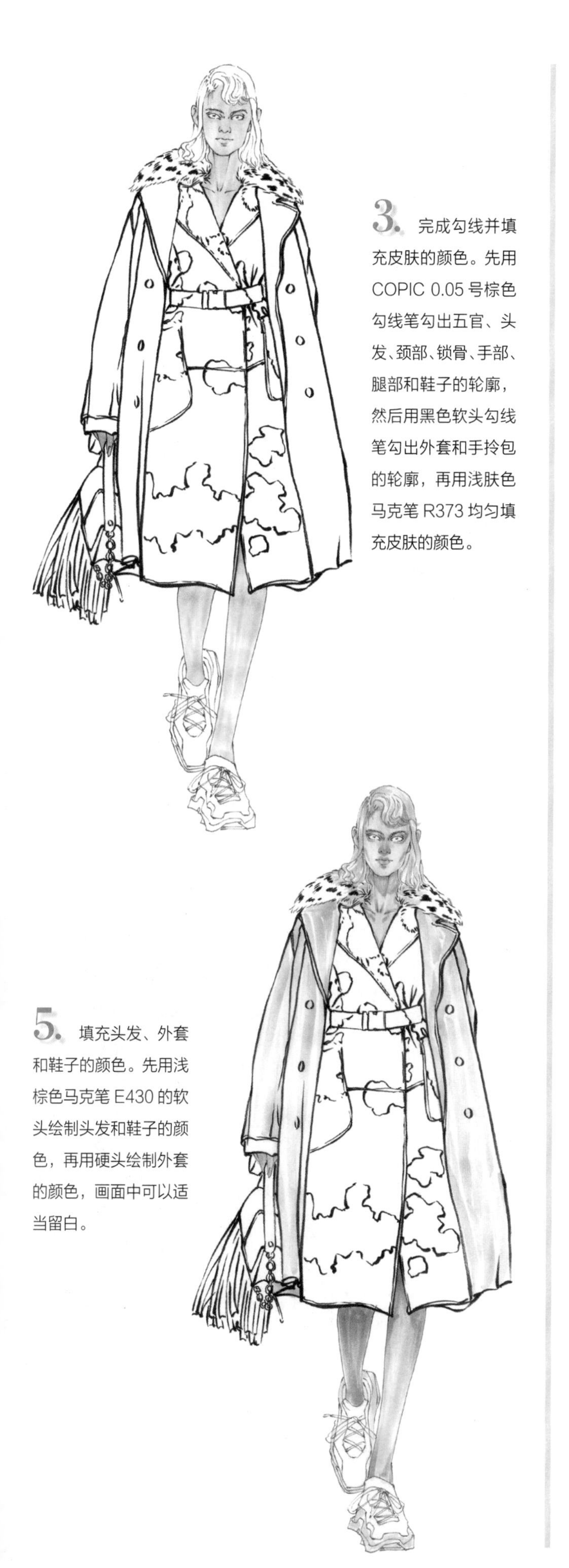

3. 完成勾线并填充皮肤的颜色。先用COPIC 0.05号棕色勾线笔勾出五官、头发、颈部、锁骨、手部、腿部和鞋子的轮廓，然后用黑色软头勾线笔勾出外套和手拎包的轮廓，再用浅肤色马克笔R373均匀填充皮肤的颜色。

5. 填充头发、外套和鞋子的颜色。先用浅棕色马克笔E430的软头绘制头发和鞋子的颜色，再用硬头绘制外套的颜色，画面中可以适当留白。

4. 绘制皮肤的暗部。先用肤色马克笔RV363绘制五官的暗部，以及头发在头部形成的阴影区域；然后继续加深下巴的下方、颈部的两侧、锁骨的阴影、手部和腿部的暗部，着重加深辅助腿的小腿。

6. 绘制皮肤和头发的暗部。先用深肤色马克笔RV209加深皮肤的暗部；然后用棕色马克笔E431绘制头发的暗部，主要加深头发分缝、鬓角两侧和颈部两侧的位置。

7. 填充手拎包的颜色，并继续加深五官和头发暗部的颜色。先用黄绿色马克笔 YG14 填充手拎包的颜色；然后用黑色彩铅 499 加深五官；再用深棕色马克笔 E20 加深头发和外套的暗部，外套的暗部主要集中在领子边缘、肩膀和袖子内侧的位置。

8. 加深外套的暗部，并填充嘴唇的颜色。先用深棕色马克笔 E416 绘制外套的暗部，然后用浅棕色马克笔 E415 整体加深外套的颜色，再用大红色马克笔 R355 绘制嘴唇的颜色。

9. 继续用蓝绿色马克笔 BG82 绘制眼球的颜色，用银灰色马克笔 SG472 和 SG473 绘制里层外套、皮草领子和鞋子的颜色，再用红色马克笔 R146 和 R140 绘制袖口的颜色，最后用黄绿色马克笔 YG16 绘制手拎包的暗部。

10. 用紫灰色马克笔 PG40 绘制外层外套纽扣的颜色、里层外套奶牛纹的颜色和皮草领子的颜色。

11. 用暖灰色马克笔 WG471 加深皮草领子的颜色和奶牛纹暗部的颜色，包括腰带位置的纹样颜色。

12. 绘制高光，并添加背景色。先用樱花0.8号白色高光笔依次画出五官、头发、外套和鞋子的高光；然后用蓝绿色马克笔 BG82 和 BG84 绘制背景色，颜色主要集中在画面左侧。

5.3.3 老虎纹的表现

动物纹是野性的体现，在当下时尚圈风头不减，不论是豹纹、斑马纹、奶牛纹、鹿纹还是老虎纹，在秀场、宴会和商场中都能看到。经典的动物纹图案使人印象深刻，老虎纹个性狂野，给人以霸气的感觉。

老虎纹图案小样手绘表现

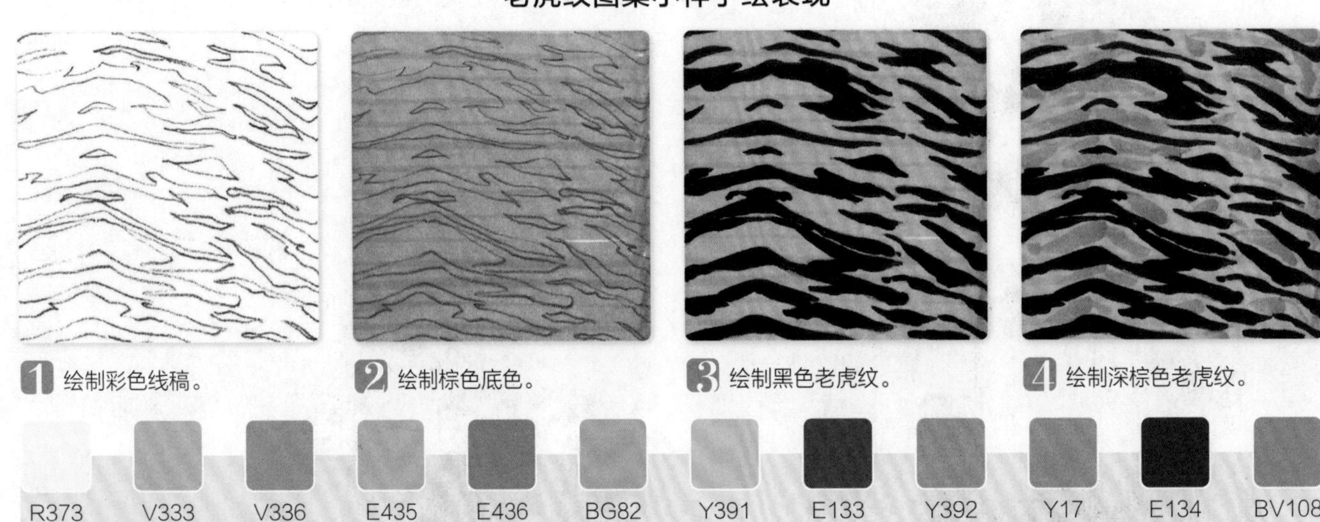

完整色卡展示

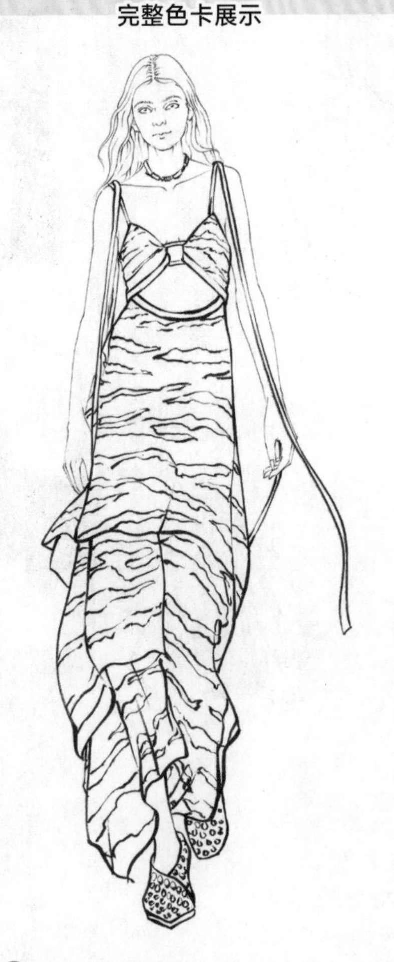

1. 绘制线稿。先用铅笔在纸张的中间位置画一幅正面行走的人体动态图，然后绘制五官、头发、裙子和鞋子的轮廓，再画出裙子上的老虎纹图案的轮廓。

2. 完成勾线。先用 COPIC 0.05 号棕色勾线笔勾出头部、五官、头发、颈部、锁骨、手臂和手部的轮廓，然后用吴竹黑色软头毛笔或者金万年小楷勾出裙子和鞋子的轮廓。

3. 填充皮肤的颜色。用 COPIC 浅肤色马克笔 R000 或者法卡勒三代浅肤色马克笔 R373 的软头均匀填充头部、颈部、胸部、手臂和手部的颜色。

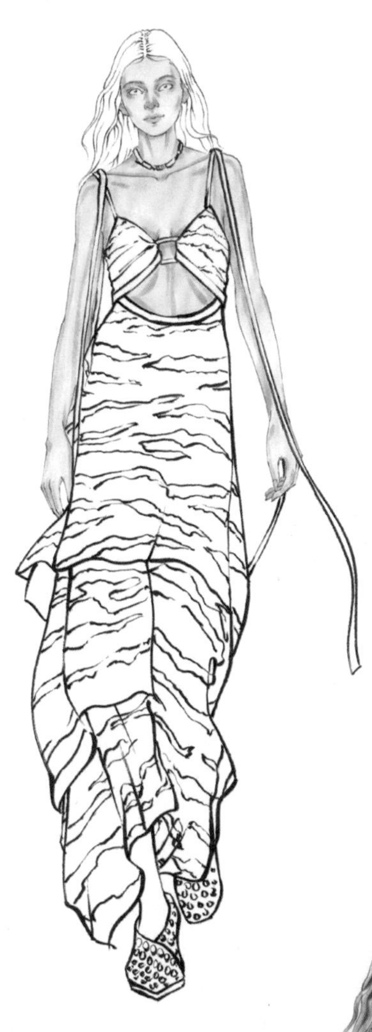

4. 绘制皮肤的暗部。用紫色马克笔 V333 分别加深眉毛、内眼角、外眼角、鼻底、嘴唇、耳朵、颈部、锁骨、胸部、腋下、手臂和手肘的位置，让皮肤的整体颜色偏紫。

5. 用紫色马克笔 V336 继续加深皮肤的暗部，暗部区域参考步骤 4。如果觉得皮肤色的明暗对比太明显，可以用浅肤色马克笔 R373 和紫色马克笔 V333 在皮肤的表层绘制过渡色。

6. 填充头发的颜色，并深入刻画五官。先用棕色马克笔 E435 绘制头发和部分服装的颜色；然后用棕色马克笔 E436 绘制头发的暗部，主要加深头发分缝、鬓角两侧和颈部两侧的位置；再用黑色彩铅 499 加深上下眼线、瞳孔、鼻孔和嘴唇闭合线。

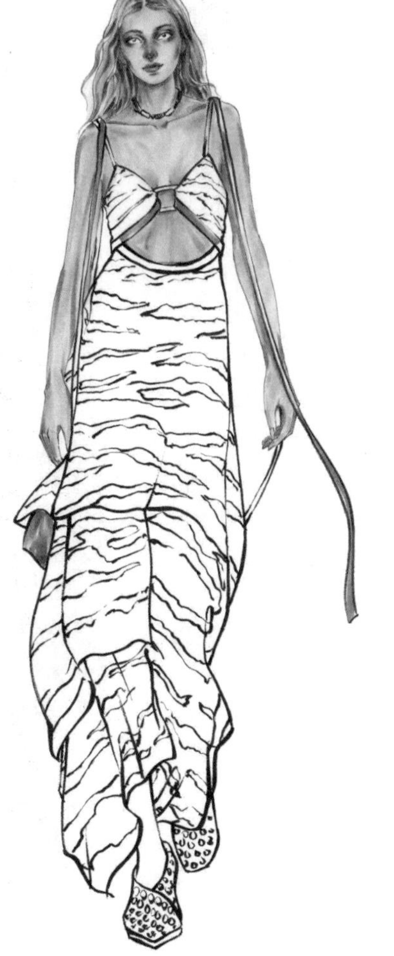

7. 填充眼球、裙子和鞋子的颜色，并加深头发暗部的颜色。先用蓝绿色马克笔 BG82 绘制眼球的颜色，然后用黄色马克笔 Y391 绘制裙子的颜色，再用棕色马克笔 E435 绘制鞋子的颜色，最后用深棕色马克笔 E133 加深头发的暗部。

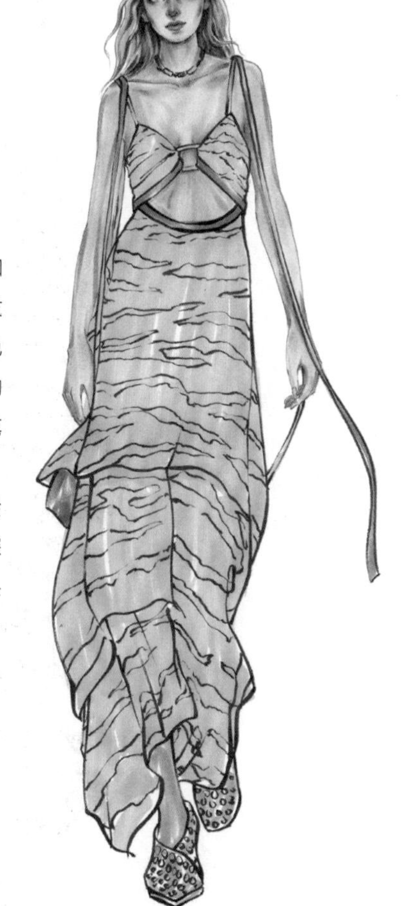

8. 绘制裙子的暗部，并填充老虎纹的颜色。先用黄色马克笔 Y392 和 Y17 绘制裙子的暗部，暗部主要集中在裙子侧面和褶皱的位置；然后用棕色马克笔 E435 绘制老虎纹的颜色。

9. 用深棕色马克笔 E134 加深老虎纹和鞋子的暗部，绘制老虎纹的深色时不要将底层的浅棕色全部覆盖掉，要保留部分底层的颜色。

10. 绘制高光。先用樱花 0.8 号白色高光笔画出眼睛、鼻子和嘴唇的高光，再继续画出头发、颈部饰品、裙子和鞋子的高光。

11. 添加背景色。用蓝紫色马克笔BV108分别在裙子的两侧进行绘制，颜色主要集中在画面的左侧，也可以用深浅不同的两种颜色绘制背景色。

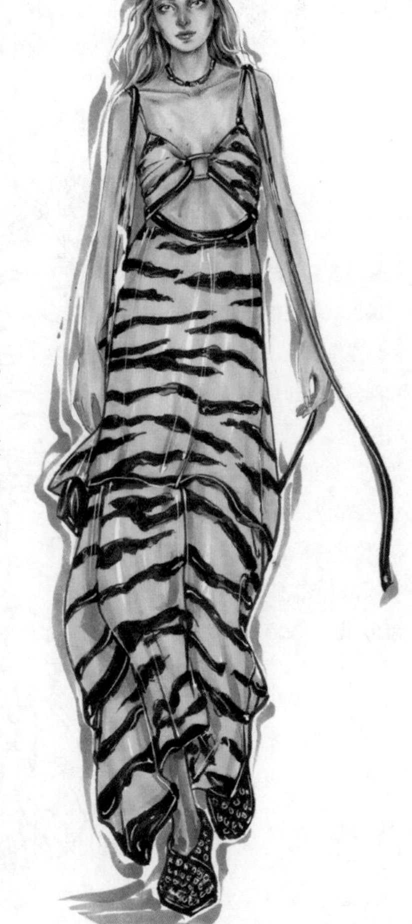

5.3.4 动物纹图案绘制练习

5.4 中国传统纹样图案

在人类发展的漫漫历史长河中，中国古代劳动人民留下了无数凝结了人类高度文明精华的文化遗产。其中，中国传统纹样图案以其充满东方哲学意蕴的平衡对称结构，彰显东方浪漫情怀的繁复有序纹理，审美与实用彼此映射的特殊质感，见证了天地人间的世事变迁，成为数千年来中华民族文明智慧的载体之一。

伴随着时代的更迭，中国传统纹样图案经历了漫长的集体传承，融合了外来元素，在佛教、道教、儒家等思想的影响下，题材日益丰富，福寿富贵等吉祥观念逐步形成，“纹必有意，意必吉祥”，构建起独特的中国装饰艺术造型体系，被广泛应用于印染、织绣、服饰等多个领域。当代服装设计师可以从中国传统纹样图案这一与中国传统文化和民族情感表达血脉相连的艺术形式中充分获取设计灵感。

此外，中国古代的染织、刺绣等工艺非常精湛。在主宰了人类文明进程的“丝绸之路”上，华美轻柔的中国丝绸、具有浓郁民族特质的染织纹样图案，充分展现了中国古代服饰的卓然不凡，以及中国古代织造工艺、印染工艺的精妙造诣。虽然由于织物具有难以保存的客观局限，现存于世的织物文物遗存并不全面，但从敦煌艺术中可以得见其风采。

敦煌艺术被誉为“丝绸之路”上的璀璨明珠，在佛像、飞天、供养人等的衣饰上，在经变画中的经幔、供桌、地毯上，都可以看到极具中国古典美的织物纹样图案。这些纹样图案记载了中国古代劳动人民的社会生产、生活和文化，从其描绘手法中还可以了解到中国古代织物的质地与使用、印染及织绣工艺的真实风貌、图案造型和风格流变，以及色彩的循环错杂。除了织物纹样图案，敦煌艺术中还包括藻井图案、华盖图案、龛楣图案等，它们有机而协调地丰富了敦煌艺术的主题内容，缔造了无比梦幻瑰丽的美学意境。

敦煌艺术中的织物图案

敦煌艺术是 4 世纪至 14 世纪中国古代劳动人民集体创作成果的缩影，其艺术形式包括建筑、彩塑和壁画，装饰纹样图案介于三者之间，在其中占据了十分重要的地位。早期的敦煌装饰纹样图案以几何形态或动物造型为主，后来逐渐发展为以植物造型为主，艺术理念脱胎于自然，却又不拘泥于自然，古代工匠们以高超娴熟的技艺，巧妙地从自然的形色中汲取精粹，在构成、造型、色彩等方面重新排列组合，在叶脉折转、花叶舒卷、果实生发之间师法自然、妙悟自然，化万物之象于行云流水的描画中，再加上用色的叠晕妍丽，使敦煌装饰纹样图案极具富丽典雅的气韵，并且饱含勃勃生机。

敦煌艺术中的植物图案

敦煌艺术的每个历史时期，装饰纹样图案都在随年代特点、民俗习惯和流行风尚而不断地发展、演变，与此同时，敦煌艺术的整体风格始终协调统一，承前启后，一脉相通，在这一过程中表现出中国古代劳动人民令人惊叹的创造力，为现代设计师进行服装服饰设计提供了弥足珍贵的参考与借鉴资料。

敦煌艺术中的华盖图案

敦煌艺术中的藻井图案

中华优秀传统文化源远流长、博大精深，是中华文明的智慧结晶，其中蕴含的天下为公、民为邦本、为政以德、革故鼎新、任人唯贤、天人合一、自强不息、厚德载物、讲信修睦、亲仁善邻等，是中国人民在长期生产生活中积累的宇宙观、天下观、社会观、道德观的重要体现，为设计工作提供了丰厚的历史沉淀。

在当今的服装设计中，我们必须坚定历史自信、文化自信，坚持古为今用、推陈出新，对于中国传统纹样图案不能满足于直接使用，要赋予其新手法、新思路、新色彩，在其构成、色彩、制作工艺和文化内涵等方面提炼出符合现代社会生产、生活需要的特征，使社会主义核心价值观广泛传播，中华优秀传统文化得到创造性转化、创新性发展，使中华民族的传统美被大众看到，并融入大众的日常，成为现代时尚的一部分。作为中国设计师，更要从发展的角度理解中国传统纹样图案，要拓宽视野，提高审美修养，在古今文化、中外文化的对接和碰撞中真正把握好对中国传统文化的传承与创新。

Chapter 06

服装常见款式表现技法

服装款式是服装设计表达的初级阶段，一般由服装结构、流行元素和面料质地 3 方面组成。服装结构指的是服装的框架和内部组成部分；流行元素指的是服装的图案和颜色；面料质地指的是面料的材质。服装的分类有很多种，常见的有两种：一种是按照廓形分成 A 型、H 型、X 型和 T 型；一种是按照款式分成裙装、裤装、外套、内衣和泳衣等。本章主要对服装的不同款式进行详细讲解。

6.1 裙装表现技法

裙装具有穿脱方便、样式美观等特点，按照裙长可分为拖地长裙、长裙、中长裙、过膝裙、短裙和超短裙，按照腰线的高低可分为中腰裙、低腰裙、高腰裙、连衣裙和无腰裙，按照外观造型可分为礼服裙、褶皱裙、休闲裙和直身裙等。本节主要对不同外观造型的裙子进行详细讲解。

6.1.1 礼服裙的表现

礼服裙是在庄重的场合或者举行仪式时穿着的服装，主要包括晨礼服、晚礼服、便礼服和燕尾服，其中最常见的是晚礼服。晚礼服最早出现在西方的社交活动中，是参加晚间正式聚会、仪式、典礼时专门穿着的礼仪用服装。

闪光片上色技巧

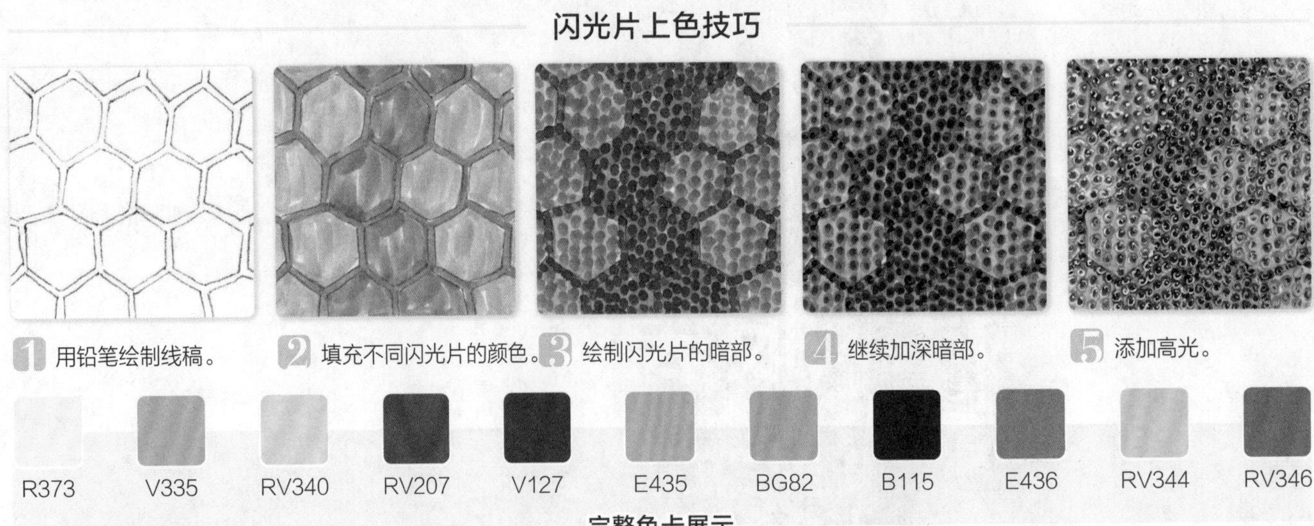

1 用铅笔绘制线稿。 2 填充不同闪光片的颜色。 3 绘制闪光片的暗部。 4 继续加深暗部。 5 添加高光。

完整色卡展示

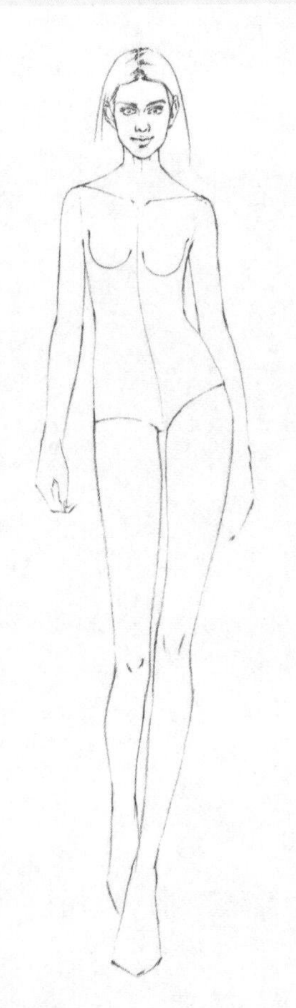

1. 用紫色铅芯绘制线稿。参考人体比例尺画出人体动态，然后对应“三庭五眼”的比例位置画出模特头部、五官和头发的轮廓。

2. 绘制裙子的线稿。先画出礼服裙和鞋子的轮廓，然后画出礼服裙内部的结构线、褶皱线、珠宝饰品，以及领口和袖口的皮草的线条。

3. 填充皮肤的颜色。用 COPIC 浅肤色马克笔 R000 或者法卡勒三代浅肤色马克笔 R373 均匀填充皮肤的底色，包括头部、颈部、胸部、腰部、胯部和四肢的颜色。范画的整体颜色偏紫，如果觉得颜色过于夸张，也可以选择常用的皮肤色。

4. 绘制皮肤的暗部，并填充裙子的颜色。先用紫色马克笔 V335 绘制皮肤的暗部，主要加深五官、颈部、胸部、腋下、腰侧、裆底部、手臂两侧和大腿两侧的暗部；然后继续用紫色马克笔 V335 填充裙子的颜色，以及领口和袖口皮草的颜色。

5. 加深皮肤和裙子的暗部。先用紫红色马克笔 RV340 进行加深，然后用深紫红色马克笔 RV207 再加深一遍五官和裙子的暗部。

6. 继续加深五官和裙子的暗部。先用蓝绿色马克笔 BG82 填充眼球的颜色，然后用棕色马克笔 E435 填充头发的颜色，再用深紫色马克笔 V127 加深头发和裙子的暗部。

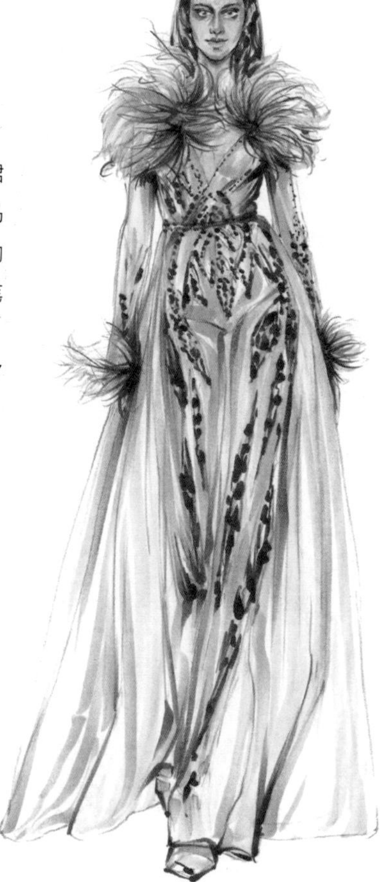

7、 加深整体暗部。先用深蓝色马克笔 B115 加深头发和裙子的暗部，然后用棕色马克笔 E436 绘制头发的暗部，并再次添加裙子的颜色。

8、 绘制高光。先用白色高光颜料画出五官和头发的高光，五官的高光分别画在眼球、上眼线、外眼角、鼻头、下唇和耳朵的位置；然后继续画出裙子的高光、裙子表层珠宝饰品的高光，以及领口和袖口的皮草的高光。

9、 添加背景色。先用紫红色马克笔 RV344 在人体两侧和裙摆底侧进行绘制，然后用深一些的紫红色马克笔 RV346 和 RV207 加深服装转折的位置和裙摆阴影的位置。范画在电脑中进行过调色，范画的实际颜色更紫一些。

6.1.2 抽褶裙的表现

抽褶赋予服装丰富的造型变化，具有很强的功能性和装饰性，被广泛用于裙子、外套、打底上衣，以及服装局部细节的装饰设计中。抽褶服装是把较长的面料抽褶成较短的面料后再应用到服装设计中，使服装看起来更加别致和美观，抽褶裙是抽褶服装中最具代表性的服装。

抽褶面料上色技巧

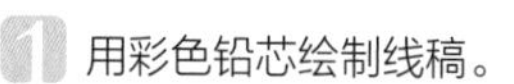
1 用彩色铅芯绘制线稿。

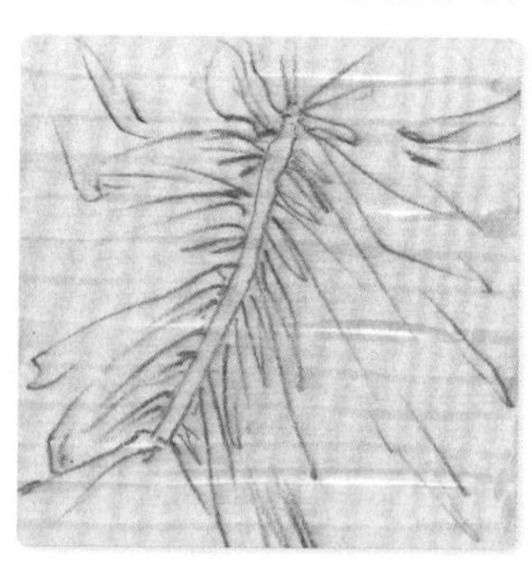

2 填充面料的颜色。

3 根据褶皱线的位置绘制暗部。

4 添加高光。

R373 R375 V335 BV113 RV131 BG82 RV345 RV207 BG87 BG89 BG88 NG282 191 BV192 YR167 YR176

完整色卡展示

1. 绘制彩色线稿。参考人体比例尺画出人体动态，然后根据“三庭五眼”的比例位置画出头部和五官的轮廓，再根据人体动态画出帽子、裙子、手套、饰品和雨伞的轮廓。

2. 填充皮肤的颜色。在线稿的基础上直接用COPIC浅肤色马克笔R000或者法卡勒三代浅肤色马克笔R373的软头依次填充头部、颈部、胸腔、腰部、手臂、手部、腿部和脚部的颜色。

3. 添加皮肤暗部的颜色。用COPIC浅肤色马克笔R01或者法卡勒三代浅肤色马克笔R375加深皮肤暗部的颜色，其中，头部主要加深内眼角、外眼角、鼻根、鼻底、人中、嘴唇、颧骨和耳朵的暗部，躯干主要加深锁骨、腋下、手臂两侧和胸部的暗部。

4. 继续加深皮肤的暗部。先用紫色马克笔V335分别加深头部、颈部、胸部、腰部、手臂、手部、腿部和脚部的暗部，并填充耳坠和颈部珠子的颜色，然后用蓝紫色马克笔BV113加深头部、五官和部分服装的轮廓。

5. 绘制皮肤的暗部，并填充帽子和服装的颜色。先用紫红色马克笔RV131继续加深皮肤的暗部，然后用蓝绿色马克笔BG82填充眼球、帽子、裙子、手套和雨伞的颜色，画面中可以大面积留白处理。

6. 绘制饰品和服装的暗部。先用紫红色马克笔RV345和RV207绘制饰品的暗部，并添加部分皮肤的深色；然后用蓝绿色马克笔BG82继续填充裙子剩余部分的颜色；再分别用蓝绿色马克笔BG87和深蓝绿色马克笔BG89继续加深帽子底侧、雨伞和画面左侧裙摆的暗部，以及部分服装的轮廓。

7. 继续加深帽子和裙子的暗部。先用深蓝绿色马克笔BG88和BG89两种颜色继续加深帽子、雨伞和裙摆的暗部，主要集中在帽子底侧和裙摆左侧；然后用深灰色马克笔NG282添加裙子上的花朵颜色，以及裙子和雨伞的暗部。

8. 整体加深服装的颜色。先用黑色马克笔191加深帽子、裙子和雨伞的轮廓，然后用蓝紫色马克笔BV192整体加深帽子、皮肤、裙子、手套和雨伞的颜色，再用橘红色马克笔YR167和YR176加深帽子在头部形成的阴影、肩膀转折点、左手臂内侧、腋下、左侧胸腔、左腿膝盖和右腿大腿的位置。

9. 绘制高光。先用白色高光颜料画出眼睛、鼻子和嘴唇的高光，再画出帽子、裙子、袖子、饰品和雨伞的高光。

10. 添加头部网纱，并绘制背景色。先用紫色铅芯直接在头部的表层用曲线绘制网纱，然后在每个交叉点的位置进行加深，再用紫红色马克笔RV345和RV207在画面的右侧添加背景色（先用RV345绘制，再用RV207加深）。

6.1.3 休闲裙的表现

休闲服装是现代新兴的一种服装类别，是在闲暇从事各种活动所穿着的服装，主要以舒适为主。休闲裙一直以来深受女性的喜爱，穿着舒适且适合多种不同的场合，例如游玩、工作、逛街、聚餐、约会、看电影等。

压褶面料上色技巧

1 用彩铅绘制轮廓线和褶皱线。

2 填充面料的颜色。

3 绘制褶皱的暗部。

4 添加高光。

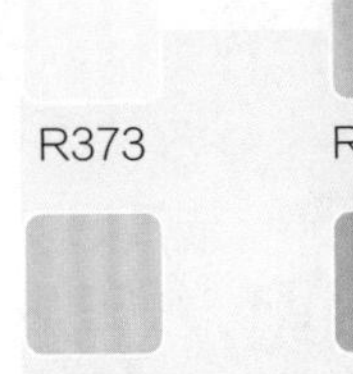

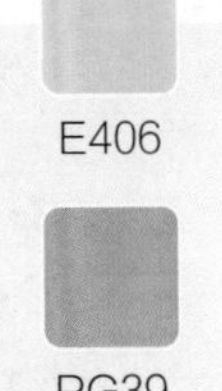

R373 RV363 BV318 E406 E124 BG82 RV209 BV319 BG62

E407 E408 YG457 PG39 E428 YG21 BV108 PG40 191

完整色卡展示

1. 绘制线稿。先参考人体比例尺画出人体动态，然后根据“三庭五眼”的比例位置画出头部、五官和头发的轮廓，再根据人体动态画出外套、衬衫、裙子和鞋子的轮廓。

2. 开始勾线。先用COPIC 0.05号棕色勾线笔勾出五官、脸型、头发、颈部和手部的轮廓，然后用吴竹黑色软头毛笔或者金万年小楷勾出外套、衬衫、裙子和鞋子的轮廓，再勾出所有服装内部的结构线和褶皱线。

3. 填充皮肤的颜色。用COPIC浅肤色马克笔R000或者法卡勒三代浅肤色马克笔R373的软头均匀填充头部、颈部和手部的颜色。

4. 绘制皮肤的暗部，并添加部分服装的颜色。先用肤色马克笔RV363绘制皮肤的暗部，主要加深内眼角、外眼角、鼻底、嘴唇、耳朵和颈部阴影的颜色；然后用蓝紫色马克笔BV318填充外套内侧衬衫的颜色。

5. 填充头发和裙子的颜色，并绘制皮肤和衬衫的暗部。用浅棕色马克笔E406填充头发的颜色，用棕色马克笔E124填充裙子的颜色，用蓝绿色马克笔BG82填充眼球的颜色，用深肤色马克笔RV209继续加深皮肤的暗部，最后用蓝紫色马克笔BV319加深衬衫的暗部。

6. 填充外套的颜色，并深入刻画五官和头部。先用蓝绿色马克笔BG62填充外套的颜色，然后用棕色马克笔E407加深头发分缝和耳朵两侧位置的颜色，再用黑色彩铅499和印度红彩铅492强调五官的立体效果。

7. 绘制头发和服装的暗部。先用棕色马克笔E408绘制头发的暗部，然后用黄绿色马克笔YG457绘制外套的暗部，再用紫灰色马克笔PG39绘制裙子的暗部。

8. 继续加深头发和服装的暗部。先用紫色马克笔 E428 加深头发的暗部，然后用黄绿色马克笔 YG21 加深外套的暗部，再用蓝紫色马克笔 BV108 加深衬衫和鞋子的暗部，最后用紫灰色马克笔 PG40 加深裙子的暗部。

9. 添加细节。先用黑色马克笔 191 填充耳坠的颜色，并绘制裙子表层的圆点图案，然后用黑色彩铅 499 加深颈部两侧头发的暗部区域。

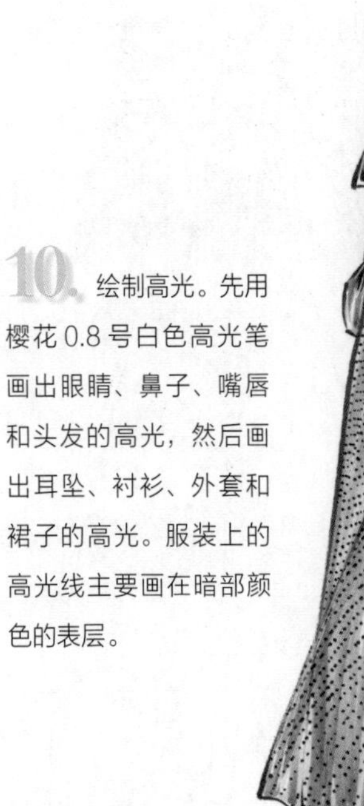

10. 绘制高光。先用樱花 0.8 号白色高光笔画出眼睛、鼻子、嘴唇和头发的高光，然后画出耳坠、衬衫、外套和裙子的高光。服装上的高光线主要画在暗部颜色的表层。

11. 添加背景色。先用蓝绿色马克笔 BG62 在画面左侧和脚底位置进行添加，然后用黄绿色马克笔 YG457 在 BG62 的表层添加小面积的深色，完成最终效果的绘制。

6.1.4 直身裙的表现

直身裙也被称为筒裙，是裙装中的基础款，具有简单、实用、方便等特点。直身裙是裙子的原型，是指符合人体状态的基本形状，其他类型可由它演变而来。直身裙的样式变化体现在裙子长短、褶裥和分割线上。

层叠效果上色技巧

1 用铅笔绘制轮廓线和褶皱线。

2 在线稿的基础上填充面料的颜色。

3 绘制暗部的颜色，主要加深褶皱位置。

4 添加高光。

R373 RV363 E406 RV209 E407 YR163 NG277 BG82 E408 NG278 E417 NG279 NG281 BG87

完整色卡展示

1. 绘制人体动态和部分服装的轮廓。先用铅笔画出行走的人体动态，然后参考“三庭五眼”的比例位置画出头部、五官和头发的轮廓，再根据人体动态画出直身裙的轮廓。

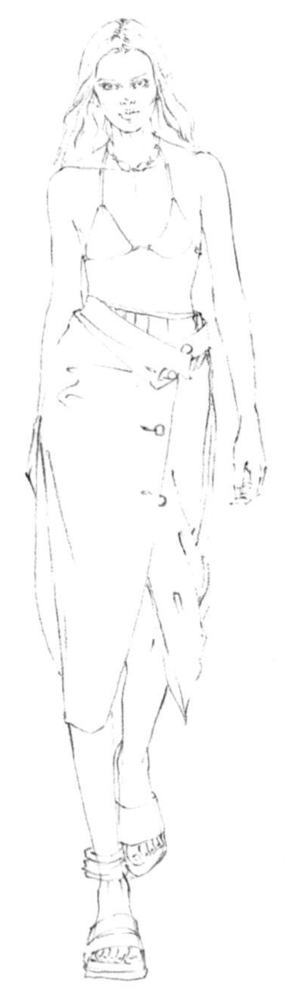

2. 细化线稿。先画出文胸和鞋子的轮廓，再画出裙子的内部褶皱线、纽扣的轮廓、腰部的细节和鞋子的内部结构线。

3. 开始勾线。先用COPIC 0.05号棕色勾线笔勾出五官、脸型、头发、颈部、锁骨、胸部、手臂、手部、小腿和脚部的轮廓，然后用吴竹黑色软头毛笔或金万年小楷勾出颈部饰品、文胸、直身裙和鞋子的轮廓，以及所有服装内部的结构线和褶皱线。

4. 填充皮肤的颜色。用COPIC浅肤色马克笔R000或者法卡勒三代浅肤色马克笔R373的软头均匀填充头部、胸部、腰部、手臂、手部、小腿和脚部的颜色。

5. 绘制皮肤的暗部。用肤色马克笔RV363依次加深头部、躯干、四肢的暗部，头部主要加深内眼角、外眼角、鼻底、嘴唇、嘴唇阴影、耳朵和颧骨的位置，躯干主要加深颈部、锁骨、胸部、腋下和腰部两侧的位置，四肢主要加深手臂、手部、腿部两侧和脚部的位置。

6. 填充头发和部分服装的颜色。用浅棕色马克笔E406均匀填充头发、颈部饰品、裙腰和部分鞋子的颜色，画面中不用刻意留白。

7. 加深五官和头发的暗部，并填充服装的颜色。先用深肤色马克笔RV209加深皮肤的暗部，然后用棕色马克笔E407绘制头发的暗部，再用黄红色马克笔YR163绘制颈部饰品的暗部，最后用中灰色马克笔NG277填充文胸和裙子的颜色。

8. 深入刻画五官，并继续加深服装的暗部。先用黑色彩铅 499 加深五官的细节，然后用印度红彩铅 492 加深内眼角、外眼角、鼻底、嘴唇和颧骨的位置，再用蓝绿色马克笔 BG82 填充眼球的颜色，并用棕色马克笔 E408 绘制头发的暗部，最后用中灰色马克笔 NG278 绘制文胸和裙子的暗部并填充鞋子的颜色。

9. 绘制头发和服装的暗部。先用黑色彩铅 499 加深颈部两侧头发的暗部，然后用印度红彩铅 492 绘制面部的雀斑，再用棕色马克笔 E417 绘制头发、裙腰和鞋子的暗部，最后用深灰色马克笔 NG279 和 NG281 绘制文胸和直身裙的暗部，并添加裙子纽扣的颜色。

10. 绘制高光。先用樱花 0.8 号白色高光笔或者白色高光颜料画出眼睛、鼻子、嘴唇和头发的高光，五官的高光面积较小，画图时要控制好下笔力度；然后画出颈部饰品、胸衣、直身裙和鞋子的高光。

Sportmax Spring 2019
Ready-to-Wear.
VEGGA.
2018.10.26.

11. 添加背景色。背景色主要集中在画面左侧和鞋底的位置，用蓝绿色马克笔 BG87 围绕身体左侧的轮廓线进行上色。

6.1.5 裙装绘制练习

Alexander McQueen.
Ready-To-Wear Spring-Summer
2018.
EGGA. XiaoBen.
2018.05.18.

Alexander McQueen.
Ready-To-Wear Spring-Summer
VEGGA Xiao Ben
2018.05.15.

6.2 裤装表现技法

裤子是由腰头、裆部、裤前片和裤后片缝合而成的。因为男女在体型上存在较大差异，所以裁剪的方式不同，女裤腰的凹陷比男裤腰显著，且女裤比男裤的后省量更大。裤子按裤长可分为长裤、九分裤、七分裤、短裤和超短裤，按外观造型可分为休闲裤、运动裤、直筒裤和破洞裤。

6.2.1 休闲长裤的表现

休闲裤是穿起来显得比较随意的裤子，具有面料舒适、款式宽松、简约百搭、穿着无束缚等特点，适合多种不同场合穿着，无论是上班还是逛街都很适合。休闲裤在时尚界中从未消失过，一直深受现代年轻人和潮人的追捧。

省道位置细节上色技巧

1 用铅笔绘制裤子和省道位置交叉带的轮廓。

2 在线稿的基础上直接填充裤子的颜色。

3 绘制裤子的暗部。

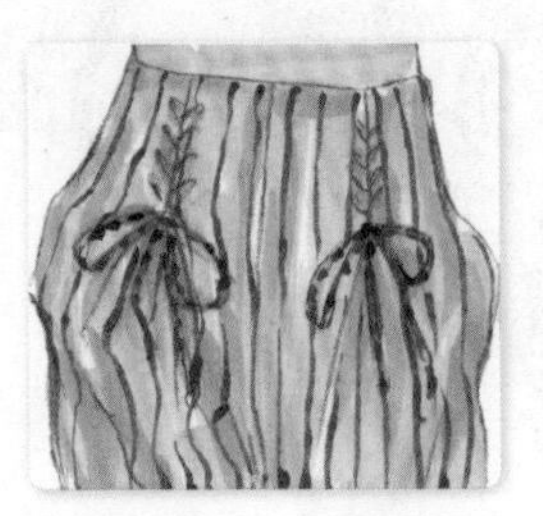

4 添加裤子上的条纹图案和交叉带的细节。

5 用白色高光笔绘制裤子条纹和交叉带的细节。

R373 RV363 RV209 E435 PG39 E124 E132 SG475 E133 BV109

完整色卡展示

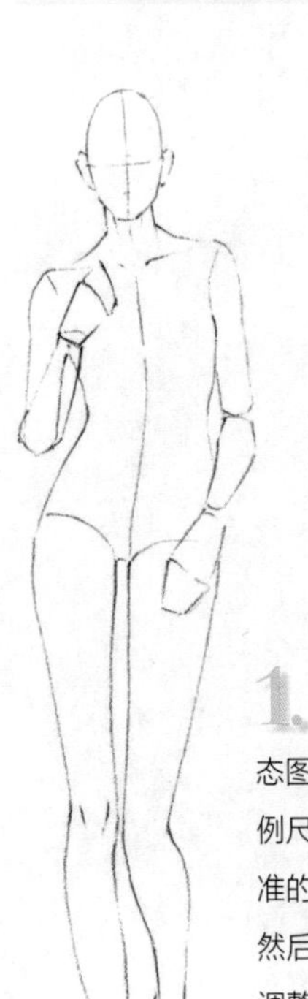

1. 绘制人体动态图。参考人体比例尺在纸上画出标准的人体动态图，然后根据实际情况调整手臂的造型。

2. 绘制头部和服装的线稿。先画出头部、五官和头发的轮廓，然后画出圆领上衣、背包、裤子和鞋子的轮廓，再画出服装内部的褶皱线。

3. 完成勾线，并填充皮肤的颜色。用COPIC 0.05号棕色勾线笔勾出五官、脸型、头发、颈部、腰部和手部的轮廓，用黑色吴竹软头毛笔勾出圆领上衣、背包、裤子和鞋子的轮廓，以及字母图案，再用浅肤色马克笔R373绘制皮肤的颜色。

4. 绘制皮肤的暗部，并填充头发的颜色。先用肤色马克笔 RV363 加深皮肤的暗部，然后用棕色马克笔 E435 绘制头发的颜色。

5. 加深皮肤的暗部，并填充圆领上衣的颜色。先用深肤色马克笔 RV209 继续加深五官、颈部的阴影、腰部的阴影和手部的暗部，然后用棕色马克笔 E435 绘制圆领上衣的颜色（先用马克笔的宽头大面积上色，再用软头进行加深）。

6. 绘制服装剩余部分的颜色。先用棕色马克笔 E124 依次绘制圆领上衣的袖子、背包、裤子和部分鞋子的颜色，然后用棕色马克笔 E435 绘制鞋子两侧的颜色。

7. 加深整体暗部。先用深棕色马克笔 E132 绘制头发、圆领上衣、背包中间和鞋子两侧的暗部，然后用银灰色马克笔 SG475 绘制上衣袖子、背包、裤子和鞋子的暗部，再用黑色彩铅 499 加深眉毛、上眼线、瞳孔、下眼线、鼻孔和嘴唇闭合线。

8. 继续加深服装的暗部，并绘制高光。先用深棕色马克笔 E133 加深上衣和袖子衔接的位置，再继续加深背包和头发的暗部，然后用樱花 0.8 号白色高光笔或者白色颜料画出五官、头发、圆领上衣、背包、裤子和鞋子的高光。

9. 添加背景色。用蓝紫色马克笔 BV109 在画面的左侧进行添加，上色时注意笔触的方向和灵活性。

6.2.2 运动长裤的表现

运动裤是专用于运动时穿着的裤子，对面料有着特殊的要求，要具有透气性好、弹性好、吸湿排汗和速干等特点。运动是现代人一种积极向上的生活方式，运动服也成了现代人不可缺少的服装之一。

交叉带细节上色技巧

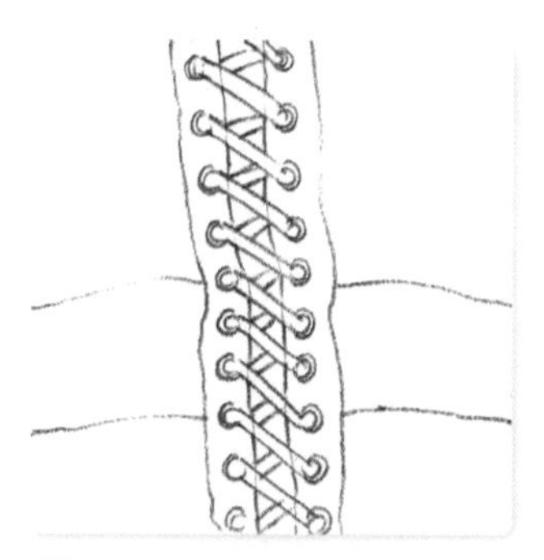

1 用铅笔绘制交叉带的轮廓。

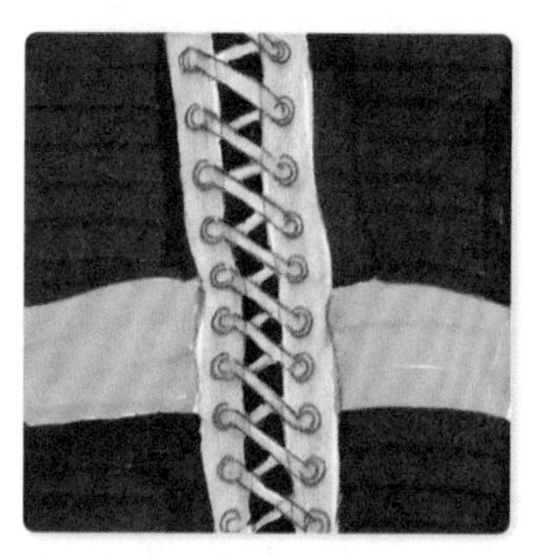

2 填充面料和交叉带的颜色。

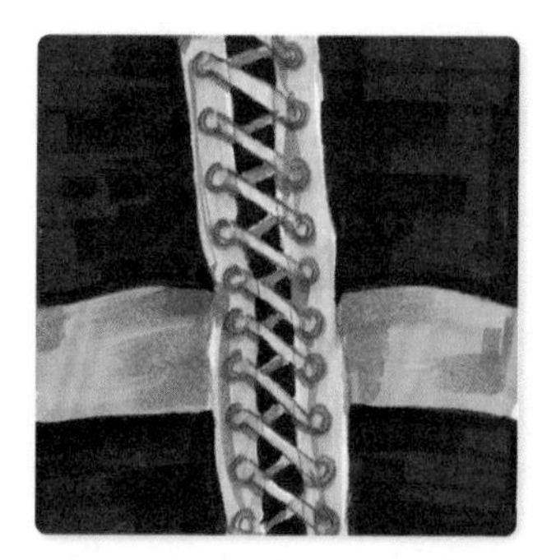

3 加深整体暗部。

4 添加高光。

R373 RV363 E415 R355 RV209 E416 B327 B196 BG82 CG269 R142 BV113 CG271 G47 G60

完整色卡展示

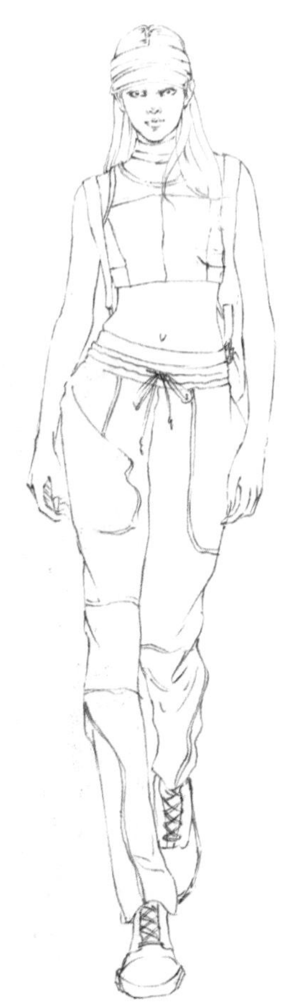

1. 绘制线稿。先画出人体动态图，然后参考“三庭五眼”的比例位置画出头部、五官和头发的轮廓，再根据人体动态图画出帽子、颈部装饰、运动背心、运动长裤和鞋子的轮廓，最后画出所有服装内部的结构线和褶皱线。

2. 开始勾线。先用COPIC 0.05号棕色勾线笔勾出五官、脸型、头发、手臂、手部和腰部的轮廓，然后用吴竹黑色软头毛笔或金万年小楷勾出帽子、颈部装饰、运动背心、运动长裤和鞋子的轮廓，以及服装内部的结构线和褶皱线。

3. 填充皮肤的颜色。用COPIC浅肤色马克笔R000或法卡勒三代浅肤色马克笔R373的软头均匀填充头部、颈部、腰部、手臂和手部的颜色。

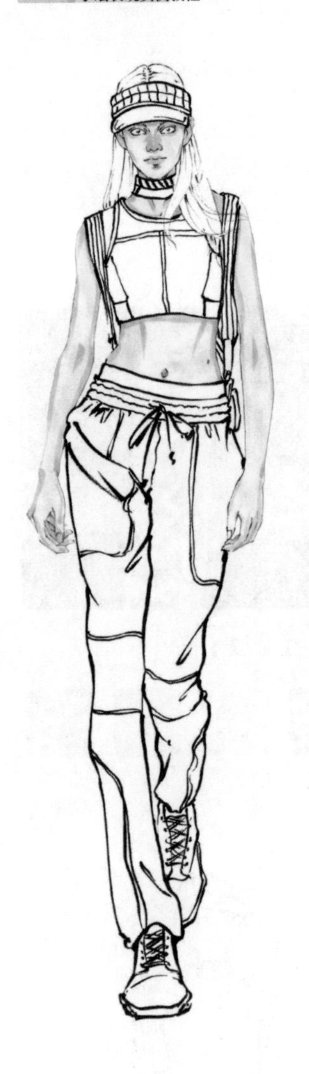

4. 绘制皮肤的暗部。用肤色马克笔 RV363 进行皮肤的加深，头部主要加深内眼角、外眼角、鼻底、嘴唇和耳朵的暗部位置，手臂主要加深手臂两侧和手肘位置。

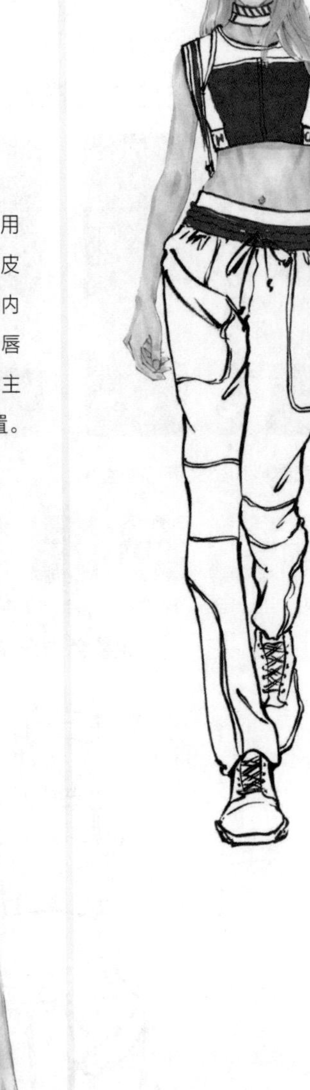

5. 填充头发和部分服装的颜色。先用浅棕色马克笔 E415 填充头发的颜色，高光位置可留白也可涂满；然后用大红色马克笔 R355 填充帽檐、运动背心和裤子腰头的位置。

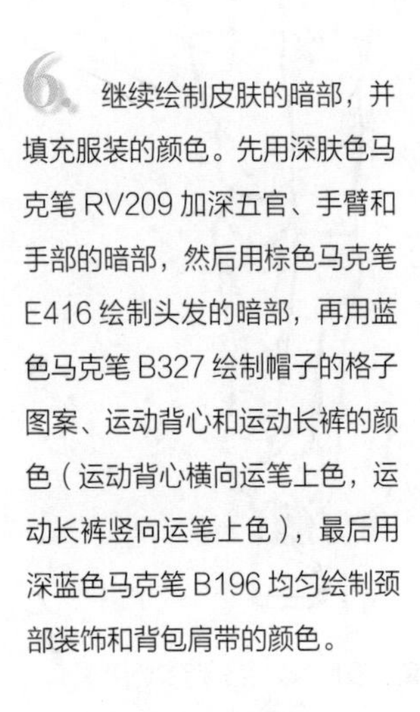

6. 继续绘制皮肤的暗部，并填充服装的颜色。先用深肤色马克笔 RV209 加深五官、手臂和手部的暗部，然后用棕色马克笔 E416 绘制头发的暗部，再用蓝色马克笔 B327 绘制帽子的格子图案、运动背心和运动长裤的颜色（运动背心横向运笔上色，运动长裤竖向运笔上色），最后用深蓝色马克笔 B196 均匀绘制颈部装饰和背包肩带的颜色。

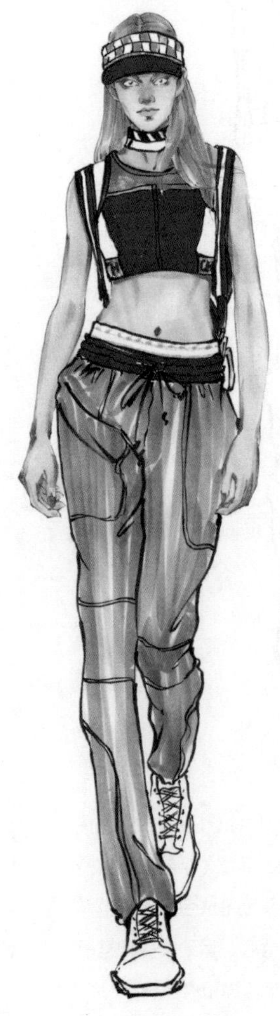

7. 加深整体暗部，并细化五官。先用蓝绿色马克笔 BG82 绘制眼球，再用冷灰色马克笔 CG269 绘制运动背心的侧面和鞋子，然后用红色马克笔 R142 绘制帽檐、运动背心和裤子腰头的暗部，并用深蓝色马克笔 B196 绘制帽子的格子图案、颈部装饰、运动背心的上半部、裤子的腰头和裤子的暗部，最后用黑色彩铅 499 加深五官的细节。

8. 绘制裤子的过渡色和鞋子暗部的颜色。用蓝紫色马克笔 BV113 在裤子的表层绘制过渡色，颜色主要画在裤子的底色和暗部颜色之间；然后用冷灰色马克笔 CG271 绘制鞋子的暗部。

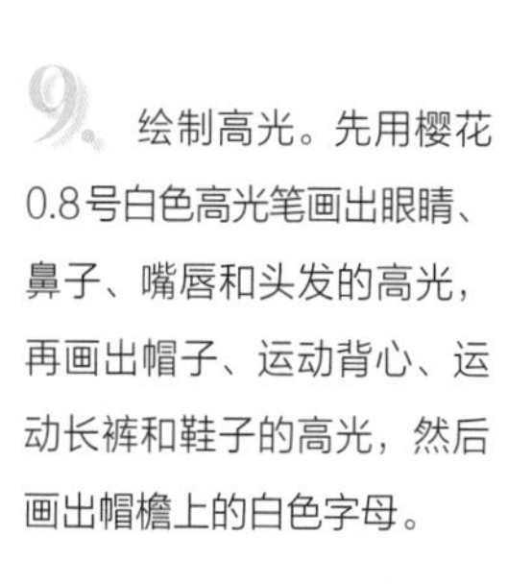

9. 绘制高光。先用樱花 0.8号白色高光笔画出眼睛、鼻子、嘴唇和头发的高光，再画出帽子、运动背心、运动长裤和鞋子的高光，然后画出帽檐上的白色字母。

10. 添加背景色。先用绿色马克笔 G47 紧贴模特的左侧进行背景色的添加，然后用深一些的绿色马克笔 G60 在服装的转角位置进行背景色的加深。

6.2.3 破洞长裤的表现

破洞牛仔裤经历了几个不同阶段，从最开始的结实厚重到舒适轻巧，再到后来的刻意做旧和破洞，吸引了大量年轻人的目光，并成为潮人的标志。它的颜色主要以蓝色为主，画图时需注意颜色的选择。

腰部细节上色技巧

1 用铅笔绘制腰部的轮廓和内部结构线。

2 填充裤子的颜色，画面中适当留白。

3 绘制裤子的暗部。

4 继续加深裤子暗部的颜色。

5 用白色高光颜料绘制裤子的高光和细节。

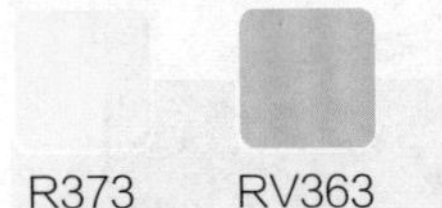

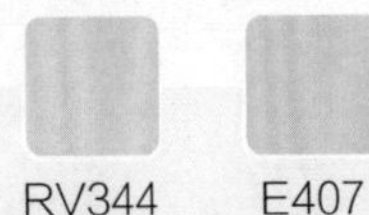

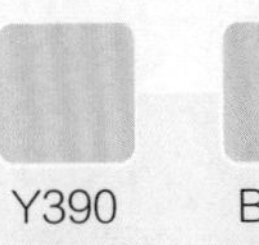
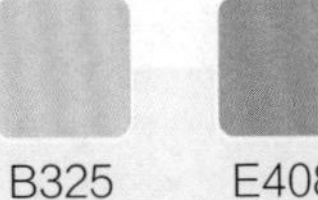
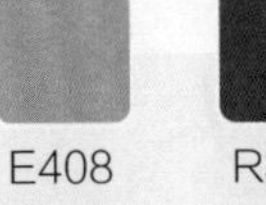
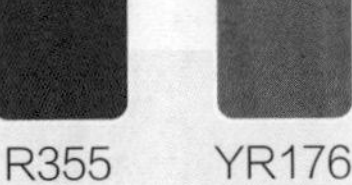

R373 RV363 RV209 RV344 E407 YR167 E436 Y390 B325 E408 R355 YR176

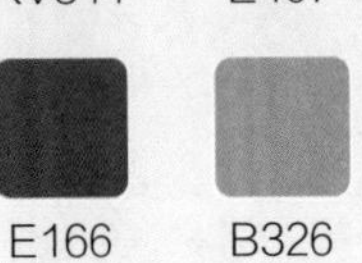

E133 Y6 Y5 E166 B326 E173 E174 B327 B196 B115 V332 V334

完整色卡展示

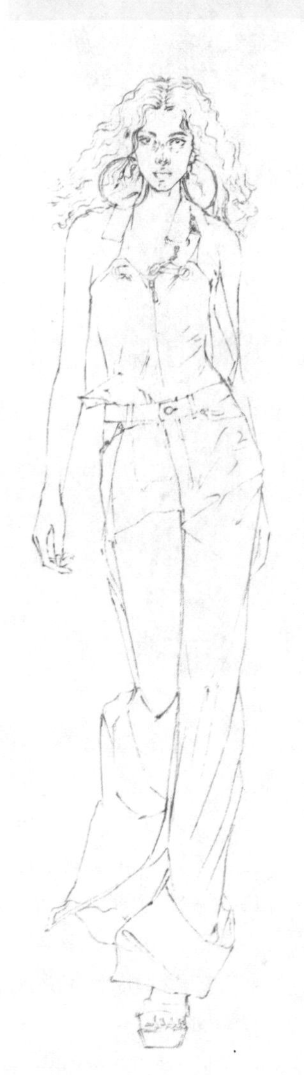

1. 绘制线稿。参考人体比例尺画出人体动态，然后参考“三庭五眼”的比例位置画出头部、五官和头发的轮廓，再参考人体动态画出服装和鞋子的轮廓，以及服装的内部结构线和褶皱线。

2. 填充皮肤的颜色。先用浅肤色马克笔 R373 绘制模特裸露的皮肤的颜色，然后用肤色马克笔 RV363 加深五官、颈部、锁骨、手臂两侧、手肘、大腿根部和脚部的暗部，再用深肤色马克笔 RV209 加深模特的左肩、左手臂和左手的颜色。

3. 继续绘制皮肤和头发的颜色。先用紫红色马克笔RV344绘制皮肤的颜色，然后用浅棕色马克笔E407绘制画面右侧头发的颜色。上色时不用将画面全部涂满，留白位置参考范画。

4. 继续绘制皮肤的暗部，并添加服装的颜色。先用黄红色马克笔YR167加深头发在脸上形成的阴影、右眼的眼角、颈部的阴影、锁骨、左手臂、左手和左脚，然后用棕色马克笔E436绘制肩带，再用黄色马克笔Y390绘制上衣，最后用蓝色马克笔B325绘制裤子和鞋子。

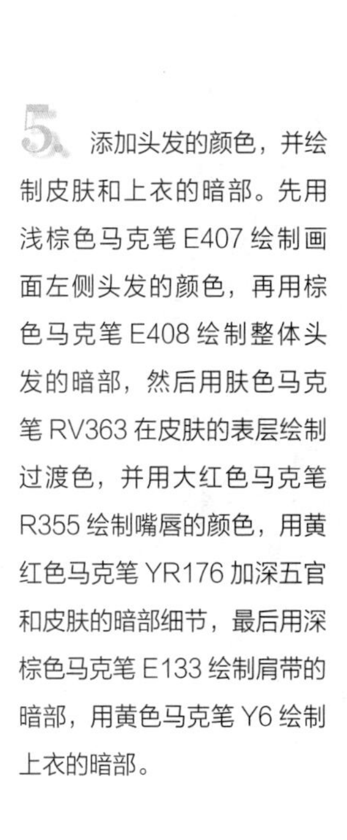

5. 添加头发的颜色，并绘制皮肤和上衣的暗部。先用浅棕色马克笔E407绘制画面左侧头发的颜色，再用棕色马克笔E408绘制整体头发的暗部，然后用肤色马克笔RV363在皮肤的表层绘制过渡色，并用大红色马克笔R355绘制嘴唇的颜色，用黄红色马克笔YR176加深五官和皮肤的暗部细节，最后用深棕色马克笔E133绘制肩带的暗部，用黄色马克笔Y6绘制上衣的暗部。

6. 继续加深上衣的暗部。用黄色马克笔Y5加深画面右侧上衣的暗部，画面左侧稍微添加两笔深色即可。

7. 绘制头发和服装的暗部，并细化五官。先用深棕色马克笔 E166 绘制头发的暗部，暗部的颜色主要集中在头发分缝和颈部两侧的位置；然后用黄红色马克笔 YR167 和 YR176 继续加深内眼角、鼻根、鼻底和颧骨的位置；再用蓝色马克笔 B326 绘制裤子和鞋子的暗部。

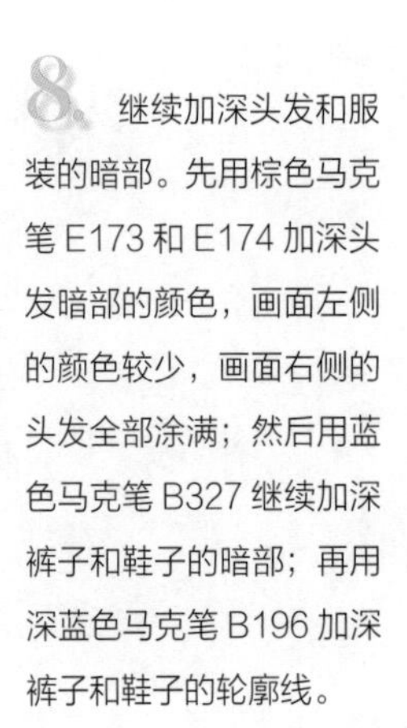

8. 继续加深头发和服装的暗部。先用棕色马克笔 E173 和 E174 加深头发暗部的颜色，画面左侧的颜色较少，画面右侧的头发全部涂满；然后用蓝色马克笔 B327 继续加深裤子和鞋子的暗部；再用深蓝色马克笔 B196 加深裤子和鞋子的轮廓线。

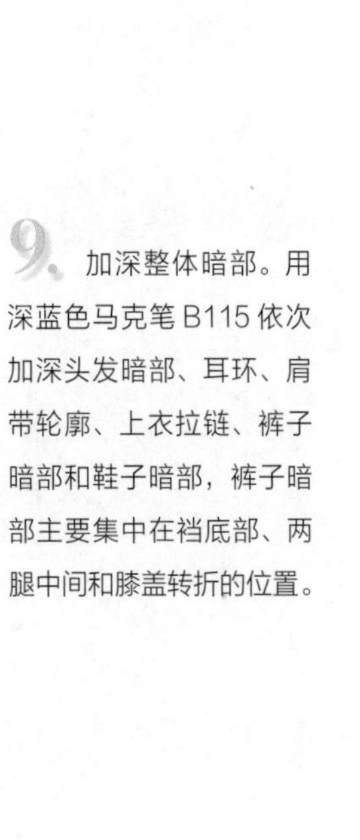

9. 加深整体暗部。用深蓝色马克笔 B115 依次加深头发暗部、耳环、肩带轮廓、上衣拉链、裤子暗部和鞋子暗部，裤子暗部主要集中在裆底部、两腿中间和膝盖转折的位置。

10. 绘制高光，并添加背景色。先用白色高光颜料画出眼睛、鼻子、嘴唇和耳环的高光，再画出头发、上衣、裤子和鞋子的高光，皮肤上不用刻意画高光；然后用紫色马克笔 V332 和 V334 在服装的右侧添加背景色。

6.2.4 直筒九分裤的表现

直筒裤是指裤脚口和膝盖处一样宽的裤子，裤管挺直。九分裤是指裤子长度是正常裤子长度的9/10，穿上后裤脚的长度接近脚踝的位置。直筒九分裤上下一样宽，比西装裤略短，露出脚踝，可以遮盖腿部缺陷，展现完美身材。画直筒九分裤时注意裤子轮廓线和褶皱线的表现。

绗缝线细节上色技巧

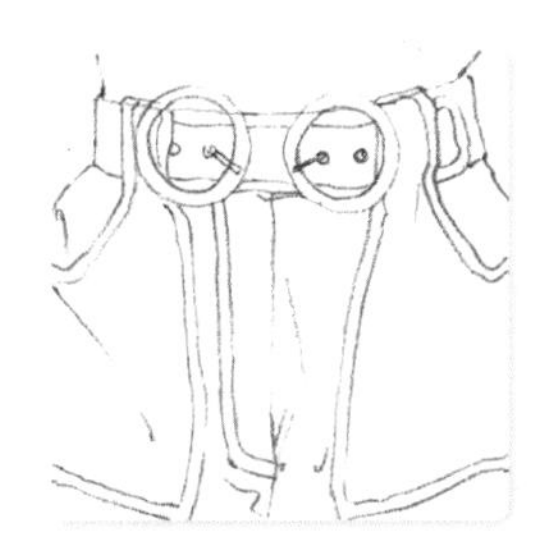

1 用铅笔绘制裤子和腰带的轮廓，然后绘制裤子的内部结构线。

2 在线稿的基础上直接绘制裤子的颜色，注意适当留白。

3 绘制裤子和腰带的暗部。

4 继续加深裤子和腰带的暗部。

5 用白色高光颜料添加裤子的高光和装饰性的绗缝线迹。

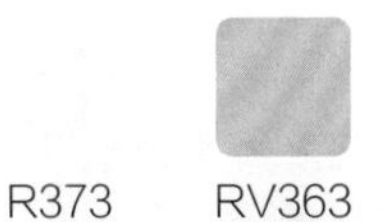

R373 RV363 R375 RV209 B239 B111 YR167 YR176 B114 RV152 YG443 YG446

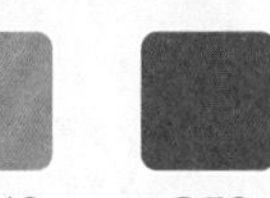

V334 V126 YG457 YG49 G58 B240 B241 B196 B115 191 YG21

完整色卡展示

1 绘制线稿。因为帽子高度和1个头高差不多，所以在A4纸上起型时要注意人体比例的合理分配，在原有标准9个头高的基础上再加上帽子的1个头高，一共是10个头高。将纸张进行十等分，然后画出人体动态和服装的轮廓。

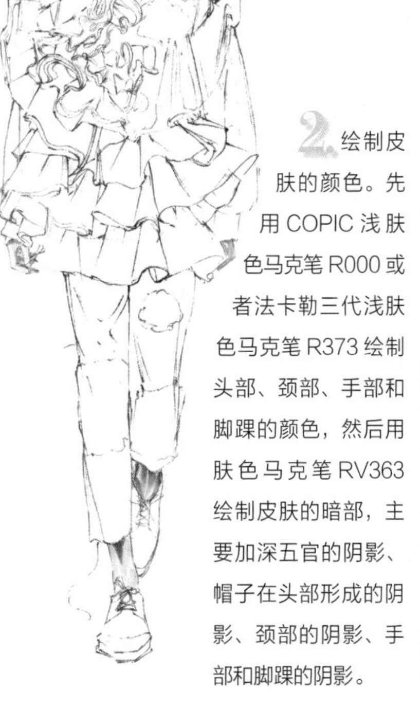

2 绘制皮肤的颜色。先用COPIC浅肤色马克笔R000或者法卡勒三代浅肤色马克笔R373绘制头部、颈部、手部和脚踝的颜色，然后用肤色马克笔RV363绘制皮肤的暗部，主要加深五官的阴影、帽子在头部形成的阴影、颈部的阴影、手部和脚踝的阴影。

3 绘制皮肤和部分服装的颜色。用浅肤色马克笔R375在皮肤的表层画过渡色；然后用深肤色马克笔RV209加深皮肤的暗部，主要加深鼻底、上唇、耳朵、颈部、左手和左脚踝的阴影；再用浅蓝色马克笔B239绘制上衣右侧的颜色，用蓝色马克笔B111绘制上衣左侧的颜色。

4. 细化五官，并填充头发和上衣的颜色。先用黄红色马克笔 YR167 绘制头发和嘴唇，并加深皮肤的阴影；然后用黄红色马克笔 YR176 加深头发、五官、手部和脚部的轮廓，五官主要加深眉眼、鼻孔、人中和嘴唇闭合线；再用深蓝色马克笔 B114 继续添加上衣的颜色。

5. 加深上衣的暗部，并填充裤子的颜色。先用深紫红色马克笔 RV152 绘制上衣的暗部，并加深五官和头发的轮廓线；然后用浅黄绿色马克笔 YG443 绘制画面左侧裤子的颜色，并用深黄绿色马克笔 YG446 绘制画面右侧裤子的颜色，画面中适当留白。

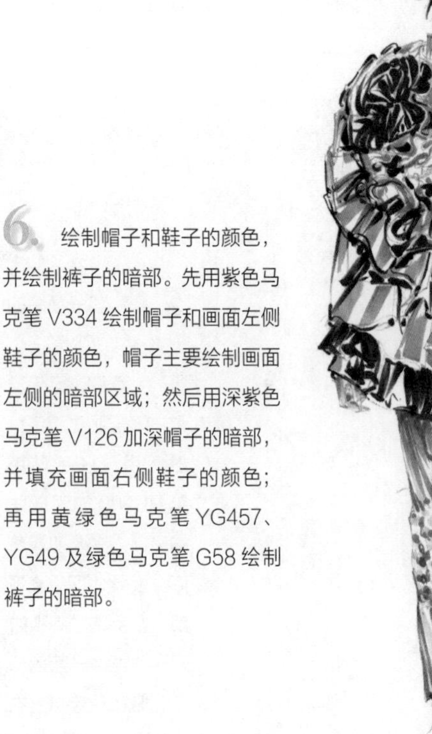

6. 绘制帽子和鞋子的颜色，并绘制裤子的暗部。先用紫色马克笔 V334 绘制帽子和画面左侧鞋子的颜色，帽子主要绘制画面左侧的暗部区域；然后用深紫色马克笔 V126 加深帽子的暗部，并填充画面右侧鞋子的颜色；再用黄绿色马克笔 YG457、YG49 及绿色马克笔 G58 绘制裤子的暗部。

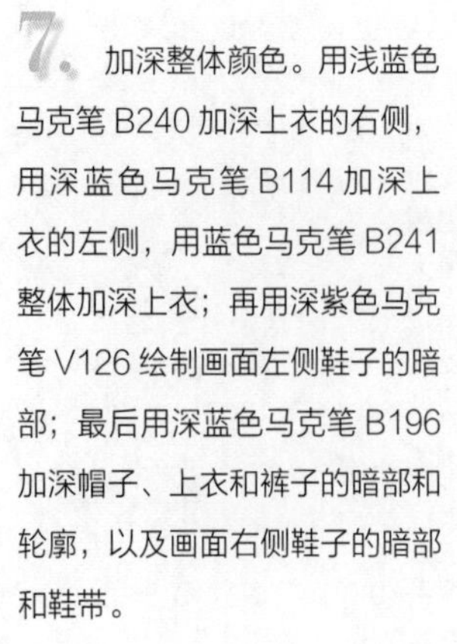

7. 加深整体颜色。用浅蓝色马克笔 B240 加深上衣的右侧，用深蓝色马克笔 B114 加深上衣的左侧，用蓝色马克笔 B241 整体加深上衣；再用深紫色马克笔 V126 绘制画面左侧鞋子的暗部；最后用深蓝色马克笔 B196 加深帽子、上衣和裤子的暗部和轮廓，以及画面右侧鞋子的暗部和鞋带。

8. 继续加深五官和服装的暗部。先用黄红色马克笔YR176加深五官和头发的轮廓，然后分别在帽子、上衣、裤子左侧和轮廓外侧适当添加黄红色线条，最后用深蓝色马克笔B115加深帽子、上衣和裤子的暗部和轮廓。

9. 加深轮廓，并添加裤子暗部的颜色。用黑色马克笔191继续加深一遍头发、帽子及服装的暗部和轮廓，然后用黄绿色马克笔YG21加深裤子的暗部，主要加深画面右侧裤子的暗部。

10. 绘制高光。先用白色高光颜料画出五官和头发的高光，然后画出帽子、上衣、裤子和鞋子的高光。除了画出正常的高光线条以外，还可以在上眼线的外眼角、帽子的暗部、帽檐和部分上衣的暗部绘制一些装饰性的高光点。

11. 添加背景色。先用紫色马克笔V334分别在帽子的左侧和裤子的右侧添加颜色，然后用黄红色马克笔YR176在上衣、裤子和鞋子的左侧添加颜色，再用樱花0.8号白色高光笔在黄红色马克笔的表面画一些装饰性的白色线条。

6.2.5 裤装绘制练习

2017.01.12.
Junya Watanabe
2017SS.

6.3 外套表现技法

外套即穿在最外侧的服装，是服装款式中的重要单品，也是女装设计中不可缺少的关键单品。女装外套从款式上主要分为风衣外套、西装外套、牛仔外套、运动外套和夹克等，从厚度上也可分为薄外套、中厚外套、厚外套和加厚外套。画厚外套和加厚外套时，要特别注意服装厚度的表现。

6.3.1 风衣外套的表现

风衣适合春、秋、冬三季穿，近二三十年都比较流行。虽然风衣可能不是当季最流行的服装，但它永远不会过时，而且每个女孩的衣柜里至少都会有一件基础款的风衣外套。风衣外套按长度可以分为长款风衣外套、中长款风衣外套、中款风衣外套和短款风衣外套。画图前先确认风衣的款式和长度。

风衣领口细节上色技巧

1 用铅笔绘制线稿。

2 在线稿的基础上直接填充风衣的颜色。

3 绘制风衣的暗部，并填充纽扣的颜色。

4 用黑色勾线笔勾勒部分服装的轮廓，并添加高光。

R373 R375 E427 E416 RV363 E171 PG40 E415 RV209 E438 E20 BG82 PG42 191 BG104 E417

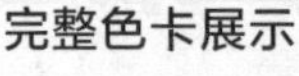

完整色卡展示

1. 绘制线稿。参考人体比例尺画出人体动态图，然后根据“三庭五眼”的比例位置画出头部、五官和头发的轮廓，再参考人体动态画出里层裙子、风衣外套和鞋子的轮廓，最后画出里侧裙子的褶皱线。

2. 细化服装的结构。画出风衣外套的内部结构线和褶皱线。

3. 完成勾线。先用COPIC 0.05号棕色勾线笔勾出五官、脸型、头发、颈部和手部的轮廓，然后用吴竹黑色软头毛笔或者金万年小楷勾出里层裙子、风衣外套、腰封和鞋子的轮廓。

4. 填充皮肤的颜色。用 COPIC 浅肤色马克笔 R000 或者法卡勒三代浅肤色马克笔 R373 均匀填充头部、颈部和手部的颜色。

5. 添加皮肤暗部的颜色，并填充头发和部分里层裙子的颜色。先用浅肤色马克笔 R375 绘制皮肤的暗部，五官主要加深内眼角、外眼角、鼻根、鼻底、嘴唇和嘴唇阴影；然后用棕色马克笔 E427 绘制头发的颜色；再用棕色马克笔 E416 绘制里层裙子的颜色。

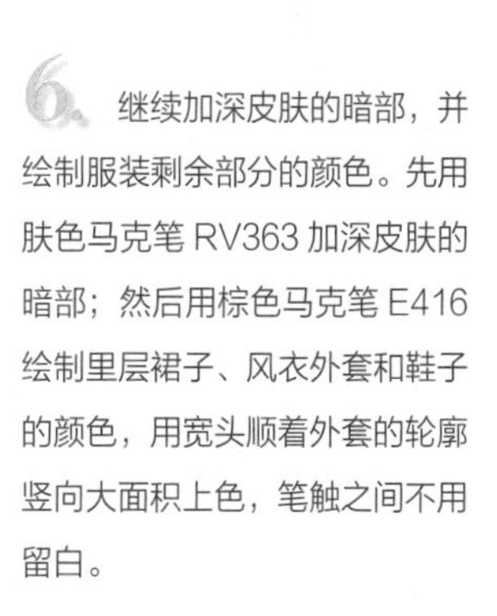

6. 继续加深皮肤的暗部，并绘制服装剩余部分的颜色。先用肤色马克笔 RV363 加深皮肤的暗部；然后用棕色马克笔 E416 绘制里层裙子、风衣外套和鞋子的颜色，用宽头顺着外套的轮廓竖向大面积上色，笔触之间不用留白。

7. 绘制头发和服装的暗部，并填充腰封的颜色。先用棕色马克笔 E171 绘制头发的暗部，然后用紫灰色马克笔 PG40 的宽头竖向绘制腰封的颜色，再用棕色马克笔 E415 的软头加深里层裙子、风衣外套和鞋子的暗部，最后用深肤色马克笔 RV209 加深头部的细节部位。

8. 继续加深头发和服装的暗部。先用深棕色马克笔 E438 加深头发的暗部；然后用棕色马克笔 E20 加深里层裙子、风衣外套和鞋子的暗部；再用蓝绿色马克笔 BG82 绘制眼球的颜色，并绘制里侧裙子上的印花图案；最后用紫灰色马克笔 PG42 绘制腰封的暗部。

9. 细化五官和服装的细节。先用黑色彩铅 499 加深五官的细节和脸型的轮廓线，以及头发的暗部；然后用黑色马克笔 191 绘制耳坠和腰封暗部的颜色；再用蓝绿色马克笔 BG104 绘制里侧裙子上的印花图案；最后用棕色马克笔 E417 加深里层裙子、风衣外套和鞋子的暗部。

10. 添加高光。先用樱花 0.8 号白色高光笔或者白色高光颜料画出五官和头发的高光；然后画出耳坠、里侧裙子、风衣外套、腰封和鞋子的高光，其中，耳坠和鞋子上的高光点是用来表现面料本身的闪光效果的。

11. 添加背景色。先用浅一些的蓝绿色马克笔 BG82 围绕身体的左侧进行上色，再用深一些的蓝绿色马克笔 BG104 在服装的转折位置进行加深，完成最终效果的绘制。

6.3.2 西装外套的表现

西装按照穿着场合可以分为礼服和便服，按照纽扣排列可以分为单排扣西装和双排扣西装，按照版型可以分为欧版西装、英版西装、美版西装和日版西装，按照领型可以分为平领西装、枪领西装和驳领西装。

衬衫领口细节上色技巧

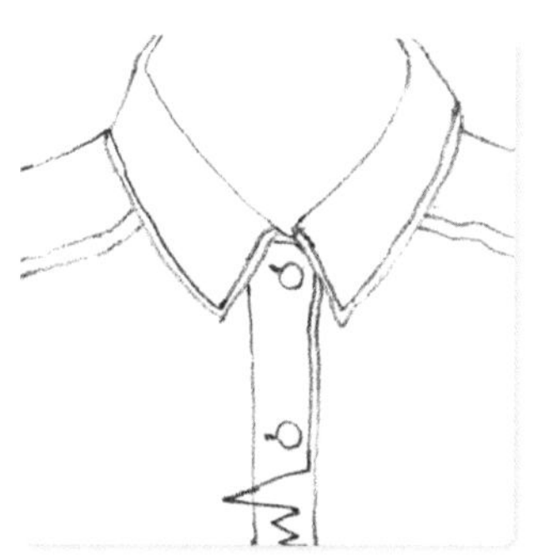

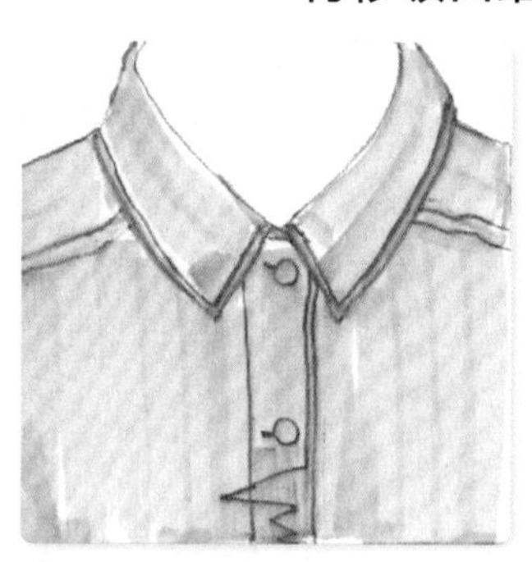

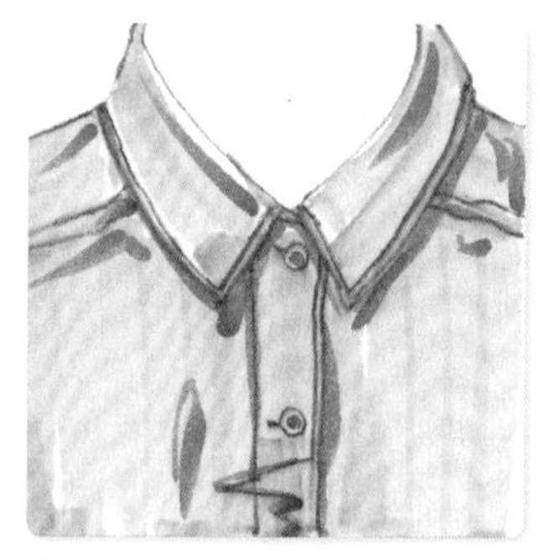

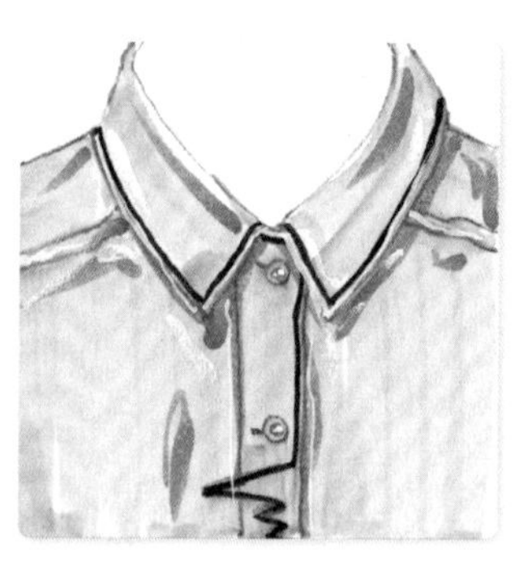

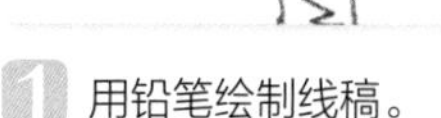

1 用铅笔绘制线稿。

2 绘制衬衫的底色。

3 绘制衬衫的暗部。

4 添加领口的细节。

R373 RV363 E407 E408 RV131 E168 YR372 BG82 R355 R210 YR163 BV320 V122

完整色卡展示

1. 绘制线稿。先画出人体动态图，然后根据“三庭五眼”的比例位置画出头部、五官和头发的轮廓，再根据人体动态的轮廓画出西装外套、裤子和鞋子的轮廓，最后画出服装的内部结构线和褶皱线。

2. 勾线并绘制皮肤的颜色。先用COPIC 0.05号棕色勾线笔勾出五官、头发、颈部和手部的轮廓，然后用吴竹黑色软头毛笔或金万年小楷勾出西装外套、裤子和鞋子的轮廓，再用COPIC浅肤色马克笔R000或法卡勒三代浅肤色马克笔R373的软头均匀绘制头部、颈部和手部。

3. 绘制皮肤的暗部，并填充头发的颜色。先用肤色马克笔RV363绘制皮肤的暗部，头部主要加深内眼角、外眼角、鼻底、人中、嘴唇、嘴唇阴影、耳朵和颧骨阴影，颈部主要加深头部在颈部形成的阴影区域、颈部两侧阴影和锁骨阴影；然后用浅棕色马克笔E407绘制头发的颜色，头顶两侧的高光位置直接留白。

4. 绘制头发和皮肤的暗部。用棕色马克笔 E408 加深头发的暗部，主要加深头发分缝、鬓角两侧和颈部两侧；然后用紫红色马克笔 RV131 加深皮肤的暗部，主要加深眉毛、上眼线的内外眼角、下眼线的外眼角、鼻头暗部、嘴唇阴影、耳朵暗部、颧骨阴影、颈部阴影和锁骨阴影。

5. 继续绘制头发的暗部，并填充服装的颜色。先用深棕色马克笔 E168 依次加深头发分缝、鬓角两侧和颈部两侧；然后用黄红色马克笔 YR372 绘制西装外套、裤子和鞋子的颜色，用马克笔的宽头顺着服装结构竖向快速上色，画面中可以部分留白也可以全部涂满。

6. 绘制服装的暗部。先用蓝绿色马克笔 BG82 绘制眼球的颜色，然后用大红色马克笔 R355 绘制西装外套领口和裤子的部分颜色，再用黄红色马克笔 YR372 的软头绘制西装外套、裤子和鞋子的暗部，最后用黑色彩铅 499 加深五官的细节。

7. 添加头发和服装暗部的颜色。先用黑色彩铅 499 加深头发的暗部，然后用印度红彩铅 492 加深眼影、下眼袋、鼻头、嘴唇和颧骨的颜色，再用暗红色马克笔 R210加深红色服装的暗部。

8. 用黄红色马克笔 YR163 继续加深西装外套、裤子和鞋子的暗部，颜色主要集中在领口、肩线、袖窿线、腋下、口袋、两腿中间、鞋面和所有褶皱线的位置。

9. 绘制高光。先用樱花 0.8 号白色高光笔画出五官和头发的高光，再继续画出西装外套、裤子和鞋子的高光，高光线主要画在暗部和褶皱线的位置。

10. 添加背景色。先用蓝紫色马克笔 BV320 在服装的左侧进行上色，然后用紫色马克笔 V122 在服装的转折位置进行加深，可以用点和线结合的方式进行上色。

6.3.3 休闲外套的表现

休闲外套是人们在闲暇时从事各种活动所穿着的服装，在日常工作中也经常看到。休闲外套穿着起来比正装更舒适，更便于活动，给人以无拘无束的感觉。其中，休闲外套主要包括夹克衫、运动外套、牛仔外套、T 恤等。

牛仔外套细节上色技巧

1 用紫色铅芯绘制线稿。

2 绘制牛仔外套的颜色，画面中可适当留白。

3 绘制牛仔外套的暗部。

4 继续加深牛仔外套暗部的颜色。

5 添加高光。

R373	R375	RV363	TG251	E408	E248	E12	TG252	Y388
CG269	TG254	YG222	Y224	TG258	Y17	191	BG86	CG270

完整色卡展示

1. 绘制线稿。参考人体比例尺画出人体动态和五官的轮廓，然后在人体轮廓的外侧绘制帽子、头发、外套、裙子和鞋子的轮廓。

2. 开始勾线。先用 COPIC 0.05 号棕色勾线笔勾出五官、头发、西装外套、部分裙子、手部和腿部的轮廓，然后用慕娜美灰色硬头勾线笔勾出帽子的轮廓，再用吴竹黑色软头毛笔或金万年小楷勾出帽子和裙子的轮廓。

3. 填充皮肤的颜色。用 COPIC 浅肤色马克笔 R000 或法卡勒三代浅肤色马克笔 R373 的软头均匀绘制头部、手部和腿部的颜色。

4. 绘制皮肤的暗部。用 COPIC 浅肤色马克笔 R01 或者法卡勒三代浅肤色马克笔 R375 和肤色马克笔 RV363 加深皮肤的暗部，头部主要加深内眼角、外眼角、鼻底、嘴唇和头发在面部形成的阴影区域。

5. 绘制帽子和头发的颜色，并细化五官。先用碳灰色马克笔 TG251 绘制帽子的颜色，再用棕色马克笔 E408 绘制头发的颜色，然后用黑色彩铅 499 加深五官的细节，并用印度红彩铅 492 加深五官的暗部，最后用玫红色彩铅 427 加深嘴唇的颜色。

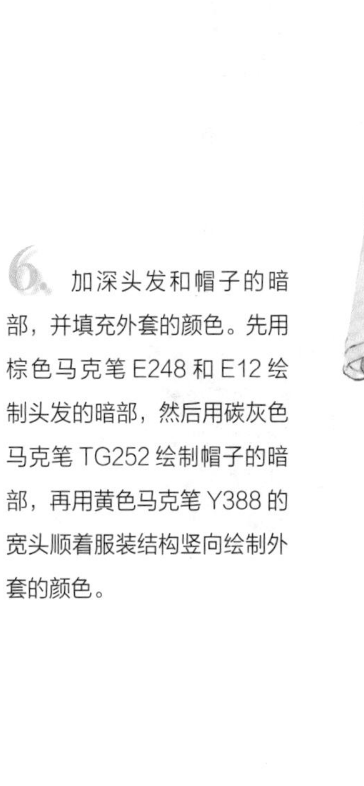

6. 加深头发和帽子的暗部，并填充外套的颜色。先用棕色马克笔 E248 和 E12 绘制头发的暗部，然后用碳灰色马克笔 TG252 绘制帽子的暗部，再用黄色马克笔 Y388 的宽头顺着服装结构竖向绘制外套的颜色。

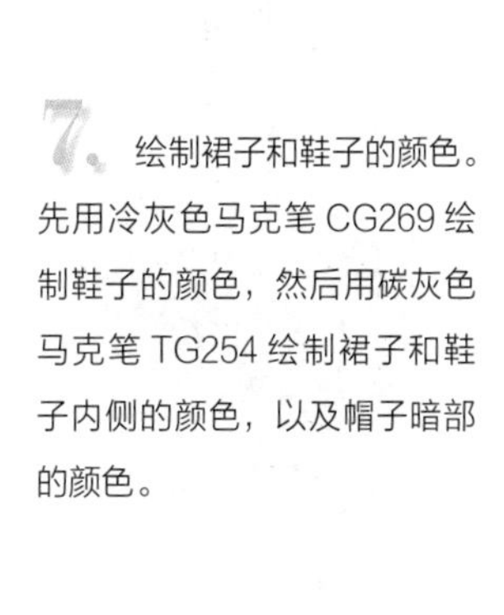

7. 绘制裙子和鞋子的颜色。先用冷灰色马克笔 CG269 绘制鞋子的颜色，然后用碳灰色马克笔 TG254 绘制裙子和鞋子内侧的颜色，以及帽子暗部的颜色。

8. 加深帽子和服装的暗部。先用黄绿色马克笔 YG222 和黄色马克笔 Y224 绘制外套的颜色，然后用碳灰色马克笔 TG258 绘制帽子和裙子的暗部，再用冷灰色马克笔 CG270 绘制鞋子的暗部。

9. 继续加深服装的暗部。先用黄色马克笔 Y17 绘制外套的暗部，颜色主要集中在领口、肩线、袖窿线、腋下和袖口的位置；然后用黑色马克笔 191 绘制帽子、裙子、袖口和鞋子的暗部。

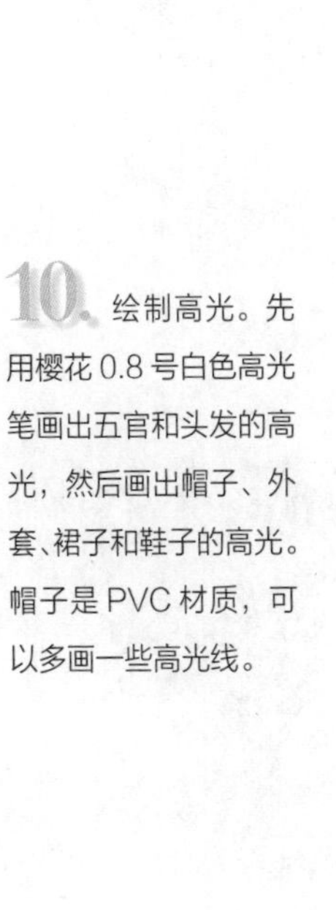

10. 绘制高光。先用樱花 0.8 号白色高光笔画出五官和头发的高光，然后画出帽子、外套、裙子和鞋子的高光。帽子是 PVC 材质，可以多画一些高光线。

11. 添加背景色。先用蓝绿色马克笔 BG86 在画面的左侧添加颜色，然后用黄色马克笔 Y224 在画面的右侧、帽子和鞋子上添加颜色，完成最终效果的绘制。

6.3.4 秋季中厚外套的表现

秋装即秋季穿着的服装，因南方和北方天气差别很大，对秋装并没有严格的定义，根据实际情况选择即可。常见的秋季外套有牛仔外套、风衣外套、皮革外套、针织外套，厚度在夏季薄外套和冬季厚外套之间。

差色领子细节上色技巧

1 用铅笔绘制外套领口和纽扣的轮廓。

2 绘制外套领口和外套的颜色。

3 绘制外套领口和外套的暗部，并填充纽扣的颜色。

4 添加高光。

R373 R375 RV363 E415 B290 E416 B291 E20 B292 B114 CG268 CG272 BG62

完整色卡展示

1. 绘制线稿。先参考人体比例尺画出人体动态图，然后参考“三庭五眼”的比例位置画出五官的轮廓，再参考人体动态图画出帽子、外套和鞋子的轮廓。

2. 开始勾线。先用 COPIC 0.05 号棕色勾线笔勾出五官、手部和腿部的轮廓，然后用慕娜美灰色硬头勾线笔勾出 PVC 材质帽子的轮廓，再用吴竹黑色软头毛笔或金万年小楷勾出里层帽子、外套和鞋子的轮廓。勾线时注意软头勾线笔的笔触变化。

3. 填充皮肤的颜色。用COPIC 浅肤色马克笔 R000 或法卡勒三代浅肤色马克笔 R373 的软头均匀填充头部、手部和腿部的颜色。

4. 绘制皮肤的暗部。用COPIC浅肤色马克笔R01或者法卡勒三代浅肤色马克笔R375和肤色马克笔RV363加深皮肤的暗部，头部主要加深内外眼角、鼻底、人中和帽子边缘在面部形成的阴影。

5. 细化五官并填充外套的颜色。先用黑色彩铅499加深五官的细节，然后用印度红彩铅492加深五官的暗部，再用孔雀蓝彩铅463绘制眼球，并用翠绿色彩铅466绘制嘴唇，最后用棕色马克笔E415绘制里层外套和鞋子的部分颜色。

6. 填充帽子和外套的颜色，并绘制外套的暗部。先用淡蓝色马克笔B290绘制里层帽子和表层外套的颜色，再用棕色马克笔E416绘制里层外套和鞋子的暗部。

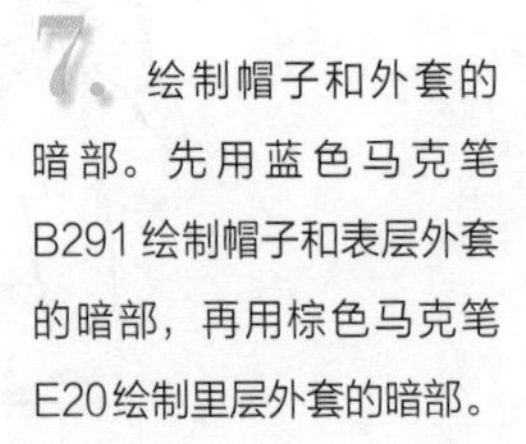

7. 绘制帽子和外套的暗部。先用蓝色马克笔B291绘制帽子和表层外套的暗部，再用棕色马克笔E20绘制里层外套的暗部。

8. 加深服装的暗部。用深蓝色马克笔 B292 加深帽子和表层外套的暗部，颜色主要集中在不透明的面料区域，透明面料区域要保证能够透出里层面料的颜色。

9. 继续加深服装的暗部，并填充帽子和鞋子的颜色。用深蓝色马克笔 B114 加深里层帽子和表层外套的暗部，用冷灰色马克笔 CG268 绘制 PVC 材质的帽子和鞋子的颜色，用松绿色彩铅 465 绘制嘴唇的暗部，最后用冷灰色马克笔 CG272 绘制外套底摆和鞋子的暗部。

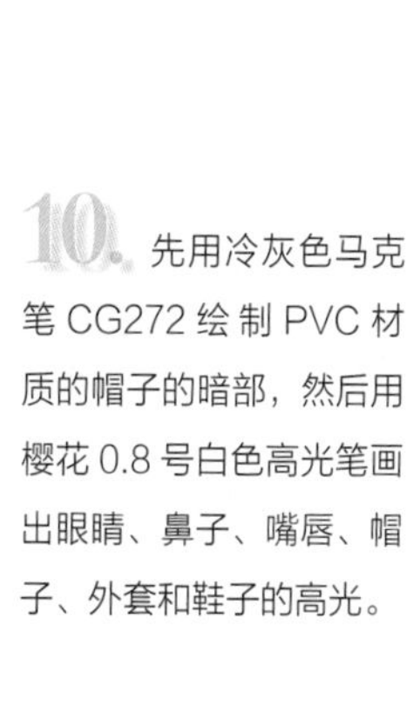

10. 先用冷灰色马克笔 CG272 绘制 PVC 材质的帽子的暗部，然后用樱花 0.8 号白色高光笔画出眼睛、鼻子、嘴唇、帽子、外套和鞋子的高光。

Maison Margiela
Fall 2018 Ready-to-Wear
VEGGA.
2018.09.20.

11. 添加背景色。用蓝绿色马克笔 BG62 紧贴服装和人体的左侧进行上色，服装和人体的右侧可以辅助性地添加少量颜色，完成最终画面效果。

6.3.5 冬季加厚外套的表现

冬装主要包括羽绒服、棉服、呢子大衣、毛衣、保暖衣和围巾等。羽绒服在 4.1 节中详细讲解过，本小节主要讲解呢子大衣的画法。呢子是一种较厚、较密的毛织品，面料挺括而不失柔软，粗犷而不失典雅，风格新颖，多用来制作制服和大衣。

羽绒外套细节上色技巧

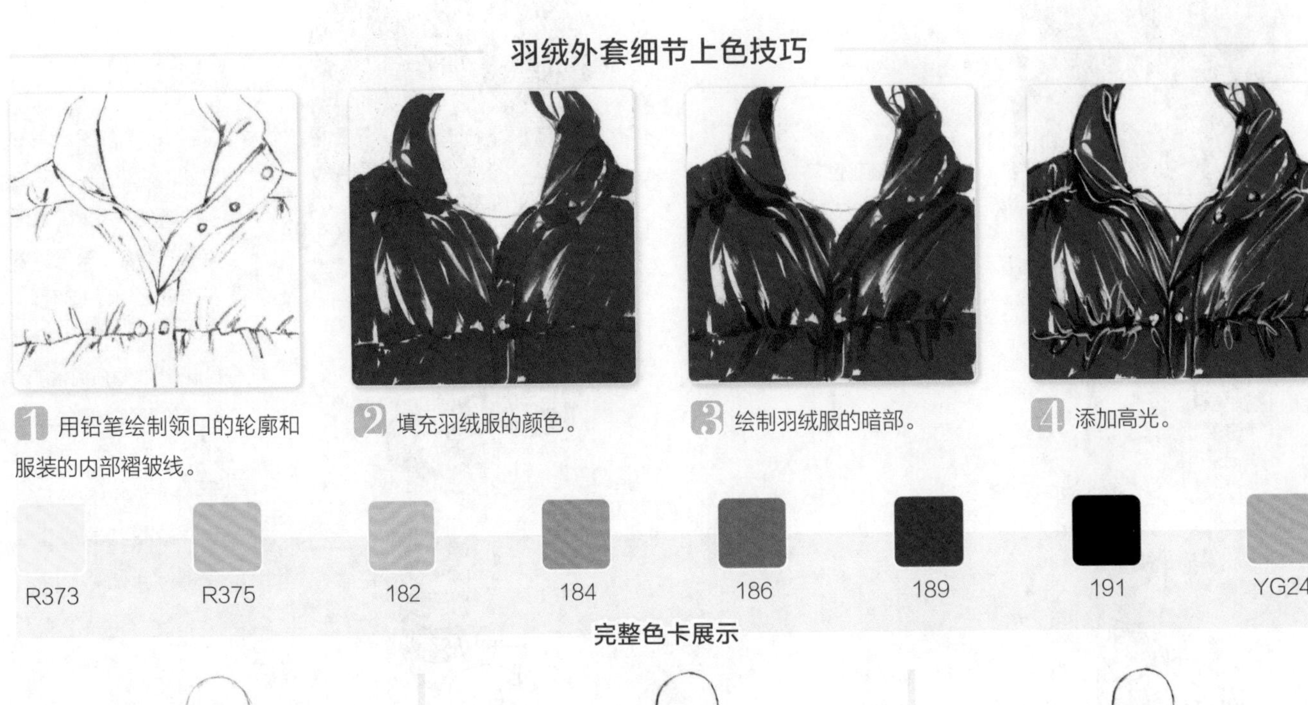

1 用铅笔绘制领口的轮廓和服装的内部褶皱线。

2 填充羽绒服的颜色。

3 绘制羽绒服的暗部。

4 添加高光。

完整色卡展示

1. 绘制线稿。先用铅笔在纸上画出人体动态图，然后参考“三庭五眼”的比例位置画出头部、五官和头发的轮廓，再参考人体动态图画出帽子、外套和鞋子的轮廓。

2. 开始勾线。先用 COPIC 0.05 号棕色勾线笔勾出五官、脸型、颈部、肩膀、手部和腿部的轮廓，然后用吴竹黑色软头毛笔或金万年小楷勾出帽子、外套和鞋子的轮廓，勾线时注意笔触的变化。

3. 填充皮肤的颜色。用 COPIC 浅肤色马克笔 R000 或法卡勒三代浅肤色马克笔 R373 的软头均匀绘制头部、颈部、肩膀、手部和腿部的颜色。

4. 绘制皮肤的暗部。用COPIC浅肤色马克笔R01或法卡勒三代浅肤色马克笔R375加深皮肤的暗部，五官主要加深内眼角、外眼角、鼻底、人中、嘴唇、嘴唇阴影和耳朵暗部。

5. 填充帽子和服装的颜色，并细化五官。先用浅灰色马克笔182绘制帽子、头发、外套和鞋子的颜色，然后用黑色彩铅499加深五官的细节，再用印度红彩铅492加深五官的暗部，最后用孔雀蓝彩铅453绘制眼球的颜色。

6. 绘制服装和头发的暗部。先用中度灰马克笔184以点的形式绘制帽子的暗部，以表现出闪光面料的特点；然后继续用中度灰马克笔184绘制头发、外套和鞋子的暗部，外套的暗部主要集中在假领口、腰带上下两侧、袖窿线、袖口、口袋和外套轮廓的两侧。

7. 加深服装的整体颜色。用深灰色马克笔186继续加深帽子、头发、外套和鞋子的暗部。帽子仍然是用点的形式进行上色，以增强闪光面料的层次感。

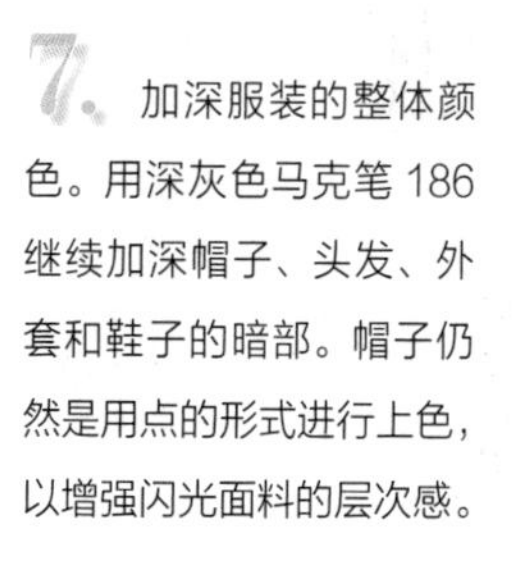

8. 继续加深服装和头发的暗部。用深灰色马克笔 189 和黑色马克笔 191 加深帽子、头发、外套和鞋子的暗部。暗部颜色的面积较小，主要强调轮廓边缘和褶皱的位置。

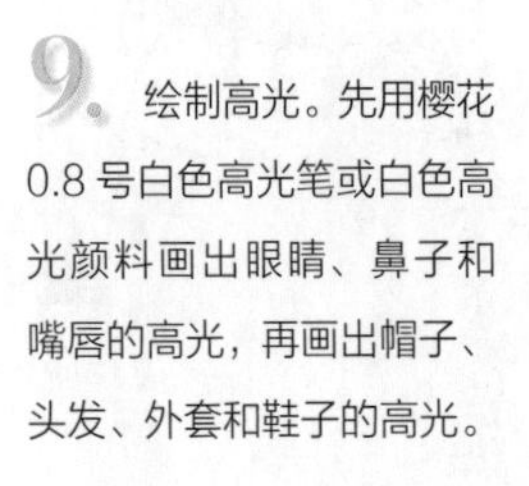

9. 绘制高光。先用樱花 0.8 号白色高光笔或白色高光颜料画出眼睛、鼻子和嘴唇的高光，再画出帽子、头发、外套和鞋子的高光。

10. 添加背景色。用黄绿色马克笔 YG24 在画面的两侧添加背景色，主要添加画面左侧和鞋底阴影处的颜色。

6.3.6 外套绘制练习

ion Margiela
2018 Ready-to-Wear.
VEGGA.
2018.08.30.
VEGGA.
XiaoBen
2018.05.15.
VEGGA
2017.05.01.
XiaoBen

6.4 内衣表现技法

内衣是女性贴身穿着的服装，主要包括文胸、抹胸、吊带背心和内裤，是现代女性不可缺少的服装。内衣的常见面料有蕾丝、刺绣花边、真丝、弹力网眼等，按照外观可分为休闲内衣、性感内衣、俏皮内衣和运动内衣，其中，文胸按照功能可分为聚拢型文胸、美背型文胸、舒适型文胸、前扣式文胸、无钢托文胸，按照罩杯可分为三角杯、1/2 罩杯文胸、3/4 罩杯文胸、5/8 罩杯文胸、4/4 全罩杯文胸和背心式文胸。

6.4.1 休闲内衣的表现

休闲内衣主要以舒适为主，无钢托，穿着无束缚。现在人们追求的更多是舒适、自然的生活环境和生活氛围，女性也开始解放胸部，不再追求以外力塑造的聚拢胸型，而是追求无束缚的自然胸型。

无托三角文胸上色技巧

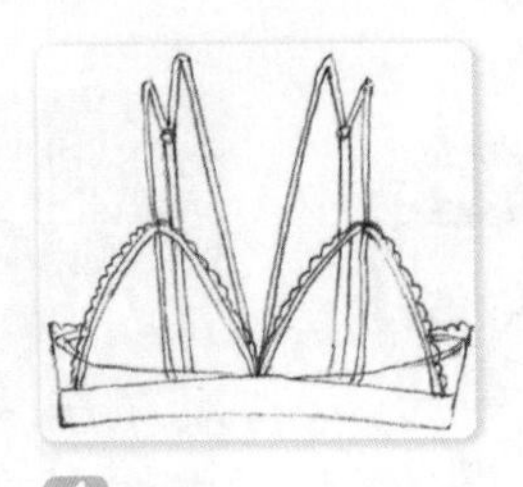

1 用铅笔绘制文胸杯面、肩带和底围的轮廓。

2 用浅色马克笔填充杯面，用深色马克笔填充肩带和底围。

3 加深文胸的暗部，并添加杯面蕾丝的纹路。

4 继续加深文胸的暗部和杯面蕾丝的纹路。

5 用白色高光颜料添加文胸的高光和蕾丝纹路的细节。

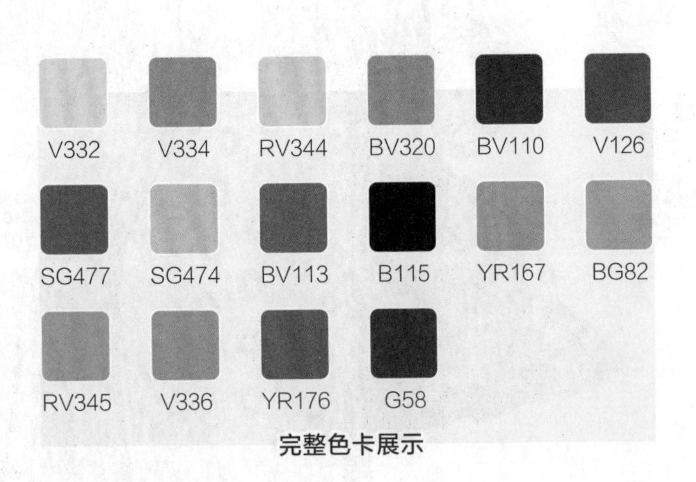

完整色卡展示

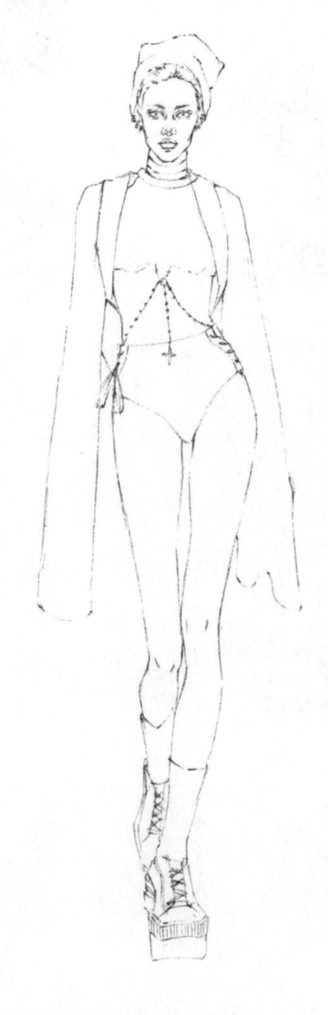

1. 用紫色铅芯绘制线稿。先参考人体比例尺画出人体动态，然后对应“三庭五眼”的比例位置画出头部、五官和头发的轮廓，再参考人体动态画出帽子、双肩背带、外套、运动内衣、腰部饰品、内裤、袜子和鞋子的轮廓。

2. 填充皮肤的颜色。先用紫色马克笔 V332 绘制头部、腰部和腿部的颜色，然后用紫色马克笔 V334 绘制皮肤的暗部。头部主要加深眉毛、内眼角、左眼下眼线的外眼角、左耳、鼻头、嘴唇和嘴唇阴影的颜色，腰部主要加深胸部底边缘、腰部左侧的颜色，腿部主要加深承重腿膝盖和辅助腿的颜色。

3. 添加头发和服装的颜色，并绘制皮肤的暗部。将光源设定在画面的左侧，先用紫红色马克笔 RV344 在皮肤的底色和暗部颜色中间绘制过渡色；然后用浅蓝紫色马克笔 BV320 绘制头发、帽子、颈部、外套和内裤左侧，以及重心腿袜子的颜色；再用深蓝紫色马克笔 BV110 绘制帽子右侧、颈部右侧、外套和内裤右侧，以及辅助腿袜子的颜色。

4. 绘制运动内衣的颜色和服装的中间色。先用深紫色马克笔 V126 加深五官轮廓、脸型轮廓、嘴唇、腰部暗部、辅助腿的大腿根部和膝盖暗部的颜色，然后用深银灰色马克笔 SG477 绘制头发的暗部，再用浅银灰色马克笔 SG474 绘制运动内衣的颜色，最后用蓝紫色马克笔 BV113 在帽子、外套和内裤的中间绘制过渡色。

5. 绘制内衣的暗部，并填充鞋子的颜色。先用深银灰色马克笔 SG477 绘制运动内衣暗部和辅助腿鞋子的颜色，然后用浅银灰色马克笔 SG474 绘制重心腿鞋子的颜色，再用深蓝紫色马克笔 BV110 绘制画面右侧袖子的颜色，最后用深蓝色马克笔 B115 依次加深画面右侧帽子、外套和内裤的暗部，以及画面左侧鞋子的暗部。

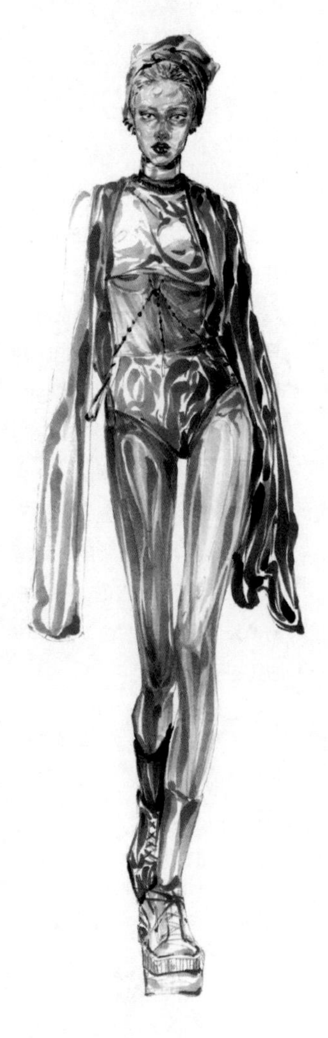

6. 先用黄红色马克笔 YR167 加深头部右侧五官、腰部右侧和左侧辅助腿的暗部；然后用蓝绿色马克笔 BG82 绘制眼球的颜色；再用紫红色马克笔 RV345 和紫色马克笔 V336 继续添加皮肤的颜色，颜色主要集中在头部右侧、腰部右侧和辅助腿的位置；最后用深蓝色马克笔 B115 加深上眼线、瞳孔、下眼线、嘴唇和腰部饰品的颜色。

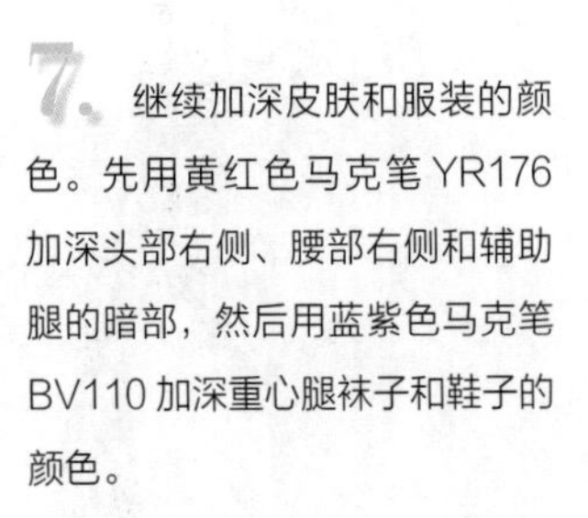

7. 继续加深皮肤和服装的颜色。先用黄红色马克笔 YR176 加深头部右侧、腰部右侧和辅助腿的暗部，然后用蓝紫色马克笔 BV110 加深重心腿袜子和鞋子的颜色。

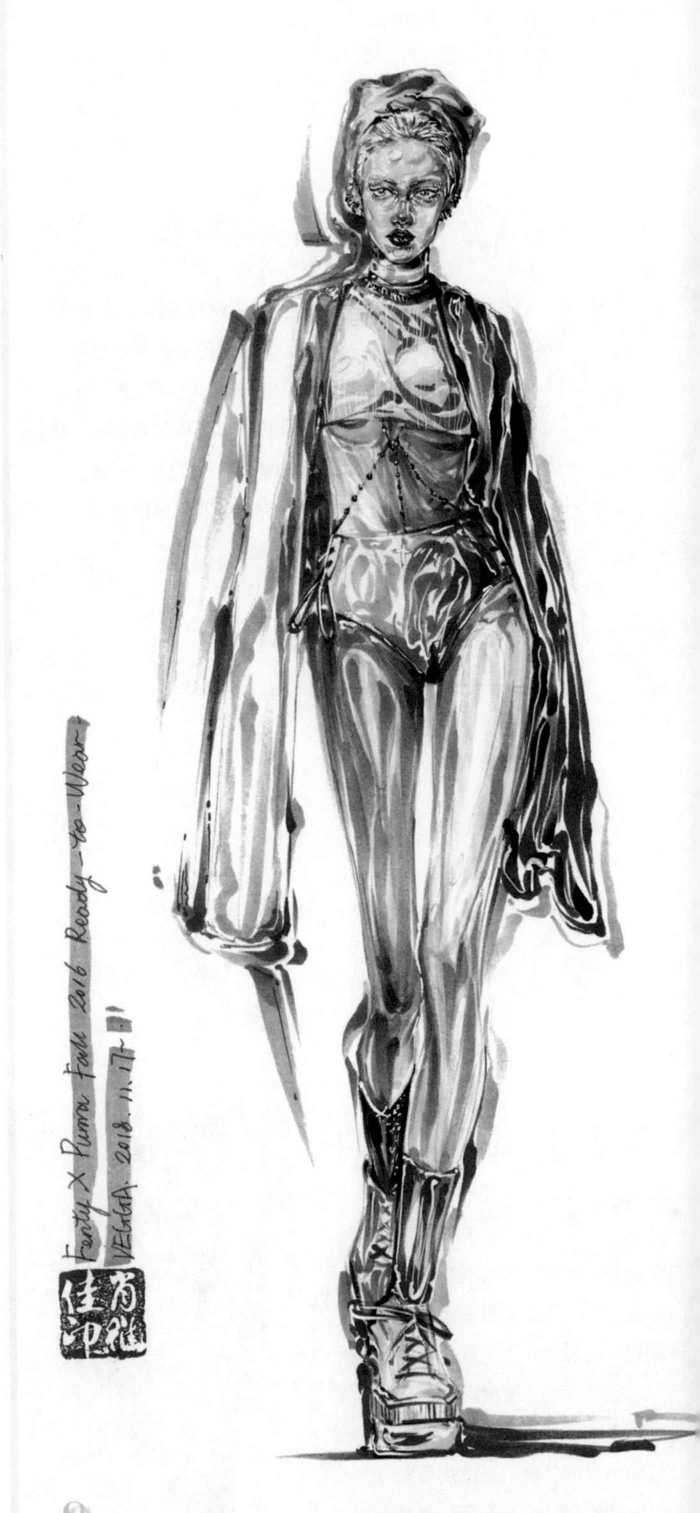

8. 添加高光和背景色。先用白色高光颜料画出五官和头发的高光；然后画出帽子、外套、内裤和鞋子的高光，以及运动内衣表层的竖向纹路；再用紫色马克笔 V334、绿色马克笔 G58 和蓝紫色马克笔 BV110 在外套左侧和鞋子右侧添加背景色。

6.4.2 性感内衣的表现

性感内衣在视觉上给人以一种朦朦胧胧、若隐若现的感觉，面料主要以透明网眼和蕾丝为主。画蕾丝性感内衣时，需先画出底层的皮肤颜色，再画出文胸的颜色，最后画出文胸表层蕾丝的花纹图案，画法可以参考 4.7 节蕾丝面料的表现技法。

豹纹蕾丝文胸上色技巧

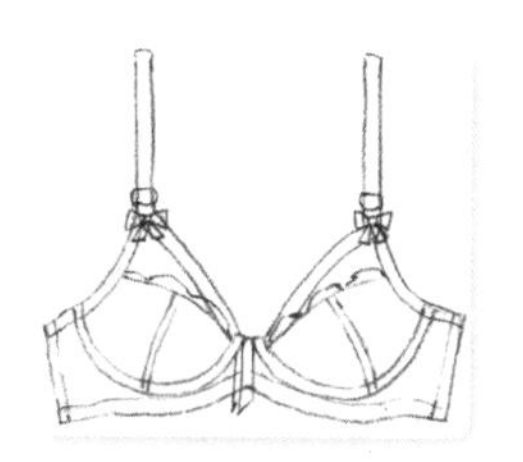

1 用铅笔绘制文胸的轮廓和内部结构线。

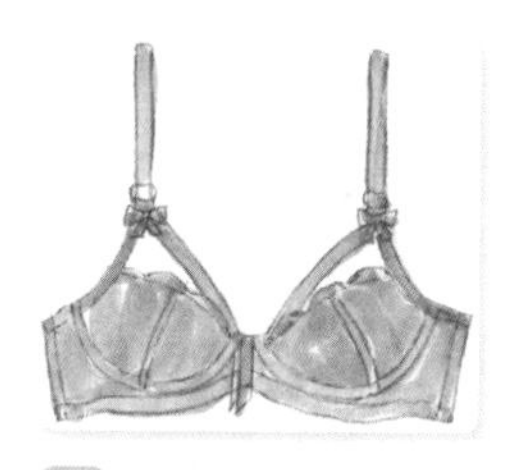

2 绘制文胸杯面、下扒和肩带的颜色。

3 绘制文胸的暗部。

4 继续加深文胸的暗部，然后绘制杯面蕾丝的纹路和下扒的豹纹图案。

5 用白色高光颜料绘制文胸的高光和杯面蕾丝的纹路。

RV363 RV131 RV209 RV151 BV192 B237 B327 BV195 RV152 B196 B115 FR284 FB285 BV109

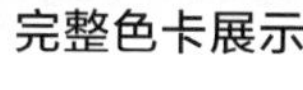

完整色卡展示

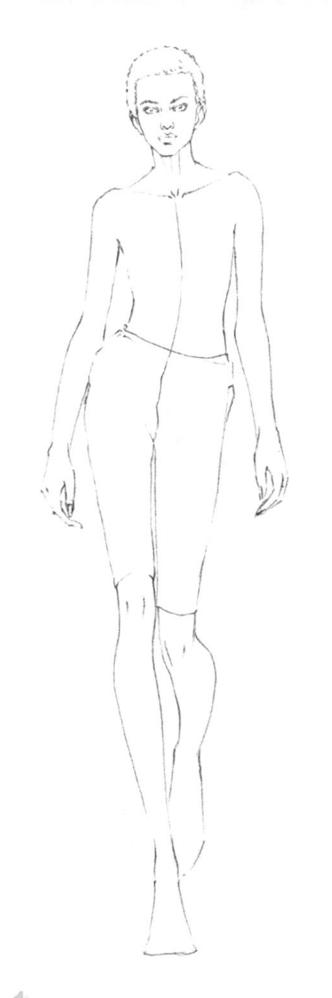

1. 绘制线稿。先用铅笔在纸上画出正确的人体动态图，然后根据“三庭五眼”的比例位置画出头部、五官和头发的轮廓，再画出紧身裤的轮廓。

2. 细化线稿。首先确认胸部的位置，然后画出蕾丝超薄半杯文胸的轮廓，再画出紧身裤裆底部的褶皱线和腰带的轮廓线，最后画出鞋子的轮廓。

3. 开始勾线。先用 COPIC 0.05 号棕色勾线笔勾出五官、头发、颈部、锁骨、肩膀、手臂、手部、腰部、腿部和脚部的轮廓，然后用慕娜美紫色硬头勾线笔勾出蕾丝文胸的轮廓，再用慕娜美黑色硬头勾线笔勾出腰带、紧身短裤和鞋子的轮廓。

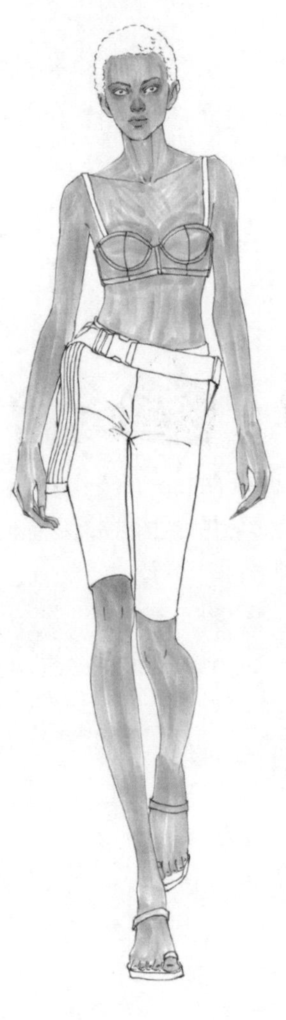

4. 绘制皮肤的颜色。用肤色马克笔RV363分别绘制头部、颈部、胸部、腰部和四肢的颜色，然后用RV363的软头先加深一遍五官的暗部，主要加深内眼角、外眼角、鼻头、鼻底、嘴唇和耳朵的暗部。

5. 用紫红色马克笔RV131绘制头发的颜色，右上角的高光位置直接留白；然后用肤色马克笔RV363加深躯干和四肢的暗部，躯干主要加深颈部、锁骨、胸部和腋下，四肢主要加深手肘、膝盖和辅助腿的小腿。

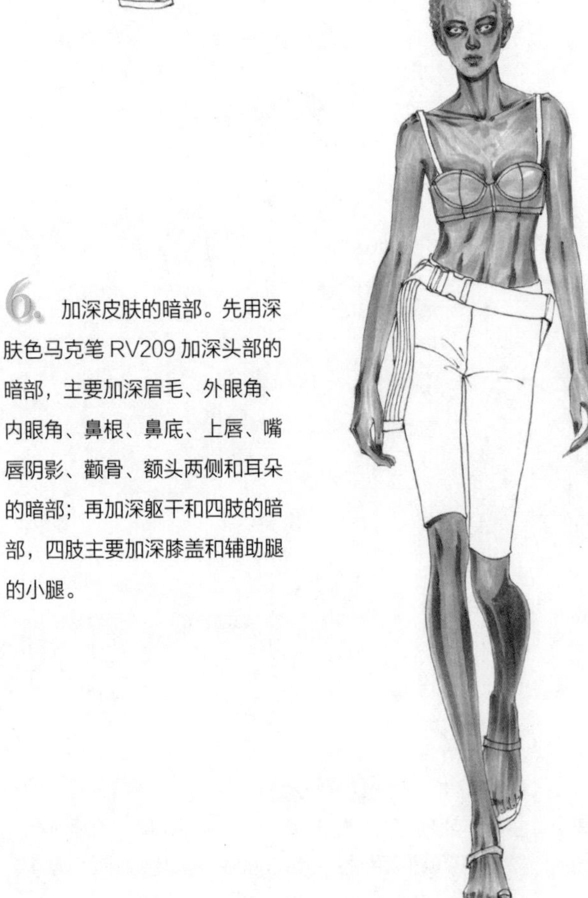

6. 加深皮肤的暗部。先用深肤色马克笔RV209加深头部的暗部，主要加深眉毛、外眼角、内眼角、鼻根、鼻底、上唇、嘴唇阴影、颧骨、额头两侧和耳朵的暗部；再加深躯干和四肢的暗部，四肢主要加深膝盖和辅助腿的小腿。

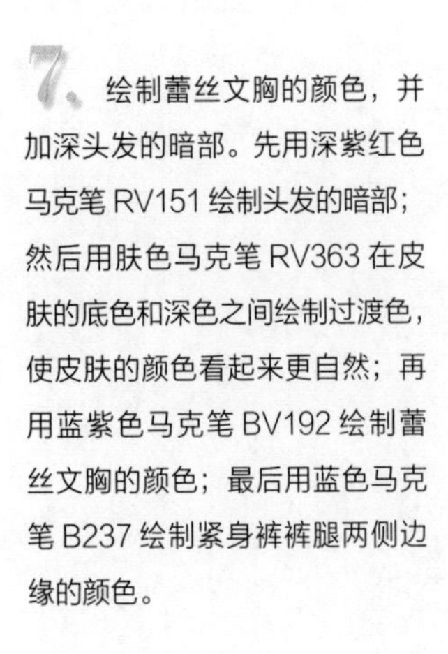

7. 绘制蕾丝文胸的颜色，并加深头发的暗部。先用深紫红色马克笔RV151绘制头发的暗部；然后用肤色马克笔RV363在皮肤的底色和深色之间绘制过渡色，使皮肤的颜色看起来更自然；再用蓝紫色马克笔BV192绘制蕾丝文胸的颜色；最后用蓝色马克笔B237绘制紧身裤裤腿两侧边缘的颜色。

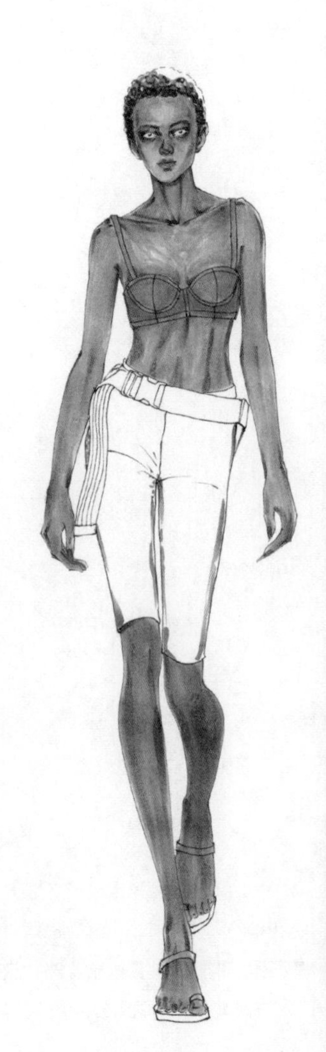

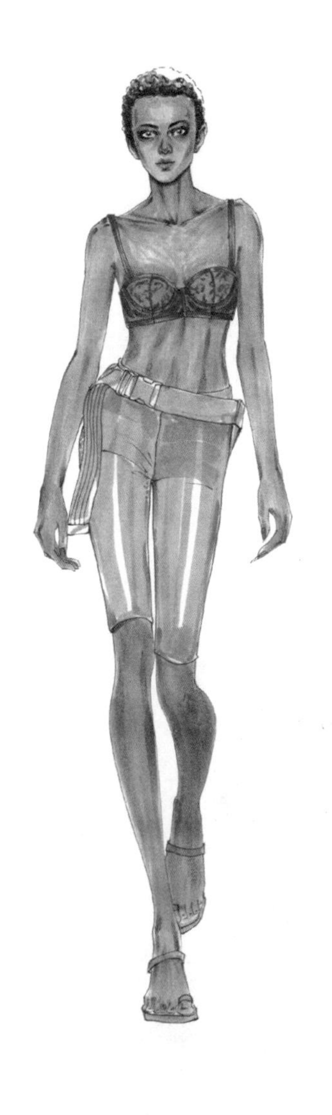

8. 绘制裤子和鞋子的颜色，并细化五官。先用蓝色马克笔 B327 绘制腰带、紧身裤和鞋子的颜色；然后用深蓝紫色马克笔 BV195 绘制蕾丝文胸肩带和杯面的暗部，以及文胸表层的花纹图案；再用深紫红色马克笔 RV152 继续加深头发的暗部；最后用黑色彩铅 499 加深五官的细节。

9. 添加蕾丝文胸的颜色，并绘制裤子和鞋子的暗部。先用荧光粉马克笔 FR284 和荧光蓝马克笔 FB285 在文胸杯面和下扒的位置添加颜色，然后用蓝色马克笔 B327 的软头继续绘制紧身裤和鞋子的暗部。

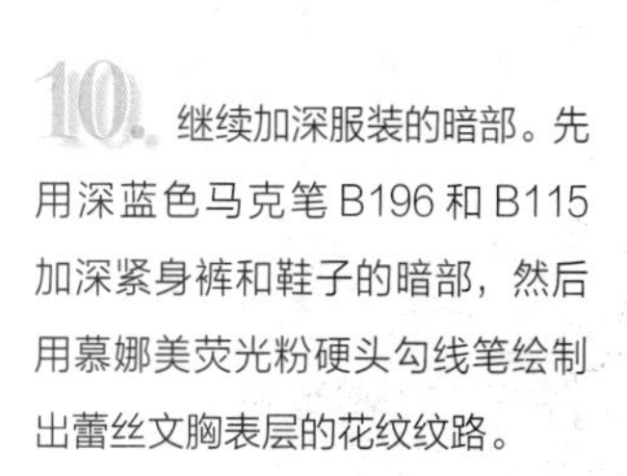

10. 继续加深服装的暗部。先用深蓝色马克笔 B196 和 B115 加深紧身裤和鞋子的暗部，然后用慕娜美荧光粉硬头勾线笔绘制出蕾丝文胸表层的花纹纹路。

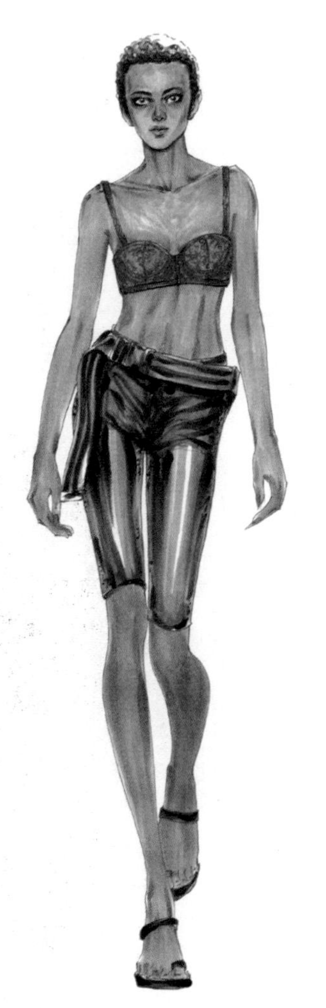

11. 绘制高光和颈部饰品。先用白色高光颜料画出眼睛、鼻子、嘴唇和头发的高光；然后画出蕾丝文胸、腰带、紧身短裤和鞋子的高光，因为裤子是闪光面料，所以两侧用高光点表现；再用白色颜料绘制颈部饰品的颜色，白色颜料的覆盖性强，效果比高光笔更好。

12. 添加背景色。先用浅蓝紫色马克笔 BV109 在画面的左侧绘制背景色，再用深蓝紫色马克笔 BV195 在身体的转折位置进行加深。

6.4.3 俏皮内衣的表现

俏皮内衣多用流行的印花图案来体现，设计师将每季的流行元素进行整理、再设计，然后将其应用到文胸的设计中。流行元素从每季的流行趋势中进行挑选，经典的几何图案是成衣和内衣印花图案中必不可少的元素之一。不同印花图案的画法可参考第 5 章服装经典图案表现技法。

蕾丝半杯文胸上色技巧

1 用铅笔绘制文胸的轮廓和内部结构线。

2 绘制文胸和花仔的颜色。

3 绘制文胸的暗部。

4 加深文胸和花仔的暗部，并添加蕾丝的纹路。

5 用高光笔绘制高光和蕾丝的纹路。

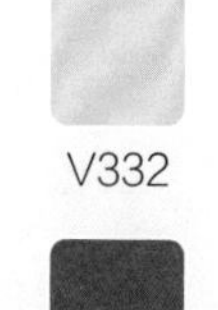

RV373	RV363	RV209	YR400	BG82	V332	V334	B242	Y5	G56	V126
R143	G57	Y390	E435	E133	G58	R144	E132	191	BV319	BV320

完整色卡展示

1. 用彩色铅芯绘制线稿。先参考人体比例尺画出人体动态图，然后参考“三庭五眼”的比例位置画出头部、五官和头发的轮廓，再参考人体轮廓画出文胸、腰封、内裤、裙子、长筒袜、长筒靴和背部翅膀的轮廓。

2. 绘制皮肤的颜色。用 COPIC 浅肤色马克笔 R000 或法卡勒三代浅肤色马克笔 R373 依次绘制头部、颈部、胸部、腰部、胯部、手臂、手部和腿部的颜色。

3. 绘制皮肤的暗部。先用肤色马克笔 RV363 加深皮肤的暗部，再用深肤色马克笔 RV209 和黄红色马克笔 YR400 继续加深皮肤的暗部，以表现出五官、颈部、胸部和大腿的立体效果。

4. 绘制服装的部分颜色并细化五官。用蓝绿色马克笔 BG82 绘制眼球，用紫色马克笔 V332 绘制头发、文胸、内裤和裙子，用黑色彩铅 499 加深五官的细节，再用印度红彩铅 492 绘制五官的暗部以使肤色看起来更自然。

5. 绘制头发和服装的暗部，并填充背部翅膀的颜色。先用紫色马克笔 V334 绘制头发、文胸、内裤和裙子的暗部，头发的高光位置留白；然后用蓝色马克笔 B242、黄色马克笔 Y5 绘制背部翅膀的颜色；再用绿色马克笔 G56 绘制腰封的颜色。

6. 绘制头发和服装的暗部。先用深紫色马克笔 V126 绘制头发的暗部；然后用红色马克笔 R143 绘制文胸、内裤、裙子的暗部，以及翅膀上红色花朵的颜色；再用绿色马克笔 G57 绘制腰封的暗部和格子图案；并用淡紫色马克笔 V332 绘制裙子里层和长筒袜的颜色；最后用黄色马克笔 Y390 绘制背部翅膀。

7. 加深整体暗部。用棕色马克笔 E435 绘制文胸、内裤和长筒靴，用深棕色马克笔 E133 加深文胸肩带、内裤装饰带、头发暗部和长筒靴暗部的颜色，并绘制文胸和内裤上的格子图案，用绿色马克笔 G58 绘制腰封的暗部，用红色马克笔 R144 绘制背部翅膀红色花朵的暗部。

8. 绘制格子图案。先用红色马克笔 R144 分别在文胸、内裤、长筒袜和裙子的表层绘制颜色，然后用深棕色马克笔 E132 和黑色硬头勾线笔绘制裙子里层的格子图案，再用黑色软头勾线笔或黑色马克笔 191 绘制裙子表层和长筒袜表层的格子图案。

9. 绘制高光和背景色。先用白色高光颜料画出眼睛、鼻子、嘴唇和头发的高光，然后画出文胸、腰封、内裤、长筒袜、长筒靴、裙子和背部翅膀的高光；再用蓝紫色马克笔 BV319 和 BV320 绘制背景色，主要添加在画面左侧和脚底的位置。

6.4.4 运动内衣的表现

运动内衣可直接在健身房或者室外运动时穿着。运动内衣基本都是全罩杯无托设计，穿着舒适，穿脱方便，包容性和稳定性好，防震动，可以在运动时很好地保护胸部；面料多选用高弹全棉质，宜排汗、保暖。

运动文胸上色技巧

1 用铅笔绘制线稿。

2 可以在线稿的基础上直接上色，也可以先勾线、后上色。

3 绘制文胸的暗部。

4 用白色高光颜料绘制高光和纤缝线迹。

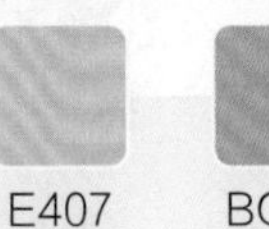

RV373 V335 RV346 RV344 E407 BG82 CG269 YR167 R140 B115 E431 V116

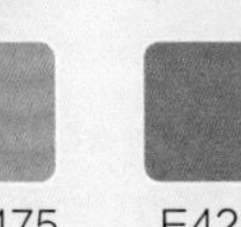

R355 BG107 Y5 B241 SG475 E428 R145 B242 CG270 191 CG272

完整色卡展示

1. 用紫色铅芯绘制线稿。先参考人体比例尺画出人体动态，然后画出头部、五官和头发的轮廓，再参考人体动态画出运动文胸、裙子和鞋子的轮廓。

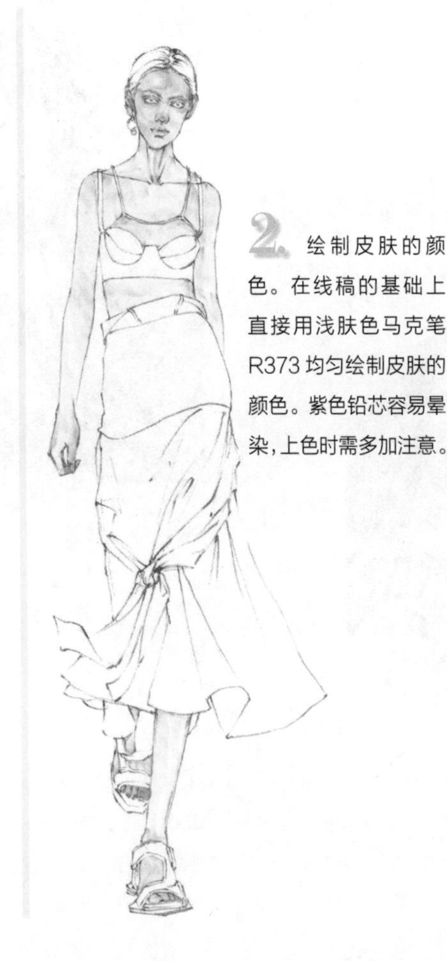

2. 绘制皮肤的颜色。在线稿的基础上直接用浅肤色马克笔R373均匀绘制皮肤的颜色。紫色铅芯容易晕染，上色时需多加注意。

3. 绘制皮肤的暗部。用紫色马克笔V335绘制头部、颈部、胸部、腰部、手臂、手部、小腿和腿的暗部。

4. 继续添加皮肤的颜色。先用紫红色马克笔 RV346 加深皮肤的暗部，然后用浅一些的紫红色马克笔 RV344 在皮肤的表层绘制过渡色，亮部区域不用刻意加深。

5. 绘制头发和裙子的部分颜色，并继续添加皮肤的颜色。先用浅棕色马克笔 E407 绘制头发和文胸杯面的颜色，然后用蓝绿色马克笔 BG82 绘制眼球的颜色，再用冷灰色马克笔 CG269 绘制裙子的颜色，最后用黄红色马克笔 YR167 加深皮肤的暗部。

6. 绘制文胸和裙子的颜色，并加深头发的暗部。先用红色马克笔 R140 绘制文胸宽肩带、裙子和鞋子的颜色，然后用深蓝色马克笔 B115 绘制文胸细肩带的颜色，再用棕色马克笔E431绘制头发的暗部，并用深紫色马克笔 V116 绘制皮肤的暗部，最后用深蓝色马克笔 B115 加深五官和头发的轮廓。

7. 继续绘制文胸和裙子的颜色。先用大红色马克笔 R355 绘制裙子剩余部分的颜色，然后用蓝绿色马克笔 BG107 绘制文胸杯面上片的颜色，再用黄色马克笔 Y5 绘制文胸杯面下片的颜色，并用蓝色马克笔 B241 绘制文胸下扒的颜色，最后用银灰色马克笔 SG475 绘制文胸上片透明面料的颜色。

8. 绘制头发和服装的暗部。先用棕色马克笔 E428 绘制头发的暗部，然后用红色马克笔 R145 绘制文胸宽肩带、裙子腰部、裙摆和鞋子的暗部，再用蓝绿色马克笔 BG107 绘制文胸杯面上片的暗部，用棕色马克笔 E428 绘制文胸杯面下片的暗部，并用蓝色马克笔 B242 绘制文胸下扒的暗部，最后用冷灰色马克笔 CG270 绘制裙子的暗部。

9. 绘制裙子的暗部和细节。先用黑色马克笔 191 加深裙子的外侧轮廓线和内部褶皱线；然后用冷灰色马克笔 CG272 绘制裙子的细节，注意下笔力度并控制好每个点之间的距离。

10. 绘制高光。先用白色高光颜料画出五官和头发的高光，再画出运动文胸、裙子和鞋子的高光，以及运动文胸内侧的绗缝线迹。

11. 用黄色马克笔 Y5 绘制背景色，颜色主要集中在画面左侧和鞋底的阴影位置。

Esteban Cortazar Spring 2017 Ready-to-Wear.

6.4.5 内衣绘制练习

Go away!
VEGGA
2018.06.2

6.5 设计三要素与设计伦理

“设计”一词从诞生之初就与“艺术”“技术”“经济”等概念紧密相关。设计与特定社会的物质生产和科学技术的联系，使其具有自然科学的客观性特征；而设计与特定社会的政治、文化、艺术的联系，又使其具有特殊的意识形态色彩。针对工业革命以来经济飞速发展所带来的环境灾难、资源浪费、伦理失范等问题，作为设计师，要对自己的作品具有甄别、剖析、定义和反思的能力，不要试图将其从社会和自然的生态语境中剥离出去，要有社会责任感，要使自己的作品能够满足人类在物质、心理、智力和道德等方面的多种需求。

从事设计首先要考虑三个要素——功能、物质技术和审美。

（1）功能体现设计的实用性，对设计的结构和造型等起主导性、决定性的作用，它建立在对人类自身与设计之间关系的研究成果上，即设计要使人感到舒适、安全、高效，并要持续关注弱势群体和特殊群体。例如，针对中老年群体足部长期慢性损伤等引起的拇指外翻问题，一些服装品牌倡导以人体工学为基础的鞋底适老化设计，契合足形，可以提升穿着的舒适感，助力缓冲并增强步行的稳定性。又如，针对长期坐轮椅的残障人士设计的衣服，采用磁扣、粘扣、松紧带等单手即可操作的部件替换传统的拉链、搭扣等部件，使穿脱更方便；面料更舒适、有弹性，袖口、腋下、手肘等部位透气、耐磨；款式上提高腰线、注重保护后腰，使后背不受拘束，以逐步实现从环境无障碍到人文无障碍的社会转化。

（2）物质技术反映设计的科学性，包括结构、材料、工艺、配件的选择，生产过程的管理，以及合理经济性条件的采用等。例如，不同的材料具有不同的物理、化学及与其性能相适应的成形工艺，反映在服装面料上，会产生不同的外观质感和肌理效果，针对敏感肌肤人群开发的超细颗粒特殊纤维，可以有效调节肌肤屏障、抵御细菌侵袭等。此外，为保护人类的生存环境，保障经济社会的可持续发展，与环境和谐共生的环保理念也体现在服装面料设计与生产的各个环节中。例如，在服装面料的生产过程中，避免向环境排放有害物质。又如，易于防污面料的开发，可大幅度减少水和清洁剂的使用、降低河流污染，以及科学选用对人体健康无害的色素等，

从而实现物质技术发展的良性循环。

（3）审美展示设计的艺术性，要灵活运用美学法则，深入研究形态构成、色彩配置等理论规律，赋予作品以情感和意志的表达，还要对伦理道德等更高层次的价值取向进行审美定位。例如，针对童装设计，要充分考虑艺术的边界，要提供正向的审美认知，不能只满足于自我纵容、自我表现，与公序良俗相违背。由于设计师的价值体系直接影响到服装的款式、色彩、舒适度等，在服装设计的审美表现上还必须考虑到社会系统和风俗文化，要了解社会、文化、宗教、传统的内涵，努力营造公平的社会公共环境，不能只满足于为少数人设计，要有为大众利益进行可持续设计的觉悟。

设计的三要素相互依存，相互制约，相互渗透，成为完整的设计中不可或缺的组成部分。

设计师要具有服务于人类的设计思想，在设计作品的过程中提供相对广泛的包容性、正确性和科学性，把握好道德和人性的尺度，有意识地推进社会和自然的进程。同时，作为中国设计师，设计观念要符合中国国情，以社会主义核心价值观为引领，发展社会主义先进文化，弘扬革命文化，传承中华优秀传统文化，还要树立诚实公正、诚信守则的职业操守，明确作为社会主义事业建设者的使命感和荣誉感，弘扬民族文化，把社会主义核心价值观融入设计工作，努力创造更合理、更健康的生活方式。